DES

BOISSONS GAZEUSES

AUX POINTS DE VUE

ALIMENTAIRE, HYGIÉNIQUE ET INDUSTRIEL

GUIDE PRATIQUE

DU

FABRICANT & DU CONSOMMATEUR

PAR

HERMANN-LACHAPELLE ET CH. GLOVER

Anciens fabricants d'Eau de Seltz, constructeurs d'Appareils pour la fabrication
des Boissons gazeuses

———

DEUXIÈME ÉDITION

ENTIÈREMENT REFONDUE, CONSIDÉRABLEMENT AUGMENTÉE
ET ILLUSTRÉE DE **80** DESSINS

Par

ÉMILE BOURDELIN

PARIS

144, RUE DU FAUBOURG-POISSONNIÈRE, 144

ET CHEZ TOUS LES LIBRAIRES

DES

BOISSONS GAZEUSES

AUX POINTS DE VUE

ALIMENTAIRE, HYGIÉNIQUE ET INDUSTRIEL

Paris. — Imp. Vallée, 15, rue Breda.

DES

BOISSONS GAZEUSES

AUX POINTS DE VUE

ALIMENTAIRE, HYGIÉNIQUE ET INDUSTRIEL

GUIDE PRATIQUE

DU

FABRICANT & DU CONSOMMATEUR

PAR

HERMANN-LACHAPELLE ET CH. GLOVER

Anciens fabricants d'Eau de Seltz, constructeurs d'Appareils pour la fabrication
des Boissons gazeuses

DEUXIÈME ÉDITION

ENTIÈREMENT REFONDUE, CONSIDÉRABLEMENT AUGMENTÉE
ET ILLUSTRÉE DE **80** DESSINS

Par

ÉMILE BOURDELIN

PARIS

144, RUE DU FAUBOURG-POISSONNIÈRE, 144

ET CHEZ TOUS LES LIBRAIRES

1865

AVANT-PROPOS

« Ce manuel, disions-nous dans la première édition de ce livre, ce manuel, comme toutes les choses humaines, ira se perfectionnant. Nous tiendrons compte de toutes les observations que voudront bien nous adresser ses lecteurs, comme de tous les progrès que chaque jour apporte dans notre industrie. Chaque édition nouvelle mentionnera les découvertes faites dans toutes les branches de notre industrie et signalera les applications nouvelles et utiles qu'elle peut trouver en dehors de sa production ou de son exploitation habituelles. Nous serons heureux et reconnaissants de toutes les communications qu'on voudra bien nous faire à ce sujet. »

Voici notre seconde édition, et le lecteur peut juger si nous avons tenu notre promesse.

Ce qui, au début, n'était forcément que l'essai d'un livre qui n'existait pas et que les besoins de l'industrie réclamaient cependant vivement, est devenu une œuvre sérieuse et complète contenant tous les renseignements indispensables ou simplement utiles aux fabricants de boissons gazeuses.

Dans le tableau que nous avons tracé des progrès accomplis dans la construction des appareils, nous avons rendu loyalement justice à tous ceux qui nous ont précédés dans la voie du progrès et, jugeant impartiellement les œuvres, nous avons tâché d'en faire ressortir les qualités sans en déguiser les défauts. Peut-être notre critique eût-elle été plus sévère si nous n'eussions craint d'atteindre trop vivement des exploitations encore existantes. Notre condescendance ne pouvait cependant aller jusqu'à tromper l'intérêt public en lui déguisant des jugements irrévocablement portés par la science et une longue expérience ; nous avons désigné au lecteur tout un système d'appareils défectueux par principe, les appareils à gaz comprimé par lui-même, comme complétement incapables de servir un établissement industriel, et nous avons énuméré d'une manière générale les défauts qu'on reproche aux anciens appareils ou à ceux qu'une pratique routinière fait encore construire sur les mêmes errements.

Le rapide et brillant accroissement qu'a pris la consommation des boissons gazeuses depuis 1855 prouvera mieux que tout ce que nous pourrions dire, quel développement l'avenir prépare à notre industrie. L'humble atelier du fabricant d'eau de Seltz, regardé naguère comme une annexe à peu près tolérée de l'officine pharmaceutique, prospère aujourd'hui en pleine liberté ; il est devenu grand établissement industriel employant un matériel considérable, comptant pour des millions dans la production nationale, et regardé par tous comme une des industries les plus utiles à l'hygiène populaire, au bien-être public. Nous avons contribué comme constructeurs et par la première édition de ce livre, à ce magnifique essor qu'a constaté d'une manière si honorable pour nous le rapport du jury de l'exposition de Londres en 1862.

La fabrication des vins mousseux fut alors signalée par le même jury comme la tendance la plus marquée de l'industrie viticole. Depuis, cette tendance s'est encore généralisée. Aujourd'hui nos appareils spéciaux pour la fabrication des vins mousseux fonctionnent non-seulement dans toutes les provinces de France, mais encore dans tous les pays étrangers où la vigne laisse couler un vin propice à recevoir les apparences du champagne, en Italie, en Sicile, en Hongrie, etc., et partout en rendant les vins pétillants plus agréables et plus salubres, ils doublent leur valeur. Cette fabrication était à peine indiquée dans notre première édition, nous en traitons avec détail dans celle-ci, mettant en regard la vieille méthode champenoise, de la méthode artificielle que nous cherchons à perfectionner, pour que chaque fabricant ou chaque propriétaire puisse bien apprécier quelle est celle qui convient le mieux au vin qu'il veut rendre pétillant et mousseux.

Un brasseur distingué, M. Stier a bien voulu joindre ses efforts et ses connaissances spéciales aux nôtres, dans nos recherches sur la gazéification artificielle des bières. De notre collaboration commune est sorti un ensemble de procédés et d'appareils qui, de l'avis des hommes les plus compétents, doivent mettre la brasserie française à même de lutter par la qualité de ses produits avec les brasseurs allemands, qui envahissaient notre marché national. Un chapitre très-étendu est consacré à la description de ces procédés et à faire comprendre toute l'importance de la gazéification artificielle appliquée à l'amélioration, à la conservation et au débit des bières.

La même méthode s'appliquant aux cidres, doit avoir les mêmes succès; mais ici, nos expériences n'ont pas été faites assez nombreuses ni assez étendues pour que nous puissions affirmer la même réussite que nous affirmons pour les bières. Dans la brasserie, la pratique est constante et journalière, elle dure depuis des années ; c'est un fait acquis. Pour les cidres il faut que des applications faites industriellement sur de grandes masses et souvent répétées viennent confirmer les indications de la théorie et les expériences que nous n'avons pas faites encore nous-mêmes dans toutes les conditions désirables. Nous serions heureux si les personnes qui, profitant des renseignements donnés dans ce volume, feront quelques essais ayant rapport à la gezéification artificielle des cidres, voulaient bien nous communiquer leurs observations : elles aideront ainsi de la manière la plus efficace au progrès d'une industrie aussi intéressante que délaissée.

La partie de cet ouvrage qui traite de nos appareils, de leur installation et de leur manœuvre a été traitée à la manière d'un guide technique sans oublier le moindre détail. En suivant nos instructions à la lettre, la personne la plus étrangère à notre industrie pourra les monter, les démonter, les manœuvrer et les guider comme le mécanicien ou le fabricant le plus expérimenté. Il serait désirable que chaque constructeur décrivit ses appareils avec la même fidélité minutieuse que nous avons apportée dans la description des nôtres; ce serait le moyen de mettre le public acheteur à même de ne se décider qu'en parfaite connaissance de cause.

Nous accueillerons avec infiniment de plaisir les descriptions

techniques et détaillées accompagnées de planches, que nos confrères voudront bien nous adresser de leurs appareils et, après les
avoir constatées exactes, nous les mettrons avec empressement
dans notre prochaine édition ; nous avons regretté vivement de
manquer de ces documents pour celle-ci.

Des notions sur les matières premières les plus employées dans
la fabrication ; des instructions générales et des renseignements
utiles à l'industrie complètent le volume. Des tables analytiques et
alphabétiques jointes à la division des matières, par chapitres et
par paragraphes, rendront au moins habitué les recherches sûres
et faciles. Il est assuré d'y trouver réponse à toute question utile
ayant trait à nos appareils ou à l'industrie des boissons gazeuses.

Telle est la nouvelle édition, ou plutôt tel est le livre que nous
venons vous offrir, ami lecteur, et qui ayant eu le tort grave de
rester sous presse bien plus longtemps que nous l'avions pensé, a
excité bien des impatiences, et a valu à ses auteurs qui n'en pouvaient mais, de bien vives réclamations. S'ensuit-il, de ce que
ni la bonne volonté, ni le temps, ni un plan bien tracé ne lui ont
pas manqué, que ce soit une œuvre parfaite? Hélas! tout est
relatif dans ce bas monde, surtout la perfection ; si on le compare
à l'édition qu'il remplace il approche déjà du chef-d'œuvre, si,
grâce aux communications et aux progrès accomplis d'ici là,
l'édition qui le suivra aura fait encore un pas de plus ; mais
tel qu'il est, il est exact, clair, précis; il contient bien l'inven-
taire complet de tous les procédés de fabrication, et de tous les
moyens d'exploitation possédés aujourd'hui par l'industrie des
boissons gazeuses, et, pour un pareil livre, c'est tout ce qu'il faut.
Il peut dès lors être et sera utile.

Il est écrit de bonne foi surtout.

Et, si l'on s'étonne de trouver ici cette affirmation qui n'a jamais besoin d'être écrite sur un livre portant la signature d'honnêtes gens, on s'étonnera encore, avec bien plus de raison, qu'à propos de la première édition nous ayons été taxés d'injustice, de mauvaise foi, de maladresse, de mensonge, dans un ouvrage sur les boissons gazeuses, publié deux ans après le nôtre. Venant de la part de certaines gens, l'injure n'atteint pas; la pitié mêlée de mépris empêche d'y répondre

Lorsque nous entrons en lutte industrielle avec les constructeurs nos confrères, nous le faisons loyalement, ouvertement, au grand soleil des expositions, prenant pour juges de camp les jurys et le public. Et lorsqu'en présence des constructeurs de tous les pays et de nos confrères de France dont les œuvres figurent près des nôtres, nous recevons les premières, les seules récompenses, nous sommes bien en droit d'affirmer la supériorité de nos appareils sur tous les autres, car ce n'est pas nous, mais les jurys, juges de tous, qui la proclament.

Mais plus cette supériorité est éclatante et reconnue, plus nous serions désolés de laisser tomber de notre plume une critique injuste contre un appareil de l'un de nos confrères; il n'est pas sous ce rapport, soit dans la première édition de cet ouvrage, soit dans celle-ci, une seule ligne sur laquelle nous n'ayons longtemps réfléchi avant de la mettre et que nous devions en retrancher. Peut-être, si nous avons eu un tort vis-à-vis du public, c'est, nous le répétons, d'adoucir nos critiques, d'amoindrir les inconvénients. Du reste, qu'un de nos confrères veuille bien nous signaler une critique ou une appréciation qu'il trouve inexacte ou même exagérée, et, quel qu'il soit, nous prenons l'engagement de faire connaître sa réclamation et d'y répondre.

Et maintenant que nous avons avalé cette goutte de lie qu'on trouve toujours au fond de la coupe, quelque généreux que soit le vin qui la remplit, qu'il nous soit permis d'accomplir un devoir plus agréable, en remerciant notre habile artiste, M. Bourdelin, d'avoir bien voulu mettre son crayon, à la fois si exact et si élégant, au service de notre livre. Si nos appareils vous séduisent, ami lecteur, s'ils vous apparaissent dans l'image tels qu'ils sont dans la réalité, si vous les voyez dans tous les détails extérieurs et intérieurs de mécanismes et de construction, c'est à lui que nous le devrons ; nous lui avons déjà offert nos chaudes félicitations, nous sommes bien certains cette fois de ne pas être démentis en affirmant que vous joindrez vos compliments aux nôtres.

CHAPITRE PREMIER

ACIDE CARBONIQUE

ROLE DE L'ACIDE CARBONIQUE DANS LES BOISSONS GAZEUSES.

1. — Les boissons gazeuses quelles que soient leur nature et leur origine, eaux, vins, limonades, bières, cidres, etc., doivent toutes leurs propriétés petillantes et mousseuses et une partie de leur saveur et de leurs qualités hygiéniques à la présence du gaz acide carbonique. Chez les unes, — les eaux minérales naturelles, — il y est mêlé par l'action plus ou moins connue de forces souterraines; chez d'autres, — les vins, les bières, les cidres, — il s'y développe

1

par la fermentation; dans d'autres enfin, — l'eau de Seltz, par exemple, — il y est introduit à l'aide de procédés physico-chimiques plus ou moins savamment combinés. C'est cette dernière préparation des boissons gazeuses qui constitue l'importante industrie qui nous occupe. Il est donc indispensable au fabricant, — qui veut, en homme intelligent, se rendre compte des opérations qu'il accomplit, s'expliquer la plupart des phénomènes fortuits qui pourront arriver, et obtenir de bons produits, — de bien étudier et de connaître la substance qu'il doit produire, manipuler et appliquer l'agent principal et, pour ainsi dire, unique de sa fabrication.

DÉCOUVERTE DE L'ACIDE CARBONIQUE.

2. — La découverte de l'acide carbonique appartient à Paracelse et à Van Helmont. Paracelse reconnut vers 1530 sa présence dans les forêts et dans la craie; il le nomma *Esprit silvestre* et *Esprit crayeux*. Van Helmont, son disciple, inventa le nom de *gaz* pour désigner cet esprit inconnu qui ne peut être contenu dans des vaisseaux, ni réduit en corps visible. Il annonça formellement que — « le gaz produit par la combustion du charbon est le même » que celui qui se dégage pendant la fermentation et qui, com- » primé avec force dans les tonneaux, rend les vins pétillants et » mousseux. » — « Il existe, dit-il, dans les cavernes, dans les » mines, dans les eaux minérales. » — « Les eaux de Spa dégagent » du gaz silvestre; il y a des bulles qui s'attachent aux parois du » vaisseau qui en contient. » — « La putréfaction des matières » organiques en produit, et on peut en développer par l'action » d'un acide sur la pierre calcaire. »

L'alchimiste du seizième siècle ne sut ni recueillir, ni appliquer ce gaz. Plus d'un siècle devait s'écouler encore avant qu'on songeât à s'en servir pour la préparation des eaux minérales factices.

3. — Boyle, qui le premier fit connaître plusieurs réactifs sur les eaux minérales, imagina de recueillir dans un matras le gaz qui s'exhalait de certaines sources. Il répéta toutes les expériences de Van Helmont, et adoptant cette vieille croyance que les gaz ou vapeurs n'étaient qu'un *air* d'espèce particulière, il lui donna le nom d'*air artificiel*. Hoffman constata qu'il rougissait le papier de tournesol, le trouva dans les eaux acidulées d'Égra, de Wibbourg, de Selters, et le nomma *acide minéral*. En 1756, Black démontra par des expériences directes, que le gaz auquel donne naissance la combustion du charbon est le même que l'*air fixe* que contient la craie et que l'on dégage par l'action d'un acide. Priestley le trouva dans l'air atmosphérique en 1766 et l'appela *acide aérien*.

4. — Il appartenait au créateur de la chimie moderne, à Lavoisier, de déterminer enfin sa composition et de lui donner son véritable nom d'*acide carbonique*.

COMPOSITION CHIMIQUE.

5. — Le gaz acide carbonique se compose de la combinaison de huit parties d'oxygène avec trois de carbone, ou plus exactement de 72,73 d'oxygène et de 27,27 de carbone, soit en équivalents chimiques 1 de carbone et 2 d'oxygène, ou $75 + 200 = 275$, qu'on exprime chimiquement par la formule CO^2. Une curieuse expérience faite par Lavoisier prouve de la manière la plus directe et la plus irréfutable ces résultats de l'analyse. Si l'on remplit un ballon d'oxygène et qu'on y plonge un petit cône de charbon allumé par le bout, une combustion des plus vives s'opère; le cône resplen-

dissant de lumière et répandant une [chaleur intense est dévoré en quelques instants. Après la combustion le gaz du flacon a changé de nature, il est devenu de l'acide carbonique ; mais le volume du nouveau gaz ne diffère pas de celui du précédent, il est exactement le même, de sorte qu'un litre de gaz acide carbonique contient exactement un litre d'oxygène. Voir ainsi se dissoudre en projetant le plus vif éclat et disparaître entièrement dans un fluide invisible, impalpable, un corps opaque, noir comme le charbon, est un des plus merveilleux phénomènes que la science sache produire. Un gramme de carbone parfaitement pur donne ainsi par sa combustion $3^g,666$ d'acide carbonique ; il n'y a donc pas de doute possible, l'acide carbonique est bien formé de 27 parties de carbone pur sur 73 parties d'oxygène.

PROPRIÉTÉS PHYSIQUES ET CHIMIQUES.

6. — Le gaz acide carbonique est inodore, incolore, et insipide l'état gazeux. Sa dissolution communique aux liquides une saveur aigrelette et piquante dont l'eau de Seltz peut donner la sensation pure.

L'eau en dissout naturellement un volume égal au sien ; à la température ordinaire de +15° ; à 0°, un litre d'eau en dissout $1^{lit},7967$. Aux mêmes températures, l'alcool en dissout près de trois fois plus. Par la compression aidée d'une certaine agitation communiquée au liquide, on peut en dissoudre une quantité proportionnelle à la pression qu'on emploie. Mais aussitôt que cette compression cesse et que le gaz trouve une issue, il s'échappe en pétillant et produit une mousse plus ou moins abondante et durable suivant la nature du liquide. Il n'est pas propr à la respiration et amène par asphyxie

la mort de ceux qui le respirent. Il n'est ni combustible ni combu-
rant; lorsqu'on y plonge un flambeau allumé, la flamme s'éteint
instantanément. Il est par conséquent impropre à l'éclairage et à
la combustion. Sa densité est de 1,5290, c'est-à-dire plus d'une fois
et demie celle de l'air, ce qui permet de le transvaser d'une éprouvette dans une autre comme un liquide. Si l'on fait cette expérience
et qu'on laisse l'éprouvette découverte à l'air libre, on s'aperçoit
qu'il ne tarde pas à couler le long des parois du vase, il suit le sol
de la pièce dans laquelle on se trouve, va s'accumuler dans les coins
puis ensuite il se répand par diffusion dans tout l'atmosphère.

7. — L'espace qu'occupe l'acide carbonique diminue proportionnellement à la pression qu'on exerce sur lui, c'est-à-dire que si
l'espace occupé est de un litre, sous la pression d'un atmosphère,
il ne sera que d'un demi-litre sous celle de deux atmosphères et
d'un dixième de litre sous celle de dix atmosphères. Cette proportion augmente un peu sous de plus fortes pressions; à quinze atmosphères, l'espace n'est plus que de $\frac{1}{16}$ au lieu d'être de $\frac{1}{15}$ comme
il le serait pour l'air (1).

8. — Son coefficient de dilatation est de 0,00371, c'est-à-dire
qu'une masse de gaz qui occupait à 0° l'espace de 1 mètre
cube, sous la pression de 1 atmosphère, occupe, à 20 degrés de
chaleur, 1^{mc},0742, et à 100 degrés 1^{mc},3711. Il se liquéfie ou passe
à l'état liquide à une température de 57 degrés au-dessous de zéro,
et se congèle ou passe à l'état solide à 77. Thilorier a construit un
appareil devenu célèbre qui, par la compression produite par le gaz
lui-même et la différence de température qui existe entre le producteur et le récipient, peut donner très-rapidement plusieurs litres

(1) La loi que nous mentionnons ici est connue en physique sous le nom de
loi de Mariotte, et commune à tous les gaz, sauf quelques variations sous des
pressions extrêmes comme celle que nous signalons pour l'acide carbonique; on
la formule ainsi : — Le volume d'une masse de gaz est inversement proportionnel à la pression qu'elle supporte, pourvu que la température reste constante.

d'acide carbonique liquide. Mais il serait impossible de retirer de l'appareil le liquide obtenu. Si l'on ouvre le robinet du récipient, la tension de près de cinquante atmosphères que possède la petite quantité d'acide resté à l'état gazeux pousse le liquide avec une extrême violence; arrivé à l'air, il passe à l'état de vapeur presque instantanément en empruntant à la portion restée liquide la chaleur nécessaire à son changement d'état. De là un abaissement de température assez grand (77 degrés au moins) pour congeler la partie liquide sous la forme de neige blanche et cotonneuse. L'acide carbonique passe donc, comme presque tous les corps, à l'état solide; il fait alors éprouver, si on le touche, une sensation semblable à celle d'un fer rougi et produit l'effet d'une brûlure. Si on mélange cette neige avec de l'éther, on obtient une pâte assez homogène et plus conductrice qui, employée comme réfrigérant, peut produire, en fondant et s'évaporant sous la machine pneumatique, des abaissements de température de 110 degrés au-dessous de zéro. Brunel, l'ingénieur français qui a doté Londres du tunnel de la Tamise, frappé de la rapidité avec laquelle l'acide carbonique passait de l'état liquide à l'état gazeux et de la tension énorme que produirait ce changement d'état, voulut utiliser cette force dans les machines à vapeur par l'acide carbonique et construisit une machine à cet effet. Cette tentative fut infructueuse, beaucoup d'autres qui l'ont suivie n'ont pas mieux réussi; le problème reste posé pour l'avenir.

ABSORPTION DU GAZ ACIDE CARBONIQUE PAR LES ALCALINS ET DÉGAGEMENT PAR LA CHALEUR ET LA RÉACTION DES ACIDES.

9. — L'acide carbonique est absorbé complétement par les alcalins terreux, la chaux, la soude, la magnésie, la potasse, les oxydes

ferreux, etc., et forme avec eux les carbonates qui entrent en quantité immense dans la formation de la croûte terrestre. Mais c'est un des acides les plus faibles, et il est chassé des combinaisons qu'il a formées soit par la chaleur, soit par l'action d'un autre acide avec la même facilité qu'il a été absorbé. En chauffant, même à une température moyenne, une cornue pleine de craie, la décomposition s'opère, l'acide carbonique s'évapore et la craie devient de la chaux (1). Il suffit ainsi de laisser tomber quelques gouttes de jus de citron sur le marbre d'une cheminée pour voir aussitôt une certaine effervescence se produire et une tache pulvérulente s'y former; sous l'action décomposante de l'acide citrique, l'acide carbonique se dégage et il se forme un citrate de chaux. On verra quel parti la science appliquée a su tirer de cette facilité de réaction dans l'industrie des boissons gazeuses.

10.—L'acide carbonique joue aussi dans la nature un rôle très-actif comme dissolvant; il a en effet la propriété de former en se combinant avec certains solides des composés liquides, et d'en tenir d'autres en cet état par sa présence, sans toutefois se combiner avec eux. Il aide ainsi la dissolution de certaines espèces de roches, et maintient limpides des liquides qui se troublent aussitôt qu'il en a disparu. Cette propriété rend sa présence des plus utiles dans le vin, le cidre, la bière et les eaux minérales.

Répétons-le encore, car nous ne saurions trop insister sur ce point : tous ces détails qui au premier abord pourraient paraître oiseux et n'offrir d'intérêt qu'au point de vue scientifique, trouvent leur application directe dans les procédés de fabrication des boissons gazeuses. On peut bien en les ignorant faire de très-bonne eau de

(1) C'est sur cette propriété qu'est basé le procédé si simple de la fabrication de la chaux. On calcine rapidement des carbonates calcaires (CO_2,$CaO = 275 +$ 350). La chaleur les décompose, chasse l'acide carbonique, qui est emporté par le courant formé par l'air et la vapeur d'eau, et la chaux ou oxyde de calcium ($Ca + O = 250 + 100$), n'étant pas décomposé par la chaleur de nos fourneaux, reste comme résidu.

Seltz, comme M. Jourdain faisait de la prose sans le savoir, mais on n'est plus réellement maître de son procédé, et on court risque d'être arrêté par le moindre fait imprévu qui se produit sans pouvoir ni l'expliquer ni y remédier.

PRINCIPALES SOURCES DU GAZ ACIDE CARBONIQUE.

11. — A l'état gazeux l'acide carbonique est très-répandu dans la nature. La respiration des animaux, la combustion des matières organiques, la germination des graines, le développement des fleurs, la décomposition des matières animales et végétales en jettent dans l'atmosphère des quantités énormes, qui rendraient bientôt l'air impropre à la vie si la partie verte des plantes et d'autres agents ne travaillaient aussi activement à sa décomposition ou à son absorption, soit en s'emparant du carbone qu'il contient et dégageant l'oxygène, soit en formant avec lui un grand nombre de sels et d'autres composés.

12. — Les volcans en vomissent sans cesse; il s'exhale des cavernes qui en sont voisines et s'accumule sur le sol à cause de sa pesanteur spécifique, en couches plus ou moins épaisses. Il n'est personne qui ne connaisse la grotte du Chien, située sur les bords du lac d'Agnano près de Naples, et les expériences qu'on ne manque jamais d'y faire pour l'amusement des touristes. La couche du gaz daice carbonique a une hauteur de deux à trois pieds; un homme peut y pénétrer aisément sans être incommodé s'il s'y tient debout; mais si l'on y jette un chien, la pauvre bête se trouve entièrement plongée dans la couche du gaz irrespirable et l'asphyxie ne tarderait pas à être complète, si le gardien ne se hâtait aussitôt que le râle commence de le rejeter au dehors. Le grand air lui rend bientôt sa vigueur et ainsi convenablement traité il peut pendant plusieurs années être donné en spectacle aux visiteurs. Suétone rapporte que Tibère expérimentait sur des esclaves et poussait souvent l'épreuve jusqu'au bout. Nous ne nous rappelons plus quel roi de Naples en usait ainsi à l'égard de ceux de ses bien-aimés sujets à qui il voulait épargner le supplice dégradant de la corde.

13. — Sous l'action du foyer intérieur du globe et d'autres causes inconnues, des amas de gaz acide carbonique s'accumulent dans les profondeurs terrestres jusqu'à ce que trouvant une fissure, ils se répandent dans l'atmosphère. En cherchant une issue le gaz ainsi accumulé suit très-souvent les parcours des sources et s'exhale à travers les lacs et les marais, dans des endroits aujourd'hui fort éloignés des éruptions volcaniques. La grotte du Tiphon en Asie, n'est pas moins célèbre que celle de Naples. En France, la grotte d'Aubénas, dans le Vivarais, celle du mont Joli en Auvergne, offrent les mêmes phénomènes. Dans l'Allier et la Loire, on rencontre plusieurs sources de gaz acide carbonique auxquelles on cherche à donner une application industrielle. En se dégageant des eaux qui le contiennent le gaz reste quelque temps au-dessus du liquide, les insectes et les oiseaux qu'attire la végétation luxuriante qui entoure ces sources, tombent asphyxiés. C'est ce qui arrive en plusieurs endroits des marais Pontins, formés par l'antique Cocyte et l'Averne et, dit-on, sur les bords de la mer Morte. Les anciens avaient parfaitement observé ces phénomènes et ils s'éloignaient avec terreur de ces lieux consacrés aux dieux infernaux. Les bergers d'Allemagne sont moins peureux; tous les jours ils visitent les sources d'acide carbonique fort nombreuses en ces contrées; les oiseaux et le petit gibier de toute sorte qu'ils trouvent asphyxié à l'entour leur fournissent une chasse abondante et lucrative, sans fatigue ni dangers.

14. — Ce gaz s'accumule souvent dans les cavernes, dans les puits, dans les caves, dans les marnières et envahissant les galeries des mines rend leur exploitation difficile et dangereuse. On reconnaît

facilement sa présence en voyant les lumières pâlir et s'éteindre; il ne faut pas alors, sans danger pour sa vie, s'aventurer dans les lieux qui le renferment. On appelait autrefois ces exhalaisons des *moffettes;* elles passaient, avec les mélanges détonnants que formaient dans les mines certains hydrocarbures pour des produits du diable, du *grisou* ou d'esprits malfaisants, de nains difformes chargés de veiller sur les trésors cachés par les génies et les sorciers dans les entrailles de la terre. Comment en effet le moyen âge, croyant au diable autant qu'à Dieu, eût-il expliqué sans l'intervention du malin esprit ces morts subites qui ne laissaient pas la moindre trace de violence sur le cadavre, ces explosions terribles qui ensevelissaient les mineurs imprudents? Marniers et puisatiers étaient toujours en crainte du sorcier expert en maléfices; malheur surtout aux Juifs qui s'approchaient d'une de ces sources fatales ou d'un puits abandonné, c'était un jeteur de sorts et de poisons : justice était bientôt faite.

PRÉSENCE DE L'ACIDE CARBONIQUE DANS LES EAUX MINÉRALES.

15. — Les anciens qui faisaient un usage si général des eaux minérales, avaient dû naturellement chercher à s'expliquer la cause du bouillonnement et de la saveur piquante qu'on remarquait dans les sources les plus salutaires. Aristote, ce génie universel et puissant, écrivait, 350 ans avant le Christ, sous le règne d'Alexandre, une étude complète sur les eaux minérales, dans laquelle il parle des sources acidules de Sicile : « Il s'y mêle, dit-il, des vapeurs de différentes natures qui font leur principale vertu. » Pline, Galien, Avicenne, Celse, mentionnent également la présence d'une substance élastique aériforme, dans beaucoup de sources, qu'ils énumèrent et qu'ils classent, bien avant que Van Helmont, Boyle et Bergmann vins-

sent déclarer que cette vapeur était de même nature que celle que développait la combustion du charbon et la décomposition du marbre. Depuis le seizième siècle jusqu'à nos jours, la science, poursuivant ses investigations avec des moyens toujours plus sûrs et plus puissants, a démontré la présence de l'acide carbonique soit à l'état de liberté dans les sources minérales qu'elle classe sous le nom d'acidules, soit à l'état de combinaison formant des carbonates ou des bicarbonates de chaux, de soude, de magnésie, d'ammoniaque, de potasse, de fer, de manganèse, de cobalt, de nickel, de strontiane, de cuivre, de lithine, etc. Dans la plupart de ces sources, sa présence seule tient en dissolution des sels qui précipitent et deviennent solides aussitôt qu'il est évaporé. C'est ce phénomène qui donne naissance aux prétendues propriétés pétrifiantes de certaines eaux. La fontaine de Saint-Allyre, à Clermont, en est un exemple : elle revêt d'une couche calcaire qui se moule sur la forme et semble changer en pierre les objets qu'on dépose dans le bassin, et *pétrifie* ainsi des plantes, des oiseaux, des médailles, etc., etc.

ACIDE CARBONIQUE ET OXYDE DE CARBONE PRODUITS DE LA COMBUSTION.

16. — Toutes les matières employées au chauffage ou à l'éclairage contiennent des quantités considérables de carbone, qui, par la combustion, se combinent avec l'oxygène de l'air et forment deux composés : de l'acide carbonique et de l'oxyde de carbone, tous deux impropres à la respiration, mais surtout le dernier, qui agit en outre comme un violent délétère. Le plus grand nombre de morts qu'on attribue à l'asphyxie par l'acide carbonique sont produites par l'oxyde de carbone. Ce dernier, sans odeur ni saveur, invisible

comme l'air, mais plus léger, puisque sa densité n'est que de 0,960, s'est répandu dans tout l'atmosphère bien avant que l'acide carbonique se soit écoulé sur le sol et accumulé dans les coins. A des doses infiniment petites il produit des effets funestes, à un demi pour cent, par exemple. Quatre à cinq parties sur cent suffisent pour former avec l'air atmosphérique un mélange mortel, tandis qu'il faut environ un tiers d'acide carbonique pour former un mélange irrespirable.

L'oxyde de carbone se produit surtout lorsque le charbon brûle en grandes masses, dans un fourneau où la chaleur s'élève beaucoup et où le courant d'air est très-faible relativement au volume du combustible. La quantité de l'oxygène mise alors en présence du carbone n'étant pas assez grande pour former un acide, le résultat principal de la combustion consiste en un gaz oxyde de carbone. Le malheureux qui, calfeutré dans sa chambre, a allumé le fatal réchaud, le voit voltiger au-dessus de la braise embrasée, en une flamme légère et bleuâtre. C'est la sinistre lueur du suicide; le sentiment de l'existence et des choses lui échappe; le vertige lui monte au cerveau, une débilité extrême lui empêche tout mouvement; le système nerveux est ébranlé, puis des douleurs aiguës dans différentes parties du corps annoncent la fin de la crise qui brise sa vie. Sur dix asphyxiés, neuf sont tués par l'oxyde de carbone. Dans la plupart des cas d'asphyxie, l'on ne trouve dans l'atmosphère que cinq ou six pour cent d'acide carbonique, il en faudrait plus de trente pour qu'il fût réellement nuisible. On le respirerait alors à pleins poumons; et comme il est impropre à la combustion, et que, par sa densité, il empêcherait l'air d'y pénétrer, il amènerait l'asphyxie comme une immersion dans l'eau, si l'on ne se hâtait d'en débarrasser les voies respiratoires. Son effet est dans ce cas tout physique; il n'empoisonne pas comme l'oxyde, il étouffe ou noie comme un bâillon ou comme l'eau. La première chose à faire pour secourir un asphyxié est de l'exposer au grand air; si le gaz acide carbonique remplit seul ses poumons, et que la cessation des fonctions respiratoires n'ait pas occasionné une congestion apoplectique, le malade reviendra vite et se ressentira peu de l'accident.

EFFETS PHYSIOLOGIQUES DE L'ACIDE CARBONIQUE.

17. — Il ne faut donc pas confondre l'action du gaz acide carbonique dégagé *à froid* soit par la fermentation, soit par une réaction chimique, avec celle des gaz qui s'échappent d'une masse de braise en combustion; les deux actions sont différentes, et cette différence tient essentiellement à la nature des produits. Dans le premier cas, le gaz est de l'acide carbonique pur, dans le second le gaz est composé d'un mélange d'acide carbonique et d'oxyde de carbone; ce dernier est puissamment vénéneux, l'autre ne l'est pas. L'acide carbonique agit bien, il est vrai, sur les nerfs et principalement sur le cerveau, mais ses effets ne sont dangereux qu'autant qu'ils se prolongent et qu'on le respire en quantité considérable. Nous venons d'expliquer comment il détermine alors la mort par asphyxie et les congestions apoplectiques. Ces effets ne sont pas d'ailleurs constants; le plus souvent ils consistent en une sorte d'excitation agréable et joyeuse qui lui fit donner par les anciens le nom d'air hilariant, et qu'on trouve au suprême degré dans le champagne. Pour d'autres, c'est le marasme, l'atonie cérébrale. Tout cela peut tourner facilement en ivresse et en prendre les différents caractères, suivant l'organisation de celui qui l'éprouve. La fatigue et une sorte de stupeur qui suivent toutes les surexcitations nerveuses, se font ensuite sentir, sans toutefois devenir funestes. Chez certaines organisations, il pousse à la vaticination ou, plutôt, jette dans cette ivresse convulsive au milieu de laquelle la pythonisse assise sur le trépied delphique prononçait

ses oracles. Les noires vapeurs par lesquelles Apollon troublait
les sens et exaltait l'imagination de ses prêtresses, n'était autre
en effet que le gaz acide carbonique qui s'exhalait de tous les endroits
où le dieu établissait ses oracles. A ces effets physiologiques, nous
devons ajouter son action anesthésique dont la médecine fait aujour-
d'hui de si heureuses applications.

RESPIRATION. — CHALEUR ANIMALE

18. — La respiration, en mettant dans les poumons l'oxygène de
l'air en présence du carbone qui noircit le sang veineux, y opère une
véritable combustion, destinée à entretenir la chaleur animale. 225
grammes en moyenne de carbone fourni par l'alimentation sont ainsi
brûlés par jour dans les poumons d'un homme, et produisent par
heure 18 litres d'acide carbonique que l'expiration rejetant mêlé à
de la vapeur d'eau, à de l'azote, et à de l'hydrogène, est entraîné avec
rapidité par ces gaz légers dans les hauteurs de l'atmosphère aussitôt qu'il a quitté les lèvres. La population parisienne jette ainsi dans
l'air, par heure, plus de 30,000,000 de litres d'acide carbonique auxquels il faut ajouter près du double provenant de la combustion des
matières d'éclairage et du chauffage qui se joignent aux quantités
produites par la décomposition des matières organiques ou inorganiques et des autres causes que nous avons sommairement énumérées.
On pourrait donc s'étonner que l'atmosphère soit encore propre à la
vie et surtout qu'il contienne une si faible quantité d'acide carbonique que celle que les recherches les plus minutieuses y ont fait
constamment découvrir, si l'on ne mettait en regard les causes
qui agissent sans cesse pour l'épurer.

PRÉSENCE DE L'ACIDE CARBONIQUE DANS L'ATMOSPHÈRE.

19. — Lorsqu'on analyse l'air atmosphérique, on trouve qu'il contient à peine 0,0004 d'acide carbonique par volume, un peu plus pour les villes, un peu moins pour les campagnes, la diffusion, les grands courants atmosphériques et d'autres causes le repartissant partout d'une manière à peu près proportionnelle. C'est que les parties vertes ou foliacées des plantes travaillent avec une activité incessante à décomposer sous l'action de la lumière l'acide carbonique, en s'emparant du carbone. Les municipalités qui décorent nos villes de riants squares, de vertes promenades, et prodiguent partout les plantations, font autant pour l'assainissement de la cité que pour son embellissement. Autant, en effet, l'acide carbonique est impropre à la vie des animaux, autant il est favorable au développement des plantes, et c'est ce qui explique cette luxuriante végétation qui pare les sources qui en exhalent. Dans les premières périodes terrestres, le sol toujours bouleversé par les convulsions d'éléments incandescents, versait dans l'atmosphère des torrents d'acide carbonique. Ces gaz s'y mêlaient aux météores aqueux, et formaient le milieu d'air chaud et humide saturé de carbone qui fournissait une alimentation abondante à cette flore antédiluvienne dont les houillères nous conservent les gigantesques débris.

NÉCESSITÉ DE LA PRÉSENCE DE L'ACIDE CARBONIQUE DANS LE VIN ET DANS L'EAU.

20. — Introduit dans les voies digestives sous forme d'aliment

en proportion convenable, le gaz acide carbonique, loin d'être nuisible devient utile et produit l'effet le plus favorable.

Sa présence est nécessaire dans l'eau pour la rendre digestive, sapide. La saveur des vins, de la bière et des cidres, dans lesquels la fermentation la développe comme nous aurons occasion de l'expliquer d'une manière spéciale, lui est due en grande partie. Aussi, lorsqu'il s'évapore, ces boissons deviennent fades et plates : elles sont *éventées*. On attribue leur manque de goût à la perte de l'alcool ; tandis que, le plus souvent, la fadeur est due à ce dégagement de l'acide carbonique, qu'il suffit de leur rendre, pour leur faire retrouver leur saveur première. Il tient en outre dans ces boissons quelques-uns de leurs éléments naturels, en dissolution comme les phosphates, les tartrates de chaux ; aussi ces liquides deviennent troubles aussitôt qu'en les chauffant ou que par tout autre moyen on les prive du gaz carbonique qu'ils possédaient.

APPLICATIONS INDUSTRIELLES.

21. — Les applications que fait l'industrie de l'acide carbonique, en dehors des préparations des boissons gazeuses, sont nombreuses et importantes ; nous ne saurions ici les mentionner toutes, encore moins entrer dans la description des procédés employés. Elle en forme un grand nombre de carbonates et de bicarbonates, tels que ceux de soude, que la nature ne saurait lui fournir en assez grande abondance ou à un état de pureté assez grand. Elle s'en sert dans la fabrication du blanc de céruse et pour la décomposition des hypochlorates dans le blanchiment. Dans l'extraction du sucre de betterave, on s'en sert soit pour précipiter l'oxyde de chaux que l'on est toujours obligé d'employer

pour obtenir une défécation complète, soit pour décomposer les sucrates de chaux qui se sont formés et arriver à un clairçage plus parfait.

Ces applications iront grandissant au fur et à mesure que la science aura mieux déterminé ses affinités, et que les procédés de préparation, de conservation et d'amélioration des boissons fermentées entreront davantage dans les habitudes de la vie domestique. Déjà on a fait des essais satisfaisants pour son application à la panification. On a voulu utiliser la propriété qu'il a d'empêcher, en éloignant les substances du contact de l'air, le developpement de toute espèce de germe, et son action asphyxiante, sur les insectes et les petits animaux, pour protéger les grains de l'attaque des parasites. On peut donc prévoir l'époque à laquelle un appareil producteur du gaz acide carbonique fera partie du matériel de toute exploitation agricole et des ustensiles ordinaires d'un ménage bien monté ; on verra dans la suite de ce livre les nombreux services qu'il pourra y rendre.

PANIFICATION.

22. — Dans les procédés de panification ordinaire, l'action du levain produit une fermentation qui développe du gaz acide carbonique, dont la présence est nécessaire pour distendre la pâte, rendre le pain sapide, léger et poreux. On a eu l'heureuse idée de substituer à l'eau ordinaire de l'eau gazeuse pour le pétrissage qui s'opère alors en vase clos et à l'aide de moyens mécaniques. Vingt minutes suffisent ainsi pour une opération qui, d'ordinaire, prend plusieurs heures. Lorsqu'elle est terminée, on ouvre le robinet d'un tuyau de sortie ; la pâte, chassée par la pression inté-

2

rieure de plusieurs atmosphères, arrive à l'extrémité sous forme de boudin; elle se gonfle aussitôt par la dilatation du gaz, et tombe dans un moule placé au-dessous sur une balance. Lorsque le moule est plein on coupe le boudin, on pèse, et la pâte va au four sans avoir subi le contact souvent dégoûtant d'un mitron suant de fatigue et de chaleur. Le pain ainsi fabriqué a une saveur très-franche, très-sapide; il est d'un blanc magnifique, la fermentation n'ayant pu altérer la couleur des farines, très-léger, percé de cellules nombreuses régulières et plus petites que celles qu'on trouve dans le pain ordinaire.

Ce procédé procure une économie de près de 30 pour 100; il est employé journellement en Angleterre et a été essayé avec succès à Paris, à la boulangerie Scipion. Nous ne doutons pas qu'il ne soit un jour généralement adopté. Nous sommes brevetés pour deux appareils destinés à l'appliquer.

APPLICATIONS MÉDICINALES.

23. — L'art médical fait aujourd'hui de l'acide carbonique de nombreuses applications; en Allemagne, où les sources saturées de ce gaz sont très-nombreuses, il existe depuis longtemps des établissements où on l'applique en douches, en bains ou injections, après l'avoir recueilli à l'aide de cloches au-dessus des eaux, notamment à Marienbad, Carlsbad, Spa, Egra, Selters, etc. On recouvre pour cela la source, ou un réservoir qu'on dispose à cet effet, d'une cloche pourvue d'un robinet d'écoulement placé un peu au-dessous du niveau de l'eau. L'eau, en y séjournant, laisse dégager le gaz qu'elle contient; celui-ci s'accumule au haut de la

cloche, d'où il arrive par un conduit disposé pour cela sous un gazomètre destiné à l'emmagasiner.

On l'employa d'abord pour certaines maladies dermiques. Bientôt ses propriétés anestésiques furent constatées. On reconnut que, soit par sa propre action, soit en les isolant du contact de l'air, ce gaz faisait cesser la douleur des blessures récentes et contribuait puissamment à la guérison des plaies et des douleurs rhumatismales et on construisit des appareils chirurgicaux de manière à plonger dans un bain d'acide carbonique le membre ou la partie malade.

Dans les hôpitaux de Paris, des appareils fournissent à la clinique journalière la quantité de gaz nécessaire pour les divers traitements. On a même constaté que, respiré dans une certaine mesure, le gaz acide carbonique pouvait avoir d'excellents effets thérapeutiques, et, à l'exemple de l'Allemagne, quelques-uns de nos établissements ont leur salle d'inhalation.

IDENTITÉ DU GAZ ACIDE CARBONIQUE QUELLE QUE SOIT SON ORIGINE.

24. — En dehors des sources naturelles et de la combustion, l'homme a donc trois moyens de produire abondamment le gaz acide carbonique : par la fermentation développée dans des conditions déterminées, par la chaleur qui amène la décomposition des corps qui le contiennent, et par la réaction d'un acide sur un carbonate. Ce dernier moyen est le seul employé aujourd'hui pour la production de l'acide carbonique nécessaire à la préparation des boissons gazeuses. C'est celui qui nous occupera d'une manière toute particulière.

Mais quelle que soit la source ou l'origine de ce gaz, quel que soit le procédé employé pour l'obtenir, IL EST TOUJOURS LE MÊME. Comme composition, comme propriétés physiques et chimiques, et comme goût *celui qu'on obtient artificiellement est absolument identique à celui que développe la fermentation dans le jus de raisin, dans le malt, dans la pâte, et à celui qui acidule les eaux minérales* NATU-RELLES. « Les sciences, dit M. Maumené dans son traité sur le » travail des vins, en donnent des preuves tellement nombreuses, » que cette vérité doit être regardée comme une des mieux établies » parmi toutes celles qui intéressent les hommes. »

On ne saurait trop insister sur ce point, ni trop rappeler dans un traité des boissons gazeuses les preuves les plus concluantes de cette vérité chimique : LE GAZ TIRÉ DU MARBRE OU DE LA CRAIE PRÉSENTE LES MÊMES CARACTÈRES QUE CELUI QUE LA FERMENTATION DU RAISIN DÉVELOPPE DANS LES BOISSONS VINEUSES, ET IL EST IM-POSSIBLE DE SAISIR ENTRE EUX LA DIFFÉRENCE LA PLUS LÉGÈRE. Tous deux peuvent être décomposés par les mêmes agents chimi-ques, et si l'on en analyse onze grammes, on trouve dans chacun trois grammes de carbone et huit grammes d'oxygène. Les deux gaz purs ont exactement le même poids ; ils sont tous deux solubles dans l'eau et les autres liquides au même degré ; tous deux résistent au feu le plus violent, se liquéfient sous la même pression et se congèlent au même degré ; tous deux sont absorbés par les matières alcalines, la potasse, la soude, la chaux, et forment avec elles des combinaisons parfaitement identiques. Tous deux produisent les mêmes effets sur l'organisme ; mêlés en quantités égales à l'eau pure ou au vin, ils offrent la même saveur, le même goût. En un mot dans toutes les circonstances on les trouve exactement pareils et s'il est, comme tous les chimistes l'affirment, une vérité certaine, c'est que les deux gaz n'en font qu'un, quelles que soient les diffé-rences apparentes de leur origine.

CHAPITRE II

RÉSUMÉ HISTORIQUE

Origine des eaux minérales factices. — Premières patentes. — Recherches
scientifiques. — Première période, de 1700 à 1799.

ORIGINE DES EAUX MINÉRALES FACTICES. — DIFFÉRENTES
PÉRIODES QU'A TRAVERSÉES L'INDUSTRIE.

25. — L'idée d'imiter par des préparations artificielles les eaux
minérales naturelles, a dû venir le jour où l'on a découvert qu'elles
devaient leur principale vertu à des éléments dont on pouvait facilement déterminer la nature et les proportions ; il n'y avait plus
alors qu'à se procurer directement ces éléments et à en opérer le
mélange avec l'eau ordinaire.

Si un manuel pouvait prêter son cadre aux fantaisies histo-
riques, il ne nous serait pas difficile de faire remonter à la plus
haute antiquité l'origine des eaux minérales factices. Les Romains,

— qui, dans leurs festins, faisaient succéder au falerne les eaux minérales apportées à grands frais des sources les plus lointaines — mêlaient souvent à l'eau ordinaire, rafraîchie par la neige, des sels et des parfums pour lui donner le goût des sources minérales de Sicile, des Gaules ou de l'Ibérie. Dans le moyen âge, la médecine alchimique fit beaucoup de ces mélanges; mais l'empirisme n'exploita ouvertement de pareils procédés qu'à la fin du dix-septième siècle, et la découverte réellement scientifique, comportant avec elle toutes ses applications et son développement industriel, appartient en entier au dernier siècle. A ce moment seulement, la chimie analytique en progrès continu entra dans la voie nouvelle où les expériences, multipliées à l'étranger comme en France, devaient établir le concours de toutes les intelligences, et, réunissant en un faisceau commun les efforts et les résultats des génies des diverses nations, devait permettre de poser les premières notions de cette synthèse chimique dont le mouvement actuel cherche à donner les formules, et qui trouve dans les eaux minérales factices sa première et une de ses plus salutaires applications.

26. — Dans l'aperçu historique que nous allons tracer rapidement de l'origine, du progrès et du développement de l'industrie, nous distinguerons quatre périodes bien tranchées :

1° Celle des recherches scientifiques qu'on pourrait faire remonter à Van Helmont et qui se termine par les découvertes dues au génie de Lavoisier ;

2° La période d'essais, de tâtonnements, d'inventions de procédés et d'appareils industriels qui s'étend de 1799 à 1832 ;

3° La période de perfectionnement et de développement qui a duré de 1832 à 1855 ;

4° Enfin la période actuelle où l'industrie, — mise enfin en possession des moyens de fabrication et d'appareils perfectionnés en rapport avec l'importance de ses produits, et du rôle qu'elle doit remplir dans le bien-être et l'hygiène publique, — n'a plus qu'à marcher dans la voie pleine de prospérité et d'avenir qui lui est ouverte.

PREMIÈRES PATENTES. — RECETTE DE LÉMÉRY.

27. — En 1685, deux apothicaires anglais, Jenny et Oward, obtinrent de Charles II une patente (brevet) pour la fabrication des eaux ferrugineuses. Les mieux avisés de leurs confrères parisiens exploitaient déjà, d'une manière très-fructueuse, s'il faut en croire La Bruyère, cette ressource industrielle. Dans les *Caractères*, au chapitre des charlatans enrichis, le critique flagelle « B... B... qui vendait l'eau de la rivière », et la *Clef des Caractères,* publiée à Amsterdam en 1720, ajoute méchamment : « B... B... n'est autre
» que l'apothicaire Barbereau qui a amassé du bien en vendant de
» l'eau de la rivière de Seine pour des eaux minérales. » Barbereau n'était pas le seul qui fit spécialité de ce commerce. *Le Livre commode des Adresses,* publié en 1692 sous le nom de Dupratel, par de Blegny, apothicaire et fils du médecin du roi, indique « le
» sieur Tillesac, rue de la Bûcherie joignant les écoles de médecine,
» comme vendant toutes sortes d'eaux minérales. »

Léméry, dans son cours de chimie, publié en 1695, donne la composition du soda-water ou de l'eau de Seltz préparée avec des poudres effervescentes mêlées à l'eau telle qu'on la fait aujourd'hui.

« On peut contrefaire, dit-il, une eau minérale très-salutaire,
» en faisant fondre dans une livre et demie d'eau six dragmes de
» sel végétal; on donnera cette eau à boire en un matin, à jeun,
» verre à verre, de quart d'heure en quart d'heure, en obser-
» vant de se promener. Le remède purgera sans échauffer le
» malade. On peut faire une eau minérale apéritive en dissolvant

» huit ou neuf grains de *grilla vitrioli* dans deux livres d'eau. »
— Or, le sel végétal se composait d'une partie d'acide tartrique et
d'une partie de carbonate de potasse ou de carbonate de soude, et
le *grilla vitrioli* n'est pas autre chose que le sulfate de fer ou cou-
perose, éléments qui entrent dans la préparation des *soda-water*
londonniens, et qui devaient probablement servir à la fabrication
des eaux ferrugineuses pour lesquelles Jenny et Owart prirent patente en 1685.

RECHERCHES SCIENTIFIQUES, 1700-1799.

28. — Au commencement du siècle suivant, Hoffmann reconnut
dans les eaux d'Egra et de Selters la présence du gaz silvestre de
Van Helmont et lui donna le nom d'esprit minéral. Il enseigna à
imiter les eaux naturelles : « en mettant, dit-il, dans un vase à col
» étroit plein d'eau bien pure de l'alcali (1) et ensuite de l'acide
» vitriolique, en bouchant promptement la bouteille pour retenir
» l'esprit minéral qui se forme par l'effervescence, et en agitant le
» vase qui contient le mélange, on se procurera une eau artifi-
» cielle entièrement semblable aux eaux acidulées des sources. » —
Presque èn même temps (1740-1750), Hales et Black prouvaient,
par des expériences directes, que le gaz des eaux minérales est le
même que celui qu'on obtient par la distillation ou par la décomposition des carbonates. Ils apprenaient à le recueillir et à le mesurer, et Venel, professeur à Montpellier, désignait les matières
effervescentes qui lui paraissaient les plus propres à composer l'eau
gazeuse. Il imagina de séparer les matières dans la bouteille, de

(1) Un sel alcalin, bicarbonate de soude ou de potasse.

manière qu'elles ne fussent mises en contact qu'après le bouchage.
— « On obtenait ainsi, affirme-t-il, une eau non seulement ana-
» logue à celle des sources de Selters, mais encore plus char-
» gée. »

29. — Jusque-là on n'était pas sorti, dans la préparation des eaux
minérales, du mélange direct des substances effervescentes avec
le liquide. En 1767, le docteur Bewley fit faire à la fabrication un
progrès immense en imaginant d'imiter l'eau de Selters, en saturant
l'eau avec le gaz produit, dans un vase à part, par la réaction de
l'acide sulfurique sur du carbonate de potasse. Il mettait pour cela
le sel de *tartre* (carbonate de potasse) dans un vase à deux ouvertures, versait par l'une l'acide sulfurique, et le gaz arrivait par la
seconde, munie d'une tubulure, dans la bouteille contenant l'eau
destinée à être saturée.

30. — Presque à la même époque, en 1768, Lanne et Priestley
imitaient les eaux de Selters en saturant de gaz l'eau pure. La
source à laquelle ils prenaient ce gaz mérite d'être signalée ; ils re-
cueillaient l'acide carbonique que développait la fermentation de la
bière, et le dissolvaient dans l'eau à l'aide d'un vase approprié.
Pour compléter la minéralisation de l'eau, ils ajoutaient un morceau d'acier poli dont l'oxydation la rendait ferrugineuse.

Priestley, perfectionnant et simplifiant les procédés de Hales,
de Black et des autres savants, dont les travaux avaient précédé
les siens, comme il l'observe lui-même, inventa un appareil susceptible jusqu'à un certain point d'applications industrielles. Le
gaz obtenu dans un vase à deux ouvertures par la réaction de l'acide
sulfurique sur la craie délayée dans l'eau, était amené par un
tuyau flexible dans une vessie ou dans un vase renversé dans l'eau
et formant gazomètre ; puis, il passait, par la pression de la
vessie ou du vase, dans un flacon contenant le liquide qu'il devait
saturer et dont le goulot était aussi renversé dans un bassin plein
de liquide de même espèce. Lorsque l'arrivée du gaz avait fait

baisser le niveau du liquide dans le flacon, il agitait vivement celui-ci; le gaz se dissolvant, le liquide remontait aussitôt. Priestley agitait alors le vase contenant le mélange d'acide sulfurique et de craie; une nouvelle quantité de gaz se dégageant, arrivait dans le flacon dont l'eau, après quelques minutes d'agitation, avait absorbé le gaz. Ces diverses manipulations répétées deux ou trois fois, l'eau était prête pour l'usage; on pouvait la conserver dans des bouteilles bien bouchées, goudronnées et tenues dans une position renversée. Priestley, dans la note qui explique son procédé, indique les proportions qu'on doit observer dans le mélange d'acide et de craie, et il termine ainsi ses instructions.

31. — « Notre méthode peut servir pour donner de l'air fixe » (gaz acide carbonique) au vin, à la bière et à presque toutes les » autres liqueurs. Lorsque la bière est éventée ou est devenue » plate, on peut la ranimer par ce moyen. » Près d'un siècle devait s'écouler avant qu'on songeât à mettre largement en pratique cette découverte du savant anglais, dans l'application de laquelle les brasseurs les plus expérimentés mettent aujourd'hui l'avenir de leur industrie. Le savant anglais voyait du reste toute la portée de l'introduction des boissons gazeuses factices dans l'hygiène publique. « Le but que s'est proposé Priestley en publiant son ou- » vrage, dit l'histoire de l'Académie des sciences, a été de faciliter » les moyens d'employer l'air fixe contre les maladies qui vien- » nent de la corruption, surtout contre le scorbut de mer, en don- » nant un moyen sûr de se procurer en peu de temps une assez » grande quantité d'eau très-chargée de cette matière. »

32. — Les chimistes français n'apportaient pas moins d'ardeur que les savants des autres nations à étudier le gaz qu'on appelait encore air fixe et à résoudre l'utile problème de sa dissolution dans l'eau pour en former une boisson gazeuse à la fois agréable et hygiénique. Bucquet avait ajouté des robinets à l'appareil de Black pour empêcher le mélange du gaz atmosphérique; il forma

la bouteille destinée à recevoir l'eau qu'il voulait saturer, de deux
parties vissées l'une sur l'autre et il disposa la partie supérieure
de manière à y introduire un baromètre d'épreuve destiné à indiquer, comme le manomètre actuel, la pression intérieure du gaz.
Rouelle employa des vases à deux tubulures ; celui qui recevait le
mélange de craie et d'acide fut appelé *bouteille du mélange* et la
bouteille qui reçut les substances destinées à être exposées à l'action du gaz dégagé *bouteille de réception.*

33. — Lavoisier s'occupait depuis longtemps de l'étude du gaz,
dont il devait avoir la gloire de déterminer la composition et auquel il donna plus tard son vrai nom, lorsque Priestley fit connaître le résultat de ses travaux. La même année 1772, il avait déposé à l'Académie des sciences, sous pli cacheté, le résultat de ses
premières recherches sur l'air fixe ou émanation élastique qui se
dégage des corps pendant la combustion, la fermentation, etc.,
et l'année suivante il publia sur la préparation des eaux gazeuses
un procédé dans lequel nous remarquerons surtout ces deux innovations si importantes : l'emploi d'un vase à acide, séparé de la
bouteille du mélange et pourvu d'une tige réglant l'écoulement, et
celui d'une pompe à air destinée à comprimer mécaniquement le gaz
dans la bouteille de réception. Sa bouteille de mélange consistait
en un flacon à deux tubulures ; dans une des ouvertures il plaçait
un entonnoir en verre et le lutait avec de la cire pour empêcher
l'air de s'introduire par la jointure ; un bouchon de liège, muni
d'une baguette ou tige en verre formant poignée, était placée dans
le col qu'il fermait hermétiquement. Il le soulevait pour laisser
tomber, suivant les besoins de l'opération, l'acide vitriolique sur
la craie délayée. La pompe puisant dans cette bouteille, à l'aide
d'un tuyau adapté à la seconde tubulure, le gaz qui s'y dégageait,
le comprimait dans la bouteille de réception.

34. — Bergmann, qui avait reconnu la présence de l'air fixe
dans les eaux de Selters, de Pyrmont et de Spa, donna, de 1774

à 1780, plusieurs méthodes pour les imiter artificiellement, se servant, mais en les simplifiant et les perfectionnant, des éléments inventés par ses devanciers. Il indiquait la fermentation des bières comme la source la plus féconde et la plus économique de gaz acide carbonique, qu'on peut employer pour la gazification de quantités considérables d'eau pure, et adopta le *moussoir* ou agitateur mécanique dont le duc de Chaulnes fait connaître l'application en 1777. Cet agitateur consistait en une tige ou bâton plongé verticalement dans un barillet contenant le liquide qu'on voulait saturer et pourvu de quatre palettes horizontales. A l'extrémité supérieure, sortant du barillet, une poignée en croix ou béquille permettait d'imprimer au moussoir des mouvements en divers sens, et de fouetter vivement l'eau tantôt de droite à gauche, tantôt de gauche à droite, ce qui remplaçait avec avantage l'agitation imprimée aux flacons à l'aide de la main, et permettait d'obtenir avec plus de rapidité la saturation d'une plus grande masse de liquide. Le duc de Chaulnes opérait sur soixante-dix litres, ce qui était énorme pour l'époque.

35. — On avait cependant remarqué que le gaz dégagé par la décomposition de la craie par un acide n'était pas pur, qu'il entraînait avec lui des émanations terreuses ou sulfureuses. Macquer imagina, en 1778, de faire traverser par le gaz, lentement dégagé dans le vase du mélange, un tonneau beaucoup plus profond que large et rempli d'eau, dans laquelle on aurait délayé une certaine quantité de terre calcaire. « Par ce moyen, dit ce savant dans son » dictionnaire de chimie, s'il arrive qu'il s'élève avec le gaz un peu » de l'acide dissolvant, il ne peut manquer d'être absorbé par la » terre calcaire qu'il est obligé de traverser avant de parvenir » jusque dans le récipient. » Bergmann compléta ce procédé en indiquant le lavage à l'eau pure.

36. — A la même époque, le docteur Nooth inventait les premiers appareils portatifs, d'où sont découlés tous les appareils dits

de ménage pour lesquels on a pris, dans ces derniers temps, tant de brevets d'invention. Ils consistaient en trois vases en verre, disposés les uns au-dessus des autres, assemblés à leur jonction pour éviter les fuites. Le récipient inférieur reçoit les substances destinées à produire le gaz; celui du milieu, le liquide qu'on veut saturer; celui du haut, beaucoup plus petit, est terminé par un long bec qui plonge dans l'eau du second. Le col du récipient saturateur est pourvu d'une soupape qui laisse passer le gaz, dégagé au travers d'une sorte de crible, et empêche le liquide de descendre dans le vase producteur de gaz. L'acide carbonique, en arrivant dans le récipient du milieu, fait bientôt monter, par la pression qu'il exerce, l'eau dans le vase supérieur. Lorsque celui-ci est plein, on a soin de placer son bouchon sur sa tubulure restée jusqu'alors ouverte, on enlève les deux vases de sur le producteur qui leur sert de piédestal, et on les agite pour opérer la dissolution du gaz. Les replaçant ensuite sur le piédestal, on laisse dégager une nouvelle quantité de gaz, pour recommencer l'agitation jusqu'à épuisement du mélange. On ne tarda pas à perfectionner cet appareil, en y ajoutant une tubulure au flacon inférieur pour l'introduction des matières, et un robinet latéral à la partie inférieure du second flacon pour l'écoulement de l'eau gazéifiée. Un de ces appareils, ainsi perfectionné et ayant appartenu à Lavoisier, se trouve dans les collections de l'École de pharmacie.

37. — James Watt, l'illustre constructeur des machines à vapeur, ajouta à son tour un organe très-important aux appareils inventés pour la production des gaz et leur application : c'est le gazomètre destiné à les emmagasiner, qu'il nomma alors soufflet hydraulique. Les gaz étaient produits par distillation à chaud, ils subissaient les lavages nécessaires dans les réfrigérants et allaient s'emmagasiner sous une cloche suspendue à l'aide d'une corde passée dans une poulie supportée par un bâti, dans un tonneau

plein d'eau, et portant à son extrémité opposée un contre-poids destiné à faire équilibre. Le gaz, arrivant sous la cloche, la soulevait, l'eau contenue dans le tonneau formant fermeture hydraulique; un tuyau venait l'y prendre pour le conduire dans le récipient destiné à le transporter ou contenant les substances avec lesquelles il doit être mis en contact. James Watt appliqua, en 1802, son soufflet hydraulique à l'emmagasinement et à la distribution du gaz d'éclairage, lorsque Murdoch fit à l'usine Soho les premières applications de ce nouvel éclairage, inventé en France par Joseph Lebon, en 1792.

33. — Tous les organes qui entrent aujourd'hui dans la constrution des appareils de fabrication, ont donc été successivement découverts par des savants illustres, dans leurs travaux de cabinet.

Que de brevets n'a-t-on pas cependant pris depuis pour ces découvertes ou leurs applications?

CHAPITRE III

PREMIERS APPAREILS INDUSTRIELS

Appareils de Genève, système intermittent à compression mécanique. — Appareils Cameron, à compression chimique. — Appareils à cylindre oscillant Barruel. — Appareils de Bramah, système continu. — Appareils de tirage.— Deuxième période, de 1790 à 1832.

APPAREILS INTERMITTENTS A COMPRESSION MÉCANIQUE. — APPAREILS DITS DE GENÈVE.

38. — Malgré tous les perfectionnements successivement apportés à la préparation des boissons gazeuses, on n'avait pour ainsi dire construit encore que des appareils plutôt propres à fonctionner dans le cabinet d'un savant qu'à recevoir une application pratique un peu développée. Il était réservé à un pharmacien d'origine française, établi à Genève, de faire de la fabrication des eaux gazeuses l'objet d'une entreprise industrielle. Gosse et Paul, alors associés, empruntèrent aux appareils inventés par Lavoisier et par Watt les organes qui les distinguaient, la pompe et le gazomètre;

ils prirent les laveurs de Bergmann et de Macquer, le récipient à moussoir du duc de Chaulnes et les combinèrent ensemble, de manière à en former l'appareil devenu célèbre sous le nom d'*appareil de Genève*.

Le gaz produit primitivement par la décomposition à chaud de la craie, et plus tard par la réaction de l'acide sulfurique sur ce carbonate, arrivait à travers les tonneaux laveurs dans un gazomètre ; une pompe à air l'y puisait pour l'amener et le comprimer dans un récipient fort vaste en forme de barillet ou tonneau muni d'un moussoir et contenant la quantité d'eau qu'on voulait saturer. Les matières salines qu'on voulait y mêler pour imiter différentes eaux minérales étaient mises dans le tonneau, et parfois simplement en poudre impalpable dans les bouteilles. L'eau dissolvait naturellement un volume d'acide carbonique égal au sien, la compression opérée au moyen de la pompe et le jeu de l'agitateur complétaient la saturation. On soutirait alors l'eau gazeuse et lorsque le récipient était vide on commençait une nouvelle opération. L'établissement de Genève prospérait en livrant à la consommation 40,000 bouteilles d'eau minérale artificielle par année.

39. — Paul quitta Gosse son associé en 1799 et vint créer à Paris, dans l'hôtel d'Uzès, rue Montmartre, un établissement où furent imitées non-seulement les principales eaux minérales de France, mais encore celles des autres pays et spécialement les eaux de Selters. L'année suivante, Paul ouvrit l'établissement de Tivoli qui, brillamment dirigé par M. Tryaire son associé, puis par M. Jurine, passa en 1820 à M. Andeoud. Il y installa un appareil semblable à celui qui fonctionnait à Genève, mais perfectionné en beaucoup de détails. Le producteur se composait d'une bombonne en plomb à trois tubulures. Un bâton muni d'aillettes servant d'agitateur était fixé sur celle du milieu ; sur une autre, on scellait un entonnoir en verre destiné à introduire l'acide, après que l'on

avait garni la bombonne de craie délayée. Un tuyau adapté à la troisième tubulure amenait le gaz au tonneau laveur.

40. — Un pharmacien, M. Laville de Laplagne, modifia en 1821 cet appareil et voulut le faire servir à la production de tous les gaz. Nous mentionnerons brièvement les changements les plus importants qui concernent la fabrication des boissons gazeuses.

Il fixa sur un banc un cylindre en plomb muni d'un mélangeur vertical et plaça à côté, portée sur un support en fer vissé au même banc, une sphère en plomb dans laquelle on mettait trois ou quatre kilogrammes d'acide. Ces deux vases communiquaient par un tuyau muni d'un robinet qui réglait l'écoulement de l'acide. Du producteur, le gaz se rendait dans un tonneau laveur divisé en quatre compartiments par trois diaphragmes, percés de trous, qui tamisaient les bulles.

Deux gazomètres servaient à emmagasiner le gaz acide carbonique. Ils communiquaient avec le laveur par un tuyau à deux branches garnies chacune d'un robinet, de manière qu'on pouvait faire arriver le gaz dans la cloche qu'il convenait de remplir, et empêcher son introduction dans l'autre. Une double pompe, aspirante et foulante, dont les deux corps étaient enfilés et retenus dans une pièce de bois fixée à la muraille, était mise en jeu à l'aide d'un fort balancier. Elle aspirait le gaz dans un des deux gazomètres à l'aide d'un tuyau aussi à deux branches, muni de deux robinets, et le refoulait dans un tonneau en bois cerclé de fer contenant le liquide destiné à être saturé. L'opération terminée pour un tonneau, et pendant qu'on embouteillait l'eau de ce premier récipient saturateur, on faisait travailler les pompes sur le second gazomètre et sur un second tonneau placé à côté. On laissait, pendant ce temps, se garnir de gaz la cloche du gazomètre qu'on venait d'épuiser.

Ces tonneaux, solidement construits en chêne et fortement cerclés en fer, étaient munis d'un agitateur à ailes en plomb, et contenaient cent cinquante litres de liquide. Un tonneau spécial à agitateur en bois était destiné aux limonades, pour que l'acide citrique ne fût pas exposé à l'action du métal. On fabriquait alors, en effet, les limonades en tonneau et non en bouteille.

Il adapta une soupape d'égorgeoir au robinet de tirage ; on la faisait jouer pour donner issue à l'air comprimé dans la bouteille par l'arrivée du liquide et du gaz. Le bec du robinet garni de chanvre entrait dans le goulot de la bouteille ; il n'y avait pas de baguin formant fermeture hermétique.

M. Laville de Laplagne avait cherché, en multipliant les tonneaux et les gazomètres, et en donnant une grande puissance à la pompe pneumatique, à remédier à un des grands défauts de l'appareil de Genève, l'intermittence. Il ne fit que tourner la difficulté en compliquant outre mesure son appareil.

DÉFAUTS RADICAUX DE L'APPAREIL DE GENÈVE.

41. — Le système de Paul, de Genève, présentait en effet deux inconvénients fort grands : il fournissait une eau gazeuse qui s'affaiblissait au fur et à mesure que le tirage avançant la condensation et la pression du gaz devenaient moindres ; et il forçait d'interrompre tantôt le tirage pour remplir de gaz et d'eau le récipient,

tantôt la production du gaz et le jeu de la pompe pour opérer le tirage, ce qui le fit nommer avec raison *à fabrication interrompue*. Si l'on joint à ces deux vices radicaux la perte considérable de gaz acide carbonique qui se fait chaque fois qu'on est obligé de remplir le recipient, on s'expliquera pourquoi le système intermittant, sous quelque forme qu'il se présente, doit être rejeté par tous les industriels qui veulent fabriquer rapidement, sans perte de temps, de gaz ni de main-d'œuvre, des produits toujours également saturés.

Cependant les constructeurs sont loin d'avoir renoncé à la fabrication des appareils intermittents. Ils trouvent dans le bon marché relatif auquel ils peuvent les livrer, un appât puissant pour attirer l'acheteur, et, pour parvenir à ce bon marché, ils les réduisent aux organes les plus élémentaires, sacrifiant le gazomètre et la pompe de compression, souvent même les laveurs, ou les réduisant, s'ils les conservent, à des proportions complétement insuffisantes.

APPAREILS INTERMITTENTS A PRESSION CHIMIQUE.

42. — Un brevet fut pris en Angleterre en 1824 pour un appareil ayant deux dispositions remarquables. Un simple soufflet en cuir servait de gazomètre ; l'acide carbonique y arrivait d'un vase à deux tubulures ; lorsqu'il en contenait une quantité suffisante, on posait un poids dessus et le gaz était naturellement poussé dans un tonneau saturateur porté sur deux tourillons posés sur des supports et dont l'intérieur était partagé, dans le sens de son axe, en deux parties par un diaphragme percé de trous. Lorsque le gaz arrivait dans ce barillet, on lui imprimait un mouvement de ro-

tation, tantôt dans un sens, tantôt dans un autre, le liquide et le gaz pulvérisés et tamisés ensemble par le diaphragme, se mélangeaient bien et très-vite, et on mettait l'eau saturée rapidement en bouteille. — C'est bien certainement ce mouvement imprimé au tonnelet saturateur, porté sur deux pivots, qui inspira l'idée du cylindre oscillant.

43. — La même année, Cameron, chimiste anglais, construisit un appareil que nous devons mentionner parce qu'il a fourni à Barruel, inventeur du cylindre oscillant, le producteur qu'il y adapta, et qu'aujourd'hui encore il est facile de le reconnaître comme le type de certains appareils intermittents qui sont cependant loin de le valoir sous bien des rapports.

Le producteur se compose d'une boîte en fonte revêtue de plomb; un moussoir également revêtu de plomb, fonctionne dans l'intérieur, monté sur un axe dont l'extrémité inférieure est reçue par une crapaudine et dont le bout supérieur traverse un stuffing-box. On garnit le vase de craie délayée dans l'eau au moyen d'une ouverture latérale placée à sa partie supérieure, et on opère la vidange des matières épuisées par une ouverture ménagée dans le bas. Au-dessus on place, pour réservoir d'acide, un ballon en plomb à parois très-épaisses, qui communique avec le producteur au moyen d'un robinet conique, aussi en plomb, réglant l'écoulement de l'acide. Un tuyau latéral conduit le gaz dans un vase intermédiaire en fonte doublée de plomb, servant de laveur; de là le gaz arrive dans le saturateur de forme ovoïde, muni d'un agitateur vertical à trois palettes superposées et se mouvant sur ses axes comme le précédent. Ce récipient est en cuivre ou en fonte étamé à l'intérieur et pourvu d'un manomètre à mercure.

APPAREIL A CYLINDRE OSCILLANT DE BARRUEL.

44. — En 1830, M. Barruel, préparateur de chimie à l'École de pharmacie, inventa les appareils intermittents à cylindre oscillant, dont il prit, nous l'avons dit, les éléments dans les deux appareils anglais que nous venons de citer. Son producteur et son laveur sont les mêmes que dans l'appareil de Cameron. Il donna au saturateur la forme allongée d'un cylindre, le fit osciller sur deux pivots et supprima le diaphragme intérieur, ayant reconnu que le choc violent produit par une brusque oscillation suffisait pour dissoudre subitement le gaz dans le liquide.

45. — MM. Soubeyran et Henry, qui reconnaissaient à cet appareil des avantages marqués pour la préparation des eaux médicinales, lui reprochent, avec raison, d'être dangereux, à cause de la forte pression qui se développe dans le vase producteur. « Si la rupture de ce vase venait à se faire, dit M. Soubeyran, » l'acide lancé dans toutes les directions pourrait causer des acci- » dents graves. » Ce reproche est mérité par tous les appareils construits sur les mêmes principes, qui suppriment le gazomètre et la pompe pour atteindre le bon marché, et ne font ainsi qu'aggraver les défauts du système intermittent.

APPAREILS A FABRICATION CONTINUE ET A COMPRESSION MÉCANIQUE DE BRAMAH.

46. — Le peu de développement qu'avait pris la fabrication des boissons gazeuses suffisait pour faire entrevoir l'avenir de cette in-

dustrie; mais il fallait remédier d'abord au défaut radical des appareils jusqu'alors connus : L'INTERMITTENCE. En 1814, Hamilton mit sur la voie de la solution du problème qui fut complétement résolu par Bramah. Cet habile ingénieur inventa à Londres, en 1819, LES APPAREILS A FABRICATION CONTINUE.

Dans ce système — qui a, sur tous les autres, l'avantage incomparable d'assurer la continuité du travail et de produire avec rapidité et économiquement le liquide saturé d'acide carbonique — l'eau et le gaz sont introduits, simultanément ou séparément (à volonté), dans un réservoir d'une dimension peu considérable, par une pompe qui remplace sans interruption le liquide saturé enlevé par le tirage, de manière que le réservoir ne désemplit pas. L'eau, chargée à des pressions variant suivant les besoins, conserve son degré de saturation pendant toute la durée du tirage; la fabrication ne s'interrompt jamais. De tels avantages assuraient aux appareils Bramah la préférence sur tous les autres. Les établissements un peu importants n'admettent plus d'autre système. MM. Planche, Bouley et Boudet ayant fondé, en 1820, la fabrique du Gros-Caillou, firent venir de Londres un appareil, construit par l'inventeur lui-même, qui fonctionnait encore il y a quelques années dans les lieux où il fut placé.

47. — L'appareil de l'ingénieur anglais n'avait pas de laveur ni de producteur séparé du gazomètre ; le dégagement du gaz s'opérait dans la cuve de ce dernier. L'appareil entier se compose : du récipient dans lequel s'opère la décomposition de la substance qui fournit le gaz ; — ce vase est surmonté d'un gazomètre à travers lequel passe la tige d'un agitateur vertical destiné à mélanger les matières, — d'une pompe qui refoule l'eau et le gaz dans un saturateur sphérique formé de deux hémisphères en cuivre étamé, réunis au moyen d'une bride et de douze boulons, et munis d'un manomètre à mercure, d'une soupape de sûreté, d'un agitateur intérieur, d'une ouverture d'introduction et d'un robinet de sortie. Un volant,

armé d'une manivelle et monté sur un axe coudé, donne à la fois le
mouvement à la pompe et à l'agitateur.

Toutes ces pièces, sauf le producteur et le gazomètre, sont portées sur un bâtis en fonte composé de quatre colonnes inclinées,
réunies entre elles par des pièces fixées par des boulons, et montées
sur un patin traversé par deux vis qui assujettissent la machine sur
une grande plaque en fonte ou en pierre.

La pompe, très-remarquable, se compose d'un corps de pompe
dans lequel fonctionne le piston formé par un cylindre en cuivre qui
passe à travers une boîte ou couronne de cuir embouti. L'extrémité
supérieure du corps de pompe est fermée par une plaque à vis portant un tuyau qui conduit à une boîte ou chambre, pourvue de
deux soupapes fonctionnent alternativement; l'une s'ouvre au moment de l'aspiration et permet à l'eau et au gaz d'arriver dans le
corps de pompe, et l'autre au moment du refoulement, pour leur
ouvrir le chemin du condensateur. Un tuyau bifurqué se rend de la
pompe au réservoir d'eau et dans le gazomètre; chacune de ces
deux branches est pourvue d'un robinet qu'on ouvre de manière
à régler proportionnellement les quantités d'eau et de gaz que la
pompe amène dans le saturateur, où le mouvement imprimé à la
masse par l'agitateur, joint à la pression de huit à dix atmosphères,
qu'y exerce la compression du gaz, a bientôt déterminé la dissolution de l'acide carbonique et par conséquent la saturation complète du liquide, dont on n'a plus qu'à faire le tirage par le robinet destiné à cette opération.

ROBINETS DE TIRAGE ET EMBOUTEILLAGE.

48. — L'embouteillage d'un liquide arrivant sous une très-haute
pression et sursaturé de gaz qui cherche continuellement à s'échap-

per dans l'espace présente des difficultés qu'on dut chercher à vaincre, aussitôt que la fabrication des eaux gazeuses prit quelque extension.

Planche, qui avait inventé un appareil parfaitement combiné pour laboratoire, établit en 1810 un robinet spécial abandonné depuis, mais qui n'en est pas moins remarquable comme premier essai. Il se compose de deux pièces se montant à baïonnette; le tube recourbé du robinet, assez long pour plonger au fond des bouteilles, est inséré dans un canal de forme conique et pourvu de crénelures dans lesquelles on a ménagé de petites ouvertures qui correspondent à une soupape placée à la partie supérieure. On fixe sur ce cône un bouchon en liége percé dans le sens de sa longueur et aussi taillé en cône, afin qu'il puisse s'ajuster facilement dans le goulot des bouteilles. Le liquide arrive en bouillonnant, dirigé par la longue tige du robinet jusqu'au fond de la bouteille; l'air qu'elle contient en est chassé par une soupape placée au-dessus du cône en cuivre. L'on bouche rapidement les bouteilles aussitôt qu'elles sont pleines.

Cette longue tige était plus nuisible qu'utile : elle contribuait à augmenter l'agitation dans le liquide, le mouvement qu'on faisait pour en dégager la bouteille occasionnait une perte de gaz considérable.

49.— Hamilton employa en 1814 un obturateur à soupape conique qui interceptait à volonté l'écoulement du liquide. Bramah inventa un robinet souvent modifié et perfectionné depuis, mais qui possédait ses dispositions les plus essentielles au sortir des mains de l'habile ingénieur.

Le bec du robinet, formé par un petit tube destiné à introduire le liquide dans la bouteille, est entouré d'une capsule conique, garnie intérieurement d'une rondelle en cuir embouti ou en caoutchouc; un levier gouverne la tige, qui forme clapet ou soupape, et règle l'écoulement du liquide. On pose la bouteille sur un support à bascule ou à pédale; on engage son goulot dans la baguin ou capsule du robinet, et il suffit de peser un peu sur la pédale, pour qu'en appuyant contre la rondelle de cuir ou de caoutchouc qui garnit l'intérieur de la capsule on forme un bouchage hermétique. L'ouvrier ouvre alors, au moyen du levier, la soupape du robinet et l'eau jaillit dans la bouteille jusqu'à ce que la pression qui se produit l'empêche de se remplir; un léger mouvement de la bascule, dégageant le goulot, donne une rapide issue à l'air atmosphérique comprimé avec le gaz. Le tireur ouvre de nouveau le robinet, recommence s'il le faut le même dégagement et passe vivement la bouteille, quand elle est pleine, à l'ouvrier chargé du bouchage.

Un tireur habile peut ainsi remplir de cent cinquante à deux cents bouteilles par heure, et un appareil mû à bras peut alimenter deux robinets de tirage et donner en moyenne trois cent cinquante bouteilles à l'heure. Les plus puissants appareils intermittents alors connus n'en donnaient guère plus dans une journée.

50. — M. Soubeyran modifia ce robinet en 1836. Il voulut pouvoir établir l'égalité de pression dans l'intérieur de la bouteille et l'intérieur du tonneau saturateur, et plaça pour cela dans le robinet deux tubes; l'un destiné à amener le liquide, s'ouvrait au fond du tonneau; l'autre, simplement destiné à établir l'égalité de pression, s'ouvrait au-dessus du liquide. La clef de ce robinet était percée de deux ouvertures, elle ouvrait et fermait à la fois les deux conduits. De cette manière le liquide arrivait sans agitation dans la bouteille; mais il y avait cet inconvénient grave que l'air atmosphérique contenu dans la bouteille pouvait pénétrer dans le saturateur et nuire ainsi à la fabrication et à la qualité des eaux (1).

M. Boissenot qui modifia l'appareil de Genève en 1832, fit subir aussi quelques changements au robinet de M. Soubeyran; mais il finit par l'abandonner, à cause de sa lenteur et de différentes obser-

---

(1) Nous avons adopté une disposition semblable pour nos tirages de vins mousseux, mais avec l'indication préalable de remplir la bouteille de gaz acide carbonique lorsqu'on veut opérer l'embouteillage.

vations qu'il fit sur la solution de l'acide carbonique dans l'eau au moyen de la pression.

51. — Le bouchage s'opérait de la manière la plus primitive ; on prenait un bouchon trempé, un peu conique ; on le faisait pénétrer vivement en le tournant un peu dans le goulot ; on achevait de l'enfoncer en le frappant de deux ou trois coups de batte ; une ficelle ou un fil de fer servait à l'assujettir. Ce n'est qu'à la période suivante que nous verrons employée la machine à boucher.

DIFFÉRENTS SYSTÈMES EXISTANT A LA FIN DE CETTE SECONDE PÉRIODE, 1832.

52. — Lorsque le choléra de 1832 ouvrit une période nouvelle à l'industrie des boissons gazeuses, il y avait en présence :

1º Le système intermittent à pression mécanique, dit de Genève, qui, après avoir reçu des perfectionnements et subi des modifications de détail, fonctionnait dans plusieurs grands établissements ;

2º Le système intermittent à simple pression chimique, à saturateur fixe muni d'un agitateur ou à saturateur oscillant ;

3º Le système à fabrication continue et à pression mécanique, inventé par Bramah, et qui seul, on le reconnaissait déjà, pouvait desservir une exploitation industrielle un peu développée ;

4º Les appareils dits portatifs ou de laboratoire, qu'on n'avait pas encore songé à perfectionner de manière à les appliquer à l'économie domestique sous le nom d'appareils de ménage.

Les robinets de tirage inventés par Bramah, et modifiés par M. Soubeyran, possédaient leurs deux organes essentiels : le bec

à cône ou baguin, et la pédale levier. M. Laville-Laplagne y avait
ajouté la soupape dégorgeoir.

La bouteille ordinaire était seule employée au tirage ; le bouchage opéré mécaniquement par une machine était encore inconnu.

Les progrès accomplis depuis 1799 étaient immenses ; Bramah
avait réalisé le plus considérable en substituant le système à fabrication continue aux systèmes intermittents, mais il y avait
encore une longue période de tâtonnements, d'essais, de recherches, à traverser avant d'arriver aux appareils continus perfectionnés aujourd'hui en usage.

Plusieurs tentatives avaient été faites pour remédier aux défauts
reprochés aux appareils intermittents ; toutes avaient été infruc-
tueuses. On n'arrivait qu'à une complication plus grande lorsqu'on
cherchait à augmenter leur puissance productive, et à diminuer
la perte du gaz ; ou à la suppression des organes les plus essentiels, si on tentait de les simplifier. La composition des eaux
gazeuses, telles qu'on les fabriquait alors, explique seule la préférence qu'on donnait à ces appareils, destinés à produire quelques
centaines de bouteilles par semaine.

Le système à fabrication continue et à compression mécanique,
inventé par Bramah et modifié en France par l'adjonction des laveurs, et la séparation du producteur et du gazomètre, était reconnu comme pouvant seul suffire à une fabrication industrielle.
Mais l'heure de ses perfectionnements n'avait pas encore sonné ;
ils ne devaient s'effectuer qu'aux périodes suivantes.

Parmi les différentes modifications ou les perfectionnements
qu'ont subi ces deux systèmes, nous ne nous sommes arrêtés et
nous ne mentionnerons que les principaux, ceux qui sont restés
comme progrès irrévocablement acquis ou qui ont eu une influence
notable sur l'industrie ; nous négligeons toutes les modifications
plus ou moins ingénieuses, mais en nombre infini, qui n'ont pas

laissé dans les appareils de trace durable ni influencé la marche de l'industrie.

Venus les derniers, nous avons fait profiter l'industrie des apports faits par tous ceux qui nous ont précédés. C'était notre droit, nous accomplissions, en l'exerçant, la loi du progrès. Nous tâcherons, en retraçant le tableau rapide des travaux accomplis pendant cette troisième période industrielle, qui s'étend de 1832 à l'exposition universelle de 1855, de rendre pleine justice à ceux qui, en les accomplissant, ont facilité notre œuvre. Ils ne devront pas nous en vouloir, si nous sommes obligé de signaler des imperfections que l'usage a fait reconnaître, que la science a dû condamner, et qu'il serait aussi contraire aux intérêts de notre industrie que dangereux pour la santé publique de ne pas dévoiler, pour obéir à des considérations qui ne doivent jamais arrêter celui qui parle dans l'intérêt de tous et d'après sa conscience.

CHAPITRE IV

APPAREILS INTERMITTENTS

Perfectionnements apportés en France aux appareils intermittents de Genève par **MM.** Boissenot et Soubeyran. — Appareils à pression chimique à deux cylindres fixes, Vernaut et Berjot. — Appareils à cylindre oscillant, Savaresse. — Appareils intermittents à colonne, Ozouf et François. — Appareils de ménage. — Troisième période, de 1832 à 1855.

PERFECTIONNEMENTS APPORTÉS EN FRANCE AUX APPAREILS DE GENÈVE.

53. — Jusqu'en 1832, l'eau de Seltz était restée une boisson de luxe, et presque un produit pharmaceutique. On estimait à environ deux cent mille bouteilles la production du petit nombre d'établissements alors existants. Les services que rendit l'eau gazeuse pendant le choléra en répandirent l'usage parmi les classes aisées ; la consommation atteignit subitement plus de cinq cent mille bouteilles. Le génie industriel fut stimulé par cet accroissement rapide. Les inventions et les perfectionnements se multiplièrent, mais cette fois le progrès se concentra en France ; l'Angleterre resta complé-

tement stationnaire. Partout ailleurs on se contenta d'imiter les appareils français, lorsqu'on ne les demanda pas tout faits à nos constructeurs. Nous tâcherons de réunir sommairement les principaux perfectionnements apportés dans chaque système.

MODIFICATIONS APPORTÉES AUX APPAREILS DE GENÈVE PAR
MM. BOISSENOT ET SOUBEYRAN.

54. — MM. Boissenot et Soubeyran s'attachèrent à perfectionner l'appareil de Genève. Ces deux savants pharmaciens nous ont laissé sur la fabrication des eaux gazeuses les observations les plus précieuses; plus tard nous aurons à en faire ressortir l'importance. Lorsqu'on les lit, on s'étonne qu'avec tant de savoir et un si ingénieux esprit d'observation, le premier ait comme accumulé à plaisir dans son appareil toutes les conditions d'insalubrité, et que M. Soubeyran, après avoir si bien observé et fait ressortir la déperdition de gaz qui s'opère dans les appareils intermittents à chaque bouteille tirée, et avoir vivement recommandé d'opérer le plus rapidement possible la mise en bouteille, se soit appliqué à perfectionner le système de Genève, au lieu de celui de Bramah. Mais l'on doit se rappeler que ces messieurs avaient plutôt en vue la préparation des eaux minérales par la dissolution des sels dans le récipient saturateur que la fabrication de l'eau rendue simplement gazeuse par l'introduction artificielle de l'acide carbonique, et dès lors la plupart de leurs contradictions apparentes s'expliquent et se justifient.

55. — L'appareil de M. Boissenot consiste en deux grands flacons à trois tubulures; le premier contient du marbre et de l'acide hydrochlorique étendu d'eau; il communique par deux tuyaux en

plomb, avec le second rempli d'une forte dissolution de potasse. Le gaz se rend de ce laveur par un seul tuyau au fond de la cuve d'un gazomètre, et subit un second lavage en traversant la masse d'eau qu'elle contient, pour se rendre sous la cloche. La pompe, de la capacité d'un litre, est mise en mouvement par un balancier, et comprime le gaz dans un tonneau en cuivre, étamé avec un mélange de une partie de fer et cinq parties d'étain ; le jeu d'un moussoir, pourvu à l'extérieur d'un volant en fonte, aide la dissolution.

Le robinet de tirage consiste en un simple bouchon conique garni d'étoupes, et pouvant s'adapter au goulot de toutes les bouteilles. Tous les tuyaux sont en plomb. M. Boissenot veut qu'on laisse un long espace de temps entre la compression et l'embouteillage ; douze heures au moins lui paraissent indispensables pour que la dissolution du gaz dans l'eau soit complète. Nous aurons lieu d'examiner cette opinion et d'expliquer comment, très-vraie quand on l'applique aux appareils intermittents, elle ne l'est plus lorsqu'il s'agit d'appareils à la fabrication continue perfectionnée.

56. — M. Soubeyran perfectionna les dispositions du producteur ; il souda au-dessus du vase cylindrique de Laville-Laplagne, — auquel il adapta deux tubulures, l'une pour le remplir, l'autre pour le vider, — un vase plus petit en plomb et de même forme, destiné à recevoir l'acide. Un tuyau en plomb, mettant en communication l'atmosphère du cylindre et celle de ce réservoir, établit entre les deux capacités l'égalité de pression. Un robinet latéral règle l'écoulement de l'acide. Un conduit en plomb traverse ce pot à acide, donnant passage à la tige d'un agitateur vertical en cuivre, recouvert de plomb, qui sert à opérer le mélange des matières gazifères. Le tonneau-laveur fut le même que celui de l'appareil Laville-Laplagne ; il prit le gazomètre gradué de M. Fleury, ayant sur les parois de la cloche une échelle servant à marquer le volume de gaz

qu'elle renferme, et fit au robinet de tirage les changements remarquables que nous avons indiqués paragraphe 50.

APPAREILS A DEUX CYLINDRES SATURATEURS FIXES, MM. VERNAUT ET BERJOT.

57. — Dans les appareils intermittents, le tirage commençant
sous une pression moyenne de six à huit atmosphères, la capacité
entière du récipient saturateur est occupée à la fin de l'opération
par du gaz comprimé à environ cinq atmosphères. Il faut donner
issue à ce gaz pour pouvoir introduire une nouvelle masse d'eau;
c'est une perte considérable. M. Vernaut chercha à réduire cette
perte en construisant un appareil pourvu de deux cylindres saturateurs, unis entre eux par un tube pourvu d'un robinet. Lorsque
l'un d'eux est vide d'eau et plein de gaz, on le met en communication avec le second cylindre plein d'eau et tirant un dixième du
liquide, on lui fait absorber le gaz jusqu'à ce que la pression se
soit équilibrée. On ferme alors le robinet de communication et l'on
achève la saturation de l'eau avec le gaz arrivant directement du
producteur; la perte est ainsi réduite de moitié. Ces deux cylindres sont fixes et munis chacun d'un moussoir intérieur; la pompe
et le gazomètre sont supprimés comme dans l'appareil Cameron et Barruel. L'acide carbonique est produit par le carbonate
de chaux, délayé dans l'eau, introduit dans un décompositeur
en plomb. Une boule en cuivre, intérieurement doublée de
plomb, contenant l'acide sulfurique, communique avec le décompositeur par un tube droit en plomb que l'on ouvre en soulevant
un obturateur mu par une tige extérieure. Avant d'arriver au saturateur, le gaz traverse deux laveurs qui le débarrassent des substances étrangères qu'il aurait pu entraîner.

58. — Un pharmacien de Caen, M. Berjot jeune, s'est appliqué à perfectionner ce système en adaptant une pompe foulante qui sert à garnir d'eau le cylindre qu'on vient de soutirer, malgré le gaz qui le remplit encore, et exerce une pression de cinq à six atmosphères. Cette pompe et les agitateurs à moulinet qui fonctionnent dans les récipients saturateurs peuvent être mus à la vapeur. Le producteur de gaz se compose aussi d'un cylindre horizontal pourvu d'un mélangeur et surmonté d'une boîte à acide en forme de tulipe, et communiquant avec le décompositeur par un conduit en cuivre doublé de plomb, dans lequel fonctionne une tige servant d'obturateur. Le laveur est composé d'un seul cylindre divisé en deux parties par un diaphragme intérieur. Le générateur est pourvu d'une soupape de sûreté. Le manomètre est placé sur le laveur. Le tirage d'un cylindre pouvant s'opérer pendant que l'autre se remplit, la fabrication peut être regardée comme semi-continue.

L'appareil à deux cylindres fixes est, en théorie, un des mieux combinés du système qui nous occupe, et peut fonctionner dans un laboratoire pharmaceutique; il servirait difficilement à l'industrie. Comme tous les appareils à pression chimique, il donne une eau irrégulièrement saturée, suivant les époques du tirage. On ne peut dépasser une pression de huit à neuf onze atmosphères qui descend à six ou cinq à la fin de l'opération et est alors insuffisante pour la mise en siphon. La fabrication, sans être complétement intermittente, doit se trouver forcément souvent interrompue faute de gazomètre, par le renouvellement des matières épuisées. Il présente en outre tous les dangers qu'on a justement reprochés aux producteurs, dans lesquels se développe une pression qui ne doit pas être moindre, à chaque opération, de huit ou dix atmosphères, et peut s'élever au delà.

Tous ces inconvénients l'empêcheront toujours de recevoir de grandes applications industrielles. Nous ne connaissons du

4

reste celui de M. Bergeot que par le mémoire publié par la société d'encouragement et par le modèle en carton exposé à Londres en 1862. Autant qu'il nous a été permis d'en juger, le mode de construction dans lequel sont prodigués les joints, les boulons, les tubulures, nous a paru très-défectueux.

APPAREILS A PRESSION CHIMIQUE ET A CYLINDRE OSCILLANT, SYSTÈME SAVARESSE.

59. — M. Savaresse et d'autres après lui ont voulu, comme M. Berjot, rendre continus les appareils à pression chimique, en adoptant les deux cylindres saturateurs, et éviter la perte du gaz par l'emploi d'une pompe foulante. Ce sont là de simples expédients ; ils ne font obtenir qu'imparfaitement le résultat cherché, et ne remédient à aucun des inconvénients radicaux de tous les systèmes à pression chimique. Malgré tous les efforts faits dans cette voie, les appareils continus à compression mécanique restent comme les seuls capables de desservir une exploitation industrielle.

60. — M. Savaresse père, auquel l'industrie doit, entre autres inventions remarquables, celle du vase syphoïde, s'attacha à perfectionner l'appareil Barruel en réunissant tous les organes sur un même bâtis, et en régularisant la production du gaz, de manière que la quantité produite ne pût jamais dépasser celle déterminée à l'avance d'après la force de résistance des parois de l'appareil, et que toute explosion fût ainsi impossible. L'acide sulfurique étendu de treize fois son poids d'eau et refroidi, est introduit dans un décompositeur en plomb muni d'un mélangeur. Une colonne creuse surmonte ce décompositeur ; on y place, sous forme de cartouche, la craie broyée, qui n'arrive dans le

mélange acide qu'à l'aide d'une broche qu'on fait mouvoir suivant le besoin de la production.

Le gaz qui se dégage s'épure dans la colonne remplie de craie, traverse deux laveurs, dont le second est surmonté d'un manomètre à mercure, et se rend dans un cylindre oscillant, où il pénètre par un des axes qui pivotent dans des stuffing-box. Un ou deux brusques mouvements de bascule, imprimés à ce cylindre, suffisent pour la dissolution du gaz. On opère le tirage au moyen de l'embouteillage mécanique, soit en bouteilles, soit en siphons, dont l'industrie doit la découverte au même inventeur.

60. — Le gazomètre, la pompe, les dimensions convenables des laveurs, ont été sacrifiés aux besoins d'un aménagement et d'une manœuvre plus faciles, mais l'avantage qui en résulte est loin de compenser cette imperfection.

Pour remédier à l'intermittence et à la perte du gaz, M. Savaresse fils a construit des appareils à deux cylindres saturateurs, et y a adapté une pompe foulante ; l'appréciation que nous avons faite de l'appareil à deux cylindres fixes s'applique à cette combinaison, qui rend le prix de revient de ces appareils égal à celui des appareils à fabrication continue, sans leur faire atteindre les mêmes avantages.

61. — De tous les appareils à pression chimique, ceux de M. Savaresse sont, nous devons le dire, les mieux combinés. La cartouche, l'introduction de l'acide étendu d'eau après refroidissement, l'emménagement de tous les organes sur un même établi, le tirage mécanique, et les vases siphoïdes, forment un ensemble d'inventions qui assignent une place à part et fort glorieuse à M. Savaresse père parmi tous ceux qui ont contribué au progrès de l'industrie des boissons gazeuses.

Il faut d'ailleurs, pour bien juger le mérite de ces inventions, se reporter à l'époque à laquelle elles furent faites, en 1837 ou 1838, et se rappeler les conditions dans lesquelles elles se produisirent.

On comprend alors la vogue qui les accueillit, et qui ne les aban-
donna que lorsque les besoins de la consommation eurent rendu
complétement insuffisants les appareils intermittents ou semi-continus à pression chimique. Dans ces dernières années, ce système
a donné naissance à un grand nombre d'imitations ; aucune d'elles
ne réalise une combinaison nouvelle ou heureuse qui mérite
d'être signalée ; beaucoup au contraire sont bien plus défectueuses;
quelques-unes ont occasionné, par leurs explosions, de tels désas-
tres, qu'il a fallu renoncer à leur emploi. La plupart de leurs
constructeurs n'ont du reste en vue que d'établir des appareils
destinés à produire un nombre restreint de bouteilles d'eau gazeuse par jour, et non à desservir un établissement un peu considérable.

APPAREILS INTERMITTENTS ET SEMI-CONTINUS DE M. OZOUF.

62. — Un autre constructeur, M. Ozouf, n'a pas moins contribué que Savaresse, pendant cette période de 1832 à 1855, aux
progrès de l'industrie ; mais son esprit très-ingénieux, et sans
cesse en travail d'amélioration, s'est laissé parfois séduire par des
idées plus ingénieuses en théorie que fécondes en résultats pratiques. Il s'est aussi appliqué à perfectionner le système intermittent, et a tenté de combiner la compression chimique avec la continuité de fabrication, ou plutôt de tirage.

Son appareil intermittent se compose d'un saturateur sphérique
formé de deux hémisphères en cuivre rouge coquillés en plomb à
l'intérieur, et ayant chacun un rebord rabattu pour former un
joint hermétique ; ces rebords sont traversés et réunis par des
boulons à écroux.

Cette sphère est munie d'un agitateur intérieur placé à la partie inférieure, d'une soupape de sûreté, d'un manomètre et d'un niveau d'eau. On y introduit le liquide, soit par un orifice fermé au moyen d'un bouchon à vis, en sacrifiant le gaz qu'elle peut contenir, soit à à l'aide d'une pompe, malgré la pression que peut y exercer l'acide carbonique qui remplit sa capacité après le tirage.

Cette sphère est placée sur un piédouche percé de trois ouvertures et adapté au-dessus d'un cylindre en cuivre rouge doublé de plomb et contenant, suspendu à son intérieur, la boîte à acide et un laveur aussi en plomb.

Le mélangeur, dont l'axe fonctionne dans des boîtes à étoupes est placé au bas du cylindre. La boîte à acide est traversée par une tige en plomb formant obturateur. Le couvercle, joint au cylindre par le même système de boulons à écrous, est percé de quatre ouvertures. Le piédouche se monte sur l'ouverture percée au centre ; les trois autres servent, l'une au passage des carbonates, l'autre à garnir d'eau le laveur ; la dernière à introduire l'acide dans la boîte. Une quatrième ouverture, aménagée au-dessous du cylindre, sert à le débarrasser des matières épuisées; toutes ferment par des bouchons à vis. Une machine à embouteiller est disposée sur le côté de l'appareil supporté par un socle en bois.

Un des grands défauts de cet appareil est l'exiguïté du laveur ; le gaz arrive presque directement dans la sphère, encore chaud de son dégagement et tout chargé d'émanations sulfureuses et terreuses. Il offre en outre tous les dangers signalés par M. Soubeiran, § 45.

62. — Nous croyons devoir mentionner ici l'appareil breveté de M. François, quoiqu'il n'ait été construit qu'en 1861. Sa construction repose sur les mêmes principes que celui de M. Ozouf, et cherche à atteindre le même but: grouper tous les organes de l'appareil sur un seul socle ou bâtis de manière à rendre son emménagement facile. La disposition heureuse du bâtis en fonte, portant suspendu à un joug tout l'appareil, et disposant un tirage

à bouteilles et un tirage à siphon sur les deux colonnes qui servent de support, lui donne un aspect à la fois solide et séduisant. Le producteur est celui de M. Savaresse, le saturateur, la sphère de M. Ozouf; un laveur vertical est placé dans l'intérieur.

Il offre les mêmes inconvénients que l'appareil de M. Ozouf.

63. — M. Ozouf a en outre pris brevet pour deux autres systèmes qui très-probablement n'auront jamais fonctionné dans aucun atelier. L'un, qu'il a nommé appareil intermittent continu, consiste en deux producteurs fonctionnant alternativement pour fournir de gaz une sphère desservie par une pompe mise en mouvement par un volant, en même temps que l'agitateur ; le second, désigné sous le nom d'appareil semi-continu, ne diffère de son appareil intermittent que par l'adjonction de la pompe et du volant. On ne s'explique pas trop l'utilité pratique de telles modifications ; elles apparaissent comme des essais erronés d'un esprit chercheur.

APPAREILS BACKEWEL ET GAFFARD, A PRODUCTEUR ET SATURATEUR RÉUNIS DANS UNE SEULE ENVELOPPE.

64. — En 1832, M. Frédéric Collier Backewel se fit breveter en Angleterre pour un appareil oscillant qui renfermait tous les organes, producteur du gaz et saturateur, dans une enveloppe unique. M. Gaffard, pharmacien d'Aurillac, — qu'il connût ou non cette invention, — eut la même idée une vingtaine d'années après. L'inventeur, partant de ce principe que le bicarbonate de soude contient toujours sous le même poids la même quantité d'acide carbonique, et que sa décomposition facile et complète par l'acide sulfurique étendue d'eau donne un gaz toujours pur, a supprimé les laveurs, la soupape de sûreté, le manomètre, tous les organes

accessoires. Il a disposé dans un cylindre oscillant une partie pour produire le gaz, par la réaction de l'acide sulfurique sur le bicarbonate, et ménagé l'autre partie d'une capacité de vingt bouteilles pour servir de récipient saturateur.

Il charge l'appareil avec trois cent vingt grammes de bicarbonate de soude, cinq cents grammes d'acide sulfurique et six cents grammes d'eau, qui devraient produire mathématiquement cent quatre-vingt-trois litres de gaz, soit sept volumes de gaz pour un volume d'eau à saturer ; mais en réalité l'eau ne peut en dissoudre sous la pression produite qu'environ quatre volumes, ce qui n'atteint pas le chiffre indiqué par la formule du codex, cinq volumes de gaz pour un volume d'eau. De tous les appareils dits de laboratoires, celui de M. Gaffard est encore le mieux combiné, quoique l'auteur commette une erreur grave, lorsqu'il pense que le gaz produit par la réaction de l'acide sulfurique sur le bicarbonate de soude n'a pas besoin de lavage pour se débarrasser du principe sulfureux ou alcalin qu'il entraine avec lui. Il faut d'ailleurs des soins de construction très-grands, lorsqu'il s'agit de manipuler sans danger des récipients d'une capacité relativement assez grande, dans lesquels il doit se développer presque instantanément une pression de sept à huit atmosphères, § 45.

63. — Tous ces appareils intermittents, de n'importe quel système, sont aujourd'hui considérés comme appareils de laboratoire pharmaceutique, et non comme appareils industriels. Dans son *Officine*, M. Dorvault fait judicieusement cette observation : « Qu'étant moins coûteux et moins embarrassants, ils conviennent aux pharmaciens qui ne veulent pas se livrer à une fabrication spéciale des eaux factices. Si le service qu'ils doivent faire dépasse les besoins de l'officine ordinaire et tend à devenir, par suite des circonstances, celui d'une fabrication courante et industrielle, les appareils sont insuffisants, il faut les remplacer par des appareils continus. »

FABRICATION DE L'EAU PAR LE MÉLANGE DIRECT DES POUDRES
EFFERVESCENTES.

66. — Lorsque l'usage de l'eau de Seltz se fut popularisé, la
fabrication en grand ne produisant pas en raison des besoins, et
vendant fort cher, on revint, pour la préparer, aux recettes les
plus faciles et les plus primitives, celles du mélange des poudres
effervescentes, qui, par leur dissolution dans le liquide, le saturent
de gaz acide carbonique. On emploie généralement le bicarbonate
de soude, sur lequel on fait réagir l'acide tartrique. Les deux
poudres sont introduites dans la bouteille pleine de liquide, que
l'on bouche rapidement. La décomposition du bicarbonate commence aussitôt ; l'acide tartrique s'emparant de la soude, forme un
sel soluble (le tartrate de soude) ; l'acide carbonique se dégage naturellement, et la dissolution de ce gaz est opérée par sa propre
compression et par l'agitation communiquée à la bouteille. En quelques minutes l'eau gazeuse acidulée est prête. Cette méthode est
simple, facile et économique ; elle se répandit vite lorsque, par un
trait ingénieux de génie commercial, furent inventés les petits paquets bleus et blancs qui renferment le carbonate de soude et l'a-
cide tartrique, dosés pour une bouteille sous le nom de poudre
gazogène Fèvre.

67. — Seulement cet avantage de pouvoir faire soi-même, à la
minute, l'eau gazeuze qu'on veut boire, est grandement amoindri
par les résultats qu'il entraine. On n'a pas en effet préparé ainsi de
l'eau de Seltz ; on a fabriqué une espèce d'eau de Sedlitz, une eau
gazeuse purgative. Le tartrate de soude qui s'est formé et qui sature
l'eau est un excellent laxatif qui possède toutes les qualités médi-

cinales si connues du tartrate acidulé de potasse, ou crème de tartre.

« On comprend, dit M. Ossian Henri, qu'un grand inconvé-
» nient de ces eaux réside dans l'introduction des sels alcalins dans
» l'eau elle-même, sels qui souvent lui donnent des propriétés pur-
» gatives » — « La présence de ce sel (tartrate de soude), légère-
» ment purgatif, dit M. Payen, dans son *Traité des substances*
» *alimentaires*, dans une boisson dont on fait journellement usage,
» pourrait à la longue exercer une action défavorable sur la santé,
» principalement chez les personnes dont les organes et la diges-
» tion seraient affaiblis. Il est prudent, dans tous les cas, de s'abs-
» tenir d'une boisson qui, de l'avis des praticiens, ne peut être
» entièrement exempte de pareils inconvénients. »

Pour peu que l'eau ne soit pas aussi pure que l'eau distillée, qu'elle contienne, comme la plupart des eaux naturelles potables, de la magnésie, des sels de chaux, des sulfates de fer, des composés plus drastiques que le tartrate de soude, des émétiques même peuvent se former, et il est alors dangereux d'employer ces eaux comme boissons, surtout pour les malades. Leur goût alcalin les rend d'ailleurs désagréables ; elles décomposent toujours le vin auquel on les mêle.

APPAREILS PORTATIFS DITS DE MÉNAGE.

68. — Pour remédier à ces inconvénients, on revint aux anciens appareils portatifs de Nooth, de Parker et de Lavoisier, et l'on s'appliqua à les perfectionner sous la dénomination d'appareils gazogènes ou seltzogènes, et d'appareils de ménage. Un nombre infini de brevets ont été pris ; tous reposent sur le même principe,

et ne sont que des modifications du même système. Deux, parfois trois vases sont accolés ensemble et communiquent entre eux, le plus souvent par des tubulures mobiles. Dans l'un de ces vases s'opère la décomposition des poudres ; l'eau saturée jaillit du plus grand, soit par un robinet ordinaire, soit à l'aide d'un siphon.

On cherche à donner à ces appareils une forme élégante, de manière à en faire un objet de luxe pour la table. Quant à l'économie, elle existait à l'époque de l'invention ; aujourd'hui elle est nulle. Un litre d'eau gazeuse revient à quinze centimes, plus l'achat de l'appareil. Un siphon d'eau de seltz, infiniment supérieur comme qualité, livré par le fabricant, coûte le même prix. Ils offrent, en outre, le grave inconvénient de produire une eau alcaline qui est loin de convenir à tous les estomacs ; le gaz qui s'élève dans le tube est toujours chargé d'une certaine quantité de tartrate de soude. Il aurait besoin, pour être purifié, des lavages qu'il subit dans la fabrication en grand. En dégustant pure, ou mêlée au vin, l'eau gazeuse jaillissant d'un appareil de ménage, et l'eau que fournit un siphon, on reconnaîtra au goût sodique qui caractérisera la première, et à la saveur franchement acidulée de la seconde, la différence qui existe entre ces deux liquides.

L'avantage incontestable qu'offrent ces appareils, c'est de pouvoir préparer de l'eau gazeuse dans les localités isolées et éloignées des fabriques, et de permettre de les additionner de sels ou de substances médicamenteuses prescrites dans certains états maladifs.

69. — M. Chaussenot prit brevet en 1834 pour un premier appareil qui fut suivi de deux brevets de perfectionnement en 1837 et 1840. Deux vases superposés sont reliés entre eux par une garniture à vis composée de deux parties fixées chacune sur le goulot des vases ; le vase inférieur, de forme cylindrique, le plus souvent en grès, reçoit l'eau destinée à être saturée ; le vase supérieur, formé par une boule en verre, reçoit les poudres gazogènes ;

un tube établit la communication entre les deux vases. Un robinet d'une disposition remarquable est placé dans la garniture du vase saturateur ; il remplit deux fonctions : il permet au gaz qui se dégage dans le vase supérieur d'arriver par le tube de communication jusqu'au fond du second ; puis lorsque, l'eau étant complétement saturée, on enlève le vase supérieur, il permet de fermer le passage au gaz, lorsqu'on veut tirer l'eau gazeuse par le tube qui forme alors siphon et par lequel le liquide est violemment chassé par la pression intérieure.

70. — En 1836, M. Fèvre se fit breveter pour un appareil conçu d'après le même principe de vases communiquant à l'aide d'un tube qui amène le gaz du décompositeur dans le saturateur. Les deux récipients étaient enfermés dans une enveloppe métallique. En 1846 cet appareil fut modifié par M. Gaumont, qui soude ensemble les deux vases et établit la communication par un conduit central formé par le col allongé du récipient saturateur. Un appareil siphoïde, adapté sur le col du vase producteur, plonge jusqu'au fond du saturateur, et opère le tirage sous la pression produite par le gaz. En 1854, il fit breveter quelques modifications à ce système connu sous le nom de Seltzogène Fèvre, qui plus tard fut perfectionné par Vincent.

71. — M. Briet fit breveter en 1840 l'appareil très-ingénieux que l'on peut regarder encore comme le plus simple et le plus connu de tous les appareils de ménage. Il consiste en deux vases ovoïdes, réunis ensemble par une armature ou douille en étain et à vis : le plus petit vase, ou boule, reçoit le mélange des deux poudres, il est adapté sur un piédestal en porcelaine, sur lequel repose l'appareil lorsque la saturation est accomplie ; le second vase, ou carafe, est pourvu aussi d'un piédouche qui lui permet de se tenir debout ; il reçoit l'eau qu'on veut gazifier. Ces deux vases sont entourés d'un clissage en rotin destiné à arrêter les projectiles du verre, en cas d'explosion.

Lorsque le mélange des poudres gazogènes (bicarbonate de soude et acide tartrique) a été introduit dans la boule à l'aide d'un petit entonnoir, on place dans le goulot un tube obturateur qui est l'organe réellement ingénieux de l'appareil. Sa partie inférieure est adaptée dans une boîte cylindrique creuse, se fermant à vis et percée de plusieurs trous; un petit crible en argent forme la partie supérieure du cylindre et se soude autour d'un tube en étain pur, qui établit la communication entre les vases. Une virole en caoutchouc garnie d'étoupe, placée autour, du cylindre, établit une fermeture hermétique.

Lorsque l'obturateur est placé dans l'ouverture de la boule chargée des poudres, on renverse celle-ci, et plongeant le tube dans la carafe garnie d'eau, on visse complétement les deux douilles et l'on met l'appareil sur son pied de porcelaine. L'eau qui dans la carafe dépasse le tube vertical, descend par celui-ci dans le cylindre, jaillit par les trous dont il est percé dans la boule et dissout les poudres. Aussitôt la décomposition commence, et le gaz, passant par le crible en argent, se tamise en globules innombrables qui traversent la masse entière du liquide qu'on veut saturer. On aide à sa dissolution en imprimant à l'appareil deux ou trois secousses brusques et saccadées. On obtient ainsi une eau gazeuse saturée de trois à quatre volumes de gaz et ayant toujours un goût un peu alcalin qui la fait parfaitement distinguer des eaux de Seltz bien fabriquées.

71. — Pour diminuer le prix de revient, on a voulu employer de l'acide sulfurique. M. Garnaud a inventé à cet effet un petit appareil assez ingénieux, nommé porte-acide. C'est un petit flacon en cristal, bouché à l'émeri par un bouchon percé à son centre d'un trou capillaire; il est soudé sur la partie mobile du tube droit; lorsqu'il est renversé, l'acide coule par l'ouverture capillaire et produit la décomposition du carbonate de soude. Nous ne conseillerons pas l'emploi de l'acide sulfurique dans les appareils de mé-

nage, même avec le porte-acide Garnaud ; d'abord parce que cette substance est d'une manipulation dangereuse pour des personnes peu habituées, puis, surtout, à cause des émanations sulfureuses qui accompagnent le développement du gaz.

Les vases gazogènes que l'on invente tous les jours en France ou en Angleterre, n'étant que des modifications plus ou moins heureuses de ceux que nous venons de citer, comme types de ces sortes d'appareils, nous nous abstiendrons de les mentionner. Plus d'ailleurs la fabrication réellement industrielle des boissons gazeuses s'étend, plus le rôle des appareils de ménage se restreint. Nul ne veut consommer une eau gazeuse moins que médiocre, lorsque pour le même prix il peut s'en procurer de très-pure et d'excellent goût.

72. — MM. Mondolet frères, successeurs de Briet, ont modifié son appareil de manière en faire un simple producteur d'acide carbonique pour la pratique médicale. Dans ce cas, on met dans la plus grande carafe un mélange d'acide sulfurique et d'eau ; après que la chaleur de cette combinaison s'est dégagée, on remplit la boule de bicarbonate de soude et on visse les douilles. Dans le col de la boule est placée une valve qui, gouvernée par la clef d'un robinet, laisse écouler les cristaux de bicarbonate dans l'acide étendu d'eau. Un tuyau en caoutchouc, adapté sur la douille de la carafe du mélange, conduit au fur et à mesure du dégagement le gaz à l'endroit où l'on doit l'appliquer. Les mêmes constructeurs ont voulu adapter ce gazogène à un cylindre en cuivre rouge étant d'une capacité de 10 litres et muni de deux tourillons oscillant sur deux montants en fonte. Un des tourillons est percé, un tuyau élastique s'y raccorde et met le cylindre en communication avec le robinet du gazogène. Une ouverture pratiquée à l'extrémité du cylindre sert à le remplir d'eau ; on y visse ensuite, au moyen d'un écrou, un tuyau élastique qui le fait communiquer avec le robinet

de tirage. L'appareil est dépourvu de soupape de sûreté, le mano-mètre du gazogène sert d'indicateur.

C'est, on le voit, l'appareil Savaresse réduit à son expression la plus élémentaire, et dépouillé de toutes les garanties de sûreté qu'il présente. L'appareil Gaffard est plus simple que celui-ci et remplit aussi bien le même but.

Nous devons ajouter que de nombreux accidents, produits par des explosions dans les hôpitaux, doivent rendre très-prudent sur l'emploi du gazogène en cristal proscrit un instant par l'Académie de médecine.

CHAPITRE V

APPAREILS CONTINUS

Perfectionnements apportés en France aux appareils Bramah, à fabrication continue, par MM. Stevenaux, Vielcasal, Ozouf, etc. — Bouchage à la mécanique. — Résumé des progrès accomplis dans la troisième période, 1832 à 1855.

73. — Au fur et à mesure que la consommation de l'eau de Seltz prit une plus grande extension, on comprit mieux l'insuffisance des appareils intermittents, et on s'appliqua à perfectionner les appareils à FABRICATION CONTINUE inventés par Bramah, et qui seuls pouvaient répondre aux besoins.

Parmi les différents systèmes qui se produisirent de 1832 à 1855, nous n'en citerons que deux qui résument le mieux les progrès accomplis dans cette période, celui de MM. Stevenaux, Vielcasal, Valpaille et celui de M. Ozouf. Tous les autres se rapportent à ces deux types, sans modifications remarquables.

Ajoutons de suite que, depuis 1855 les constructeurs de ces appareils n'ont pas réalisé de perfectionnement notable dans la forme ou les dispositions des organes, ni dans l'agencement de l'ensemble ; leur mode de construction est aujourd'hui à peu près ce qu'il était il y a quinze ans.

74. — En Angleterre, le fabricant n'a nul souci d'épurer son gaz ou de livrer à la consommation des boissons plus ou moins chargées de principes métalliques et malsains. Un appareil de Bramah, § 47, sans laveurs, en cuivre doublé d'un alliage de plomb et d'étain, lui suffit pour livrer au public des quantités prodigieuses de soda-water, § 96, affreux breuvage que des estomacs britanniques bourrés de rosbifs et de puddings peuvent seuls supporter. Il n'a pas à s'occuper de la santé publique, ni de la sécurité des ouvriers, et laisse aux Français sentimentalistes ces mesquines préoccupations. Nul conseil de salubrité ou d'hygiène ne le surveille ; c'est à l'acheteur de voir si ses produits lui conviennent. Si le consommateur s'aperçoit que les propriétés malfaisantes des sels métalliques ou alcalins exercent lentement leur action sur ses viscères digestifs, le fabricant n'en étamera pas pour cela son appareil et ne séparera pas par des laveurs le producteur du gazomètre. A quoi bon ! produire vite, battre monnaie, c'est son affaire : l'eau de soude est toujours assez bonne pour être mêlée au gin et engloutie sans dégustation aucune. Ses bouteilles ovoïdes ne tiennent pas sur pied, contiennent une seule lapée : c'est là le point capital, l'assurance de sa fortune, la source de sa tranquillité ; tout le reste n'est qu'accessoire. Aussi l'appareil Bramah est-il resté de l'autre côté du détroit tel que le construisit du premier jet l'habile ingénieur. Nous n'aurons à y chercher aucun perfectionnement.

SYSTÈME DE MM. VIELCASAL, STÉVENAUX, VALPAILLE.

75. — Lorsqu'en 1821 on établit à la fabrique du Gros-Caillou, le premier appareil continu qui ait fonctionné en France, on lui donna un tonneau laveur, et le gaz dégagé dans un producteur formé d'une bombone en plomb, arriva sous la cloche d'un gazomètre ordinaire. MM. Stévenaux, Vielcasal et Valpaille, firent successivement de grandes améliorations à ce système ; nous nous bornerons à le décrire tel qu'il est aujourd'hui, sans suivre chaque perfectionnement dans ses détails. Nous devons cependant constater que le principal, celui qui constitue le progrès le plus réel, un perfectionnement définitif, le robinet à double échancrure régulateur de l'aspiration proportionnelle de l'eau et du gaz par la pompe, appartient à M. Stévenaux. M. Valpaille en réalisant quelques améliorations de détail a disposé l'ensemble de l'appareil pour être mu mécaniquement par la vapeur.

76. — Le producteur se compose d'un réservoir d'acide et d'un décompositeur. Le réservoir d'acide est formé par un flacon en plomb d'une contenance de dix à douze litres, placé sur une tablette scellée dans le mur. Il est pourvu de deux tubulures : l'une, fermée par un bouchon à vis également en plomb, reçoit l'acide ; l'autre communique au moyen d'un tuyau avec le décompositeur, afin qu'il y ait entre les deux vases égalité de pression. Un second tuyau prenant naissance à la partie inférieure du flacon, conduit l'acide dans le vase décompositeur, suivant les besoins de la production du gaz ; un robinet placé sur le parcours du tuyau, règle cet écoulement.

77. — Dans le principe on faisait ce robinet en cuivre revêtu de plomb ; l'usure l'avait vite rongé ; c'était un grave inconvénient, et

5

pour y remédier on le fit en cristal ou en grès. Rien ne pouvait être plus dangereux. Le cristal peut se briser au moindre accident, par l'effet d'un simple changement de température, dans la main obligée de le manœuvrer constamment, ou glisser en dehors de sa gaine, et les ouvriers sont exposés aux jets d'autant plus terribles du brûlant acide, qu'il est lancé dans l'atelier par une pression très-grande.

Le vase décompositeur, aussi en plomb, est pourvu dans sa partie supérieure de cinq tubulures. Deux d'entre elles communiquant avec le flacon ou pot à acide, l'une pour recevoir l'acide, l'autre pour établir l'égalité de pression entre les deux récipients. La tubulure du milieu, formant boîte à étoupes, est traversée par la tige d'un mélangeur vertical à deux palettes superposées. Une quatrième tubulure fermée par un bouchon à vis donne passage à la craie délayée; la cinquième enfin sert de sortie au gaz dégagé. Lorsque l'appareil doit être mu par la vapeur, le mouvement est communiqué au mélangeur par deux roues d'angle engrenées dont une est adaptée horizontalement sur la tige, et l'autre, la verticale, porte sur son axe la poulie qui reçoit la courroie de transmission. Un bouchon à vis ferme l'ouverture placée au bas de l'appareil pour en opérer la vidange.

78. — Au sortir du producteur, le gaz est conduit par un tuyau en plomb au bas d'un premier *tonneau laveur en bois* où il se tamise à travers un diaphragme troué, et traverse la masse d'eau, pour aller subir un second lavage dans un second tonneau laveur en bois, disposé comme le premier, avec lequel il communique au moyen d'un tuyau en plomb. Ainsi lavé, le gaz se rend dans un troisième laveur dit indicateur, formé par un verre à trois tubulures aux trois quarts plein d'eau. La tubulure du milieu fermée par un simple bouchon en liége, sert à le garnir d'eau qui s'écoule lorsqu'on le vide par une seconde ouverture ménagée à sa partie inférieure. Les deux autres tubulures reçoivent des tuyaux en

étain : le gaz arrive par l'un, et au mouvement plus ou moins tumultueux qu'il imprime à l'eau, on peut suivre la marche de sa production ; l'autre amène l'acide carbonique sous le gazomètre.

Ce bocal indicateur remplit une fonction très-utile. Malheureusement comme il nécessite de longs tuyautages, qu'il est exposé sur la tablette où on le place, à tomber ou à se briser, il est rarement remplacé dans les ateliers où fonctionnent ces sortes d'appareils (1).

Quant aux tonneaux laveurs en bois, ils se moisissent et se détériorent vite, s'imprègnent rapidement de tous les principes sulfureux ou terreux qu'entraîne l'acide carbonique en se dégageant, et quelque soin qu'on prenne pour changer fréquemment l'eau, ils finissent par communiquer au gaz un goût fétide. Le même reproche doit s'adresser à la cuve du gazomètre aussi en bois.

L'acide carbonique aspiré par la pompe, est puisée au haut de la cloche du gazomètre au moyen d'un tube en caoutchouc formant une jonction flexible capable d'obéir aux mouvements de la cloche.

La pompe ou plutôt le robinet régulateur dont la clef à échancrure, guidée par un cadran, règle l'aspiration de l'eau et du gaz en quantité proportionnelle et suivant la marche de l'appareil, constitue le perfectionnement essentiel réalisé par M. Stévenaux. L'eau et le gaz, ainsi aspirés, sont refoulés par un seul conduit dans le récipient saturateur, en bronze doublé d'étain, ayant la forme d'un tonnelet dont les parois planes ont à peu près deux fois l'épaisseur des parois courbes. Un agitateur à deux palettes perforées en cuivre étamé, fonctionne à l'intérieur recevant, par engrenage, le mouvement du volant dont l'arbre coudé met en jeu la pompe.

L'axe de cet agitateur fonctionne dans des boîtes à étoupes placées aux deux extrémités du tonneau condensateur qui est pourvu, en outre, d'une soupape de sûreté, d'un manomètre et d'un niveau

_____

(1) Voir §§ 129 et 130 la disposition que nous avons donnée à ce même appareil.

d'eau. Un robinet de sortie, placé à l'extrémité opposée au volant, laisse prendre au liquide saturé le chemin des appareils d'emplissage des bouteilles et des siphons. Un bâti en fonte, assez compliqué, supporte le volant et la pompe, et se relie à une colonne piédestal qui porte le tonnelet. Le tout se fixe sur la pierre de fondation par des boulons.

79. — Tout cet ensemble d'appareils dispersés dans un atelier occupe un espace énorme. La multiplicité et la longueur des tuyaux devient embarrassante, la manœuvre en est compliquée. Aucune solidarité ne semble exister entre le fonctionnement de ces différents organes, qui doivent cependant concourir à un but commun. On ne peut pas diriger avec assez d'instantanéité la régularité de leur marche, ces inconvénients qui sautent aux yeux, et ceux que nous avons signalés dans les tonneaux laveurs, dans le producteur et, surtout, dans l'emploi du robinet en cristal, forment, en partie, les défauts qu'a cherché à faire disparaître M. Ozouf.

APPAREIL OZOUF.

80. — L'appareil continu de M. Ozouf se compose : d'un générateur en cuivre rouge doublé en plomb à l'intérieur, formé d'un cylindre et d'un couvercle, tous les deux à rebords rabattus, traversés et unis entre eux par des boulons à écrou. Le couvercle est percé de trois trous : celui de droite sert à introduire l'eau et les carbonates dans le décompositeur ; celui de gauche s'ouvre dans une boîte à acide, entièrement en plomb, vissée au couvercle et contenue dans l'intérieur du cylindre. Ces deux ouvertures sont fermées par des bouchons à vis en cuivre. L'ouverture du milieu du couvercle sert à loger une soupape à tige, mue par un croisillon

de plomb à pas de vis, dont le jeu laisse couler ou arrête l'acide contenu dans la boîte de plomb. Un agitateur à manivelle se meut dans l'intérieur du cylindre décompositeur. Une ouverture, placée au-dessous et fermée par un bouchon à vis, donne passage aux matières épuisées. Un tuyau recourbé, adapté à une quatrième ouverture du couvercle, amène le gaz dans un premier laveur, d'où un second tuyau cintré le reprend et l'amène au fond du second laveur. Chacun de ces laveurs est pourvu d'une ouverture à sa partie supérieure, et d'une seconde à sa partie inférieure, fermées par des bouchons à vis, par lesquels on peut introduire l'eau et opérer la vidange. Les couvercles des laveurs sont fixés par des boulons.

Du second laveur, un troisième tuyau conduit le gaz sous la cloche du gazomètre ; composée d'une cuve cylindrique en bois, et d'une cloche en zinc surmontée d'un robinet en cuivre. L'équilibre est établi par un seul contre-poids. Une pompe aspirante et foulante, mue par un volant à manivelle, sert à amener le gaz et l'eau dans un récipient ou saturateur formé par la réunion, au moyen de boulons serrant les rebords, de deux hémisphères en cuivre battu doublé en étain ; il est surmonté d'un manomètre, d'une soupape de sûreté, et muni d'un niveau d'eau. A l'intérieur un agitateur à ailes fixées sur une tige en bronze, se mouvant dans *deux* boîtes en bronze *soudées* à chaque extrémité de l'hémisphère inférieur du récipient, est mis en jeu par le volant. Un robinet régulateur à cadran est placé sur le côté de la pompe. Le récipient, le volant et la pompe, sont supportés tantôt par un bâti, tantôt par une colonne. Le récipient, fermé à joint, est fixé par un système de boulons à vis en fer.

Pour augmenter la force de production, M. Ozouf construit des appareils à deux et à trois pompes, qui ne diffèrent de celui que nous avons décrit en détail que par le jeu des pompes mises en mouvement par des arbres à villebrequin.

81. — Les améliorations les plus considérables qu'apporta cet appareil de M. Ozouf, sont : la suppression des générateurs, simplement en plomb, si faciles à se déformer, celle des laveurs en bois, et celle bien plus importante du dangereux robinet en cristal. L'ensemble de ces appareils a d'ailleurs grandement gagné comme régularité, comme puissance de fabrication, et comme facilité de manœuvre. On peut adresser à ces systèmes de graves reproches que nous avons tâché d'éviter pour les nôtres ; mais, nous nous plaisons à le dire en terminant ce trop rapide examen, venu avant nous, M. Ozouf marquera dans notre industrie comme un des fabricants qui y ont apporté les plus grands perfectionnements et ont le plus largement contribué à ses progrès.

INVENTION DU BOUCHAGE MÉCANIQUE.

82. — Le bouchage à la *batte* des bouteilles dans l'intérieur desquelles règne une pression d'au moins cinq atmosphères, offrait des inconvénients et des dangers qu'il n'est pas besoin de faire ressortir. Les machines à boucher vinrent faire disparaître tous ces inconvénients. Quoique brevetée à Londres en 1825, leur découverte est due à la Lombardie. Leur principe consiste à placer le bouchon dans un entonnoir conique à l'extrémité duquel vient s'adapter le goulot de la bouteille, et à l'enfoncer par l'action d'un levier, d'une vis ou d'un cric ; il arrive progressivement comprimé par le cône, pénètre dans le goulot sans difficulté aucune et s'y dilate de manière, en se serrant contre les parois, à constituer un bouchage hermétique. L'ouvrier n'a plus qu'à l'y maintenir un instant et à le ficeler rapidement. Pour le bouchage du champagne, ce système a dû être perfectionné ; dans nos appareils, par exemple,

le bouchon est comprimé par un système de coussinets mobiles
qu'un jeu de cames rapproche en même temps que le levier s'a
baisse ; mais pour les eaux gazeuses, à quelques modifications
plus ou moins importantes près, l'appareil reste toujours le même.
On pose la bouteille sur un tampon, supporté par une tige mue
par une pédale-levier qui la soulève et maintient le goulot sous
le cône tant que le pied appuie sur la pédale.

Vers 1832, M. Vielcasal réunit en un seul appareil le robinet
du tirage et la machine à boucher, en faisant surmonter le bec
du robinet du cône dans lequel on comprime d'abord le bouchon pour former une sorte de chambre hermétique, puis lorsque la bouteille est pleine on finit d'enfoncer le bouchon. C'est
le système aujourd'hui adopté par tous les constructeurs.

INVENTION DES VASES SIPHOÏDES.

83. — Avec la bouteille, aussitôt le bouchon envolé, une sorte
d'effervescence s'empare de l'eau, le gaz se dégage avec force, il
se fait un soulèvement instantané du liquide qui s'échappe en
grande partie, et si l'on tarde, le dernier verre versé est à peine
acidule. L'invention du siphon, en remédiant à cet inconvénient,
réalisa, non-seulement un progrès notable, mais marqua une
phase de prospérité nouvelle, révolutionna la production. En
1829, MM. Deleuze et Dutilleul se firent breveter pour un tire-
bouchon vide-bouteille composé d'un tube terminé en pointe et
muni extérieurement d'un pas de vis qui, traversant le bouchon,
pénètre dans la bouteille. Une soupape, mue par un levier, ferme
ce conduit, qui se prolonge jusqu'à l'extrémité d'une des branches
de la crosse du tire-bouchon. Lorsque le vide-bouteille est en

place, on renverse la bouteille en pressant du doigt sur le levier, on ouvre la soupape et le liquide, chassé par la pression du gaz, jaillit de l'extrémité du conduit.

84. — M. Savaresse père eut l'idée de fixer d'une manière permanente le vide-bouteille, ou siphon à soupape, sur le goulot des bouteilles et fit breveter, en 1837, sous le nom de Perpigna, les premières bouteilles ou vases siphoïdes. Une foule de brevets, plus ou moins valables et ayant donné lieu à une foule de procès, ont été pris depuis, se fondant soit sur la disposition de la soupape, soit sur le mode de fixation du mécanisme sur le goulot. Tous ces appareils reposent sur le même principe; un piston et un levier faisant mouvoir une soupape qui s'ouvre dans un tube attaché à la partie supérieure de l'appareil, qui sert d'armature au bouchon et plonge jusqu'au fond du vase. La pression du gaz pousse le liquide et le fait jaillir, lorsque la soupape est ouverte, par un bec adapté à l'armature siphoïde.

EMPLISSAGE DES SIPHONS.

85. — Le consommateur qui n'a jamais mis le pied dans un atelier de fabrication d'eaux gazeuses, ne s'explique pas toujours, à première vue, l'emplissage des siphons, plus simple, plus facile et plus prompt cependant que celui des bouteilles. Il s'effectue directement par le bec sans qu'on soit obligé de déranger en rien l'armature. M. Savaresse père eut peu à faire pour approprier à cet usage le tirage à bouteille. Le tampon devint simplement une sorte de support sur lequel se place le siphon renversé. La pédale, en soulevant la tige mobile, engage le bec du siphon dans l'emboîtage du robinet, réduit à des dimensions convenables. Le tireur manœuvre de la

main gauche une sorte de bascule à manette qui, agissant sur le levier, ouvre la soupape du siphon, tandis que de la droite il ouvre le robinet à l'aide d'une poignée. L'eau jaillit dans le siphon par le tube plongeant jusqu'au fond, mais presque aussitôt l'air et le gaz comprimé réagissent contre la pression du saturateur. On ferme le robinet, on ouvre une petite soupape pratiquée dans le baguin, et en une seconde l'air comprimé a disparu. On rétablit la communication avec l'eau saturée ; en quelques secondes le siphon est plein.

Tel est le mécanisme du tirage en siphon généralement employé, modifié parfois dans ses dispositions accessoires, mais ne variant pas dans ses organes essentiels. M. Ozouf plaçait les robinets sur ce qu'on appelait le banc de tirage, d'autres le mettaient sur des colonnes. Jusqu'à notre bascule agissant automatiquement sur le levier du siphon et laissant par conséquent la main gauche de l'ouvrier complétement libre § 151, il n'y a pas eu de perfectionnement notable.

86. — Dans l'embouteillage comme dans le tirage à siphon, l'ouvrier, — qui a soin d'ailleurs d'opérer avec un masque métallique, — est protégé contre les explosions par une cuirasse métallique qui recouvre entièrement le vase ou la bouteille, disposition fort anciennement employée dans tous les laboratoires de chimie ou cabinets de physique.

RÉSUMÉ DES PROGRÈS ACCOMPLIS DE 1832 A 1855.

87. — On voit combien fut active et féconde dans la construction des appareils de fabrication cette période que nous avons fixée de 1832 à 1855, parce que l'exposition universelle de cette année nous fournit une date remarquable, un point de repère cer

tain, mais qui s'arrête dans le fait, comme progrès réel, vers 1850. Une sorte de temps d'arrêt presque de décadence se manifesta à partir de cette époque et dura plusieurs années; nous dirons ses causes dans le chapitre suivant, nous bornant à résumer ici le mouvement progressif qui se fit presque en entier dans le sens direct de la production industrielle libre.

Les appareils intermittents, dits de Genève, quoique perfectionnés par MM. de Laville Laplagne, Boissenot, Henry et Soubeyran, ne fonctionnèrent qu'à Tivoli et dans la pharmacie centrale des hôpitaux; l'industrie ne les adopta pas.

M. Ozouf modifia le système intermittent à pression chimique et à saturation fixe, et créa un appareil à colonne qu'on peut regarder comme le type de l'appareil François.

M. Savaresse père simplifia l'appareil intermittent à cylindre oscillant et en groupa tous les organes sur un même bâti.

M. Gaffard, perfectionnant l'invention de Backewel, construisit son appareil oscillant réunissant dans une seule enveloppe tous les organes producteurs et saturateurs.

Ces habiles constructeurs étaient ainsi parvenus à combiner des appareils très-ingénieux, réunissant toutes les qualités qu'il est possible de réaliser dans ce système, mais ne remédiant à aucun des défauts radicaux qui doivent faire renoncer à tout espoir de le rendre possible dans une exploitation industrielle. L'intermittence, la perte de gaz acide carbonique, l'affaiblissement du degré de saturation au fur et à mesure que s'opère le tirage, l'insuffisance et la lenteur de la production.

La préparation des boissons gazeuses au moyen de l'introduction dans la bouteille de bicarbonate de soude et d'acide tartrique, librement vendues en deux paquets, s'était popularisée.

Les anciens appareils portatifs ou de laboratoire, inventés par Nooth devinrent, par les ingénieux perfectionnements de Chassenot, Briet, etc., les appareils gazogènes ou de ménage.

Des appareils dits semi-continus ou continus à pression chimique, furent construits par MM. Savaresse, Bergeot, Ozouf, sans résultats pratiques.

Les appareils à fabrication continue de Bramah, heureusement modifiés par MM. Vielcasal, Stevenaux, Valpaille, furent simplifiés et remarquablement perfectionnés par M. Ozouf.

Les deux systèmes de ces constructeurs se trouvaient en présence comme pouvant répondre aux besoins d'une exploitation industrielle et de la consommation.

Le premier de ces systèmes présentait des inconvénients très-graves par l'espace qu'ils occupaient, le danger du robinet en cristal, l'emploi des tonneaux en bois, la multiplicité des tuyautages, la complication de la main-d'œuvre. Le second, relativement bien plus parfait, était déparé par des défauts de construction qui influençaient beaucoup sa marche et la qualité des produits qu'ils donnaient.

Le bouchage mécanique des bouteilles fut appliqué et réuni au robinet de tirage.

Les vases siphoïdes et le mécanisme approprié à leur emplissage furent inventés.

La pompe à sirop pour doser les limonades dont nous donnerons plus tard la description, commença à être employée.

La composition de l'eau de Seltz se simplifia et s'améliora par l'élimination successive de tous les sels minéraux qu'on mêlait à l'eau et au gaz; les premiers essais de gazification artificielle des vins et des bières furent tentés, la liberté de fabrication fut conquise.

88. — On voit quels progrès énormes ont été accomplis et combien est grande la différence qui sépare cette période des premières tentatives industrielles. La fabrication possède de puissants appareils, un matériel complet d'une perfection relative très-grande, mais dont l'usage lui montrera bientôt les défauts qui

nécessiteront de la part d'autres constructeurs de nouveaux efforts pour sauver l'industrie de la déconsidération, § 108, et du marasme, § 109 et suivants, et répondre aux nouvelles et justes exigences du goût et de l'hygiène.

Avant de signaler les défauts auxquels il a été remédié depuis 1855, nous devons compléter ce tableau du progrès industriel en étudiant les principales causes qui amenèrent le développement de sa production et répandirent la consommation de ses produits, et celles qui, au milieu de sa prospérité, semblèrent la menacer de ruine.

CHAPITRE VI

MOUVEMENT INDUSTRIEL

Mouvement de l'industrie des boissons gazeuses. — Premières eaux gazeuses artificielles. — Élimination des principes médicinaux. — Eau de Selters et eau de Seltz proprement dite. — Liberté de fabrication. — Développement de la consommation. — Causes de cette prospérité. — Menaces de ruine. — Reproches adressés aux appareils de fabrication. — État de l'industrie en 1855.

ORIGINE DE L'EAU DE SELTZ.

89. — A l'origine, l'industrie des boissons gazeuses n'eut qu'un but, celui de préparer des eaux minérales factices contenant tous les principes que l'analyse faisait découvrir dans les sources naturelles. Les eaux de Selters, par leurs qualités spéciales, la grande quantité de gaz qu'elles contiennent et leur renommée, furent prises pour type ; c'est en cherchant à les reproduire qu'on arriva à la fabrication de l'eau rendue simplement gazeuse et acidule par l'introduction artificielle du gaz acide carbonique, qu'on peut con-

sidérer comme le type de toutes les boissons gazeuses factices et
comme la base de cette industrie. Pour trouver l'origine, étudier
les propriétés de l'eau de Seltz et suivre le développement qu'a pris
sa fabrication industrielle, nous sommes donc obligés de rappeler
l'eau minérale naturelle qu'elle chercha d'abord à imiter et qui lui
a donné son nom. Cette étude nous servira d'ailleurs à faire ressortir un point essentiel : l'énorme différence qui existe entre l'eau
de Seltz ordinaire et l'eau de Selters naturelle ou ses imitations
pharmaceutiques.

EAU DE SELTZ NATURELLE.

90. — Situé dans le duché de Nassau, sur les frontières du pays
de Trèves, à 5 lieues de Francfort et à 41 kilomètres de Mayence,
le village de Seltz, Selters ou Bas-Selters, s'élève à mi-côte d'une
riante vallée où sourdent plusieurs sources qui se réunissent dans
une espèce de puits ; ce sont les eaux minérales de *Seltz* ou de *Selters*. Découvertes vers 1525, elles servirent de boisson ordinaire
aux habitants du pays ; puis leur source, comblée pendant la guerre
de 30 ans, fut négligée jusque vers le milieu du dix-huitième siècle.
Elles étaient alors affermées 2,000 florins par an. Les cures nombreuses qu'elles opéraient attirèrent l'attention des médecins ; les
malades y accoururent et, en 1763, le fermage fut porté à 14,000
florins. En 1815, on en retirait 80,000 florins ; leur réputation ne
pouvait plus s'étendre ni s'élever. Depuis 1803, les sources de
Selters appartiennent au duc de Nassau. Elles ne s'ouvrent qu'à
midi, et de midi à une heure chacun peut y puiser librement et a
le droit d'emporter sa charge d'eau minérale. Heureux le paysan
aux robustes épaules qui peut emporter ainsi, non-seulement la

boisson salutaire qui éteindra la soif de sa famille pendant la journée, mais encore une marchandise précieuse dont la vente est
toujours assurée ! De une heure à sept, les préposés du duc de
Nassau puisent seuls pour leur maître, qui, tous les ans, expédie
plus d'un million de bouteilles dans toutes les parties du monde,
trouvant ainsi, dans une simple source, la plus nette partie de son
revenu.

Ces eaux sont limpides, transparentes et très-pures, malgré
le petillement et le bouillonnement continuel occasionné par le
gaz qui s'en dégage et s'élève sans cesse au-dessus de la source.
Elles offrent tous les caractères des eaux minérales acidules ; leur
acidité est très-agréable, mais elles laissent sur la langue une saveur salée et légèrement alcaline due au sel qui s'y trouve mêlé à
l'acide carbonique et qui n'existe pas dans l'eau de Seltz factice.

91. — L'illustre Bergmann s'occupa le premier de l'analyse des
eaux de Selters ; il y découvrit des carbonates de chaux, de soude,
de magnésie, des muriates de soude et une quantité considérable
d'acide carbonique. Les analyses faites depuis y ont trouvé ces
éléments dans des proportions qui ont varié, il est vrai, mais ces
différences s'expliquent facilement : ces analyses n'ont pas toutes
été faites à la même époque et dans les mêmes circonstances; or
la composition des eaux minérales varie sans cesse dans ses proportions avec les saisons, la température, les conditions climaté-
riques et une foule d'autres causes dont la science ne peut se rendre compte.

Voici la composition que M.O. Henry a trouvée pour un litre d'eau :

Bicarbonate de soude.	0^{gr} 979
— de chaux.	0 531
— de magnésie.	0 209
— de strontiane.	traces
Bromure alcalin de chaux et de soude,	
matières organiques. . .	traces
— de fer.	0 030

Chlorure de sodium.	2	040
— de potassium.	0	001
Sulfate de soude.	0	150
Phosphate de soude.	0	040
Silice et alumine.	0	050
Acide carbonique libre.	1	035

| | 5 | 105 |

92. — Les vertus précieuses des eaux de Seltz sont aujourd'hui connues de tous les médecins ; elles ont été spécialement célébrées par Hoffmann et Zimmermann, qui avaient pu faire une longue étude de leurs effets et constater les innombrables guérisons qu'elles opéraient sur des maladies rebelles à toutes les autres médicamentations.

On les administre avec le plus grand succès dans les fièvres bilieuses et adynamiques, le scorbut, les flueurs blanches, les ménorrhagies passives, la leucorrhée constitutionnelle, dans la gravelle, etc. Huféland la regarde comme la seule qu'on puisse donner aux malades atteints de la phthisie catarrhale ou muqueuse, sans craindre d'irriter la poitrine. Rafraîchissante, apéritive et diurétique, on l'emploie principalement pour faciliter les digestions et contre les affections aiguës ou chroniques, contre tous les affaiblissements des organes digestifs.

L'eau de Selters se prend pure ou mêlée au vin ; on la joint aussi au lait d'ânesse ou de chèvre dans les fièvres bilieuses. Mêlée au vin, l'eau de Selters lui donne, avec un goût particulier qui le rend excessivement agréable, le pétillement du vin de Champagne. Elle empêche l'ivresse, excite la gaieté et maintient l'intelligence vive et nette.

93. — On puise pendant cinq mois seulement aux sources de Selters, et le million de bouteilles qu'elles livrent est loin de suffire aux besoins des malades. Elles perdent, d'ailleurs, en arrivant à l'air libre, une partie de leur principe gazeux et s'altèrent encore

un peu par le transport. Leur prix s'élevant toujours, elles ne sont plus abordables que pour les classes privilégiées et ne sauraient entrer dans la consommation du plus grand nombre. Il appartenait à la science et à l'industrie de dérober à la nature le secret de sa fabrication, et d'en faire la boisson hygiénique la plus populaire et la plus salutaire, en éliminant de leur composition tous les éléments qui, ayant des propriétés purement médicinales, pouvaient avoir des effets nuisibles dans l'usage journalier ; immense bienfait pour la santé publique !

EAU DE SELTERS OU DE SELTZ NATURELLE.

94. — Il fallait une longue expérience pour arriver à cette simplicité de composition des eaux gazeuses. Les premières analyses des eaux minérales étaient naturellement incomplètes ; leurs résultats, proportionnés aux moyens d'exploration que possédait la science, se bornèrent à constater que les eaux gazeuses de Selters fortement chargées de principes alcalins, contenaient des carbonates, des sulfates de soude, de chaux et de magnésie. Pour la préparer artificiellement, on mêla ces sels à l'eau ordinaire. Nous avons vu les premières indications données par Lemery se borner à une dissolution d'acide tartrique et de bicarbonate de soude ; on y joignait parfois du sulfate de fer. Les formules données par Duchenoy se compliquaient par l'adjonction du sel marin et du chlorure de potassium. A l'établissement de Tivoli, dirigé par MM. Triaire et Jurine, on vendait sous le nom d'eau de Seltz une eau minérale factice contenant :

Eau pure. 750ᵍʳ
Acide carbonique. . . . . .   5 fois le volume d'eau.
Carbonate de soude. 29ᵍʳ
Hydrochlorate de soude. . . 11
Cabonate de magnésie.. . .   1

On arriva, par suite d'une analyse plus exacte, à la formule suivante donnée par M. Soubeiran et admise aujourd'hui par toutes les
pharmacopées :

Chlorure de calcium. 0 27
    —   de magnésie.   0   8
Carbonate de soude. 1 00
Sel marin. 0 23
Phosphate de soude. . . . . -.   0 07
Sulfate de fer. 0 013
    —   de soude.   0   4
Eau gazeuse à 5 volumes. 605 0

Cette formule ne reproduit pas, on le voit, exactement les résultats donnés par l'analyse des eaux naturelles, mais il y a encore
plus loin de cette préparation pharmaceutique à l'eau de Seltz industriellement fabriquée, et qui se compose uniquement d'eau
pure et de gaz.

95. — Le procédé de fabrication pour ces eaux minérales
composées est simple, et il explique pourquoi les auteurs des
traités pharmaceutiques ont eu une préférence marquée pour
les appareils intermittents. On introduit dans le récipient, rempli
d'eau pure, les matières minérales qui doivent donner naissance
à des composés nouveaux par leur réaction les unes sur les
autres ; puis celles qui doivent simplement s'y dissoudre sans
changer de nature, et, lorsque la dissolution est complète, on
charge l'eau d'acide carbonique. Si les eaux contiennent des
substances dont l'acide carbonique puisse seul déterminer la solution — comme les carbonates de chaux ou de fer — on attend

pour le tirage un temps assez long pour que cette dissolution soit complète.

Pour l'emploi d'une pareille méthode, les appareils intermittents présentent en effet quelques avantages, quoiqu'on puisse obtenir facilement les mêmes résultats avec les appareils continus : il suffit d'introduire dans une bouteille la quantité de dissolution saline qu'elle doit contenir, et d'achever de la remplir avec de l'eau simple chargée d'acide carbonique.

ÉTAT DE L'INDUSTRIE EN 1832. — CHOLÉRA.

96. — En 1832, il n'existait encore à Paris qu'un petit nombre d'établissements de boissons gazeuses, parmi lesquels on ne peut mentionner que ceux de Tivoli, fondé en 1819, du Gros-Caillou, ouvert en 1821, et celui de la rue Monconseil, autorisé par patentes royales délivrées, le 7 octobre 1826, à M. Dupas notre prédécesseur et qui, transféré rue Poissonnière, a été cédé par nous, lorsque nous avons voulu nous consacrer d'une manière exclusive à la réalisation des perfectionnements que nous avions entrevus dans les appareils de fabrication. Ce petit nombre suffisait alors ; la consommation d'une eau si fortement médicamenteuse, vendue de 1 fr. 50 à 1 franc la bouteille, étant forcément très restreinte. Elle était restée, pendant toute la Restauration, une boisson de luxe connue seulement de riches convalescents et des hommes de sciences; on n'évaluait pas à plus de deux cent mille bouteilles sa consommation annuelle. Sa composition la plus usitée se rapportait, vers 1830, à celle du soda-water anglais. Ses formules, maintenues au codex, étaient :

```
Eau pure. . . . . . . . . .   625 gr
Acide carbonique. . . . . .     6 (cinq volumes)
Bicarbonate de soude. . . .     1
```

ou bien :

```
Eau pure. . . . . . . . . .   625
Acide carbonique. . . . . .     6 (cinq volumes)
Bicarbonate de potasse. . . .   4.5
```

C'était une simplification remarquable, on ne tarda pas à reconnaître la nécessité d'éliminer tout principe alcalin.

97. — En 1832, le choléra, au souffle empesté, s'abattit sur Paris. La science se trouva ignorante, désarmée, impuissante contre ce terrible fléau. L'eau de Seltz fut le moyen le plus général, et peut-être le plus efficace, qu'elle employa pour le combattre. Seule, elle arrêta souvent des vomissements qui avaient résisté aux prescriptions les plus savantes, les plus énergiques; comme boisson adjuvante, elle éteignait la soif ardente qui brûlait le patient et rafraîchissait ses entrailles; son action diurétique aidait à ramener la sécrétion rénale et avec elle un espoir de guérison; tandis que l'action anesthésique, — aujourd'hui très-bien démontrée, — de l'acide carbonique, contribuait à calmer les contractions douloureuses des muscles et des intestins.

Depuis, chaque invasion nouvelle de l'épidémie asiatique n'a fait que constater davantage l'efficacité de l'eau de Seltz contre le choléra, et toujours les médecins l'ont recommandée, durant ces terribles époques, comme la boisson la plus hygiénique et l'un des meilleurs moyens prophylactiques (1).

(1) On s'explique du reste facilement cette efficacité, lorsqu'on sait que l'eau de Seltz arrête les vomissements nerveux en combattant le ramollissement de la membrane muqueuse, qui les occasionne la plupart du temps, en entretenant l'harmonie dans les organes digestifs et en y empêchant ces accumulations de gaz ou de matières rebelles à l'action des sucs gastriques qui — devenau autant de foyers putrides — prédisposent à la contagion.

98. — On peut faire dater de cette funeste année (1832) le développement qu'a pris la consommation de l'eau de Seltz ; plusieurs établissements nouveaux s'ouvrirent ; sa production s'éleva
à 500,000 bouteilles, mais, longtemps encore, elle resta une boisson de luxe ; elle valait 75 centimes la bouteille. A ce prix, elle ne
pouvait paraître que sur la table du riche. Mais l'élimination successive des matières médicinales qui s'y mêlaient à l'acide carbonique en ayant fait un produit purement industriel, la concurrence
entre les divers établissements qui se fondèrent prépara une
baisse des prix ; les classes aisées l'adoptèrent alors comme boisson
rafraîchissante.

EAU GAZEUSE ET EAU DE SELTZ FACTICE.—LIBERTÉ DE FABRICATION

99. — On s'était en effet aperçu — la science et l'expérience
devaient proclamer de plus en plus la justesse de cette observation, — que l'eau de Seltz doit surtout ses qualités agréables et
hygiéniques à la présence de l'acide carbonique, et que les autres
substances qu'on y mêlait pouvaient bien lui donner quelques propriétés salutaires dans certaines affections particulières ; mais qu'elles
étaient le plus souvent nuisibles aux estomacs qui ne se trouvent
pas dans l'état spécial qui nécessite l'emploi de ces substances.

L'eau simplement acidulée par le gaz acide carbonique, infiniment agréable pour tous, fut reconnue plus favorable, dans la plupart des cas, au malade, surtout comme boisson diurétique, que
chargée de principes minéraux.

On constata en outre que parmi les eaux minérales acidulées,
celles qui sont le plus chargées de gaz acide carbonique, et qui contiennent le moins de substances salines, sont très-peu excitantes et

paraissent préférables, vers la fin des gastralgies chroniques et dans les vomissements nerveux, aux eaux acidules, plus riches en principes salins; et que l'eau simplement gazeuse, moins irritante que l'eau de Selters naturelle ou imitée leur est infiniment supérieure comme boisson hygiénique. On laissa, dès lors, à l'officine privilégiée du pharmacien le soin de remplir la formule, fort compliquée et très-chargée de l'eau de Seltz minérale factice (§ 94), et l'industrie libre — seule capable de fournir aux exigences d'une consommation générale et journalière, et d'amener, stimulée par la concurrence, le perfectionnement du produit et son plus bas prix possible — s'empara de la fabrication de l'eau rendue acidule et gazeuse par la seule présence de l'acide carbonique, et à laquelle l'usage a maintenu le nom d'eau de Seltz.

100. — La pharmacie ne vit pas sans colère un progrès qu'elle considérait comme une atteinte portée à son privilége, et, assimilant l'eau gazeuse aux autres eaux minérales factices, elle voulut la faire rentrer dans le domaine des substances purement médicinales. Un procès fut intenté par ses représentants à M. Fèvre, et comme fabricant d'eau de Seltz et comme débitant de bicarbonate de soude et d'acide tartrique, dont il avait eu l'intelligente idée de former des petits paquets contenant la dose d'une bouteille et vendus cinq centimes.

Le tribunal de première instance, par son jugement du 11 juillet 1835, déclara les pharmaciens mal fondés dans leur demande, et les condamna aux dépens. La Cour royale confirma purement et simplement ce jugement dans le mois de juin suivant. En faisant ainsi prévaloir le principe de liberté de fabrication, M. Fèvre rendit à notre industrie un immense service

La loi ni le tribunal ne pouvaient, en effet, considérer comme une substance purement médicinale et pharmaceutique, une boisson qui entre dans la consommation générale, qu'on prend au café, au restaurant, chez le marchand de vins, à l'heure de ses repas, et pour laquelle, si elle était considérée comme produit pharmaceutique, il faudrait avoir constamment une ordonnance de médecin dans sa poche pour le pharmacien. A défaut de la loi, le bon sens eût, dans ce cas, tranché la question. La loi n'accorde plus de privilége que dans l'intérêt public, et, si elle met sagement la santé et la vie des citoyens sous la protection de la science, constatée par un diplôme, elle ne le fait que dans les limites que la science et l'expérience savent y poser elles-mêmes. Une foule de substances ou de préparations, considérées comme pharmaceutiques dans l'origine, appartiennent aujourd'hui au commerce libre, d'autres, au contraire, lui ont échappé pour rentrer dans le domaine exclusif du diplôme. Pour l'eau de Seltz, la question ne peut être douteuse ; sa composition si simple est connue de tous, et ses effets salutaires, jamais dangereux, le sont encore davantage. Elle est conseillée, il est vrai, comme boisson hygiénique et médicinale à tous les estomacs débiles ; mais il en est de même du médoc, qui ne peut être considéré comme produit pharmaceutique que par quelques spirituels gradués qui rendent volontiers la vigne tributaire de leur officine.

DÉVELOPPEMENT DE LA CONSOMMATION. — LIBRE CONCURRENCE. — 1840.

101. — On put apprécier bientôt combien est fécond — même pour les industries qui semblent se ranger, par leur nature, comme celles qui touchent à la santé publique, sous le régime de la surveillance administrative la plus immédiate, — combien, disons-nous, est fécond en résultats salutaires le principe de la libre concurrence. Les produits s'améliorèrent, les prix descendirent de 75 centimes à une moyenne de 50 centimes, et de 1835 à 1840, la

consommation arriva de 500,000 bouteilles à 2,000,000 de bouteilles. Les appareils s'étaient perfectionnés, et M. Payen pouvait
dire en 1839 :

> « Les appareils à eau gazeuse ont contribué, entre les mains des
> » Barruel, des Romilly, de M. Vernaut et de tant d'autres, à ré-
> » pandre dans notre population l'usage d'une boisson salubre et
> » économique qui peut s'allier utilement au vin, en modérer les
> » effets sans en altérer la saveur. »

> « Bientôt cette heureuse habitude, devenue de plus en plus à
> » la portée des classes pauvres, repoussera graduellement l'usage
> » immodéré des boissons enivrantes, et les épouvantables suites
> » de la démoralisation que de tels excès produisent. »

102. — Toutes les prévisions de l'éminent professeur devaient
rapidement se réaliser. L'invention des vases siphoïdes y contribua puissamment (§ 83), et révolutionna, nous l'avons dit, l'industrie. Les inconvénients qu'offrait le débouchage des bouteilles,
inondant presque toujours la table et les environs, et ne fournissant qu'un ou deux verres d'eau réellement gazeuse, empêchaient
beaucoup de gens d'en faire usage. Le vase siphoïde, fournissant
toujours une eau également saturée, quelque temps qu'on mit à le
vider, n'amenant jamais aucun désagrément, pouvant se passer de
main en main, fut immédiatement adopté par les consommateurs.
Les fabriques d'eau de Seltz, obligées alors de posséder un matériel
d'exploitation considérable, durent redoubler d'efforts pour faire
travailler ce capital ; les cafés et les restaurants qui, au contraire,
n'eurent qu'à recevoir ces siphons en dépôt, et à prélever un bénéfice relativement énorme sur l'eau qu'ils contenaient, prirent
l'habitude de l'offrir aux consommateurs. Bientôt, dans la saison des
chaleurs, les appareils continus purent seuls produire assez rapidement pour les besoins de la consommation. Les appareils intermittents n'atteignant pas une pression assez forte pour que le

tirage en siphons pût s'opérer d'une manière convenable, furent
presque tous abandonnés par les grands établissements.

103. — La vente des poudres gazogènes devenue libre, chaque
épicier se fit le dépositaire des paquets Fèvre, et la facilité qu'on
trouva à préparer ainsi une eau gazeuse à bon marché fit inventer
les appareils de ménage (§ 68), qui figurèrent bientôt avec honneur
sur toutes les tables bourgeoises. La concurrence qu'ils firent avec
les poudres Fèvre à l'eau gazeuse préparée en fabrique contribua à
amener la baisse des prix auxquels on la livrait au consommateur.

104. — On eut ainsi toute facilité de comparer les effets produits par l'eau pure simplement rendue gazeuse par l'acide carbonique et ceux qu'occasionnait l'usage des eaux de Seltz alcalines
chargées de sels minéraux que s'obstinait à préparer encore la
pharmacie. « Les eaux minérales artificielles, dit le Dictionnaire
» des sciences médicales, surtout les eaux de Seltz (voir les for-
» mules § 94 et 96), produisent les effets les plus fâcheux, plusieurs
» estomacs les rejettent, d'autres sont à la longue atteints de
» gastrites; elles produisent aussi des maladies nerveuses et des
» congestions cérébrales. » — M. Reveillé Parisse citait des dames
d'une constitution irritable qui ne pouvaient prendre de ses eaux
minérales artificielles sans ressentir des douleur d'estomac qui
allaient jusqu'au vomissement, et M. Chèze constate que l'eau de
Seltz naturelle, surchargée artificiellement de plusieurs volumes
de gaz, agit d'une manière aussi funeste que l'eau minérale artificielle.

105. — On proclamait au contraire les bons effets de l'eau gazeuse simple. « Ces eaux, dit Bouillon-Lagrange, ont une action
» particulière sur les membranes de l'estomac et des intestins :
» leur principe volatil en relève le ton lorsqu'il est affaibli ; elles
» donnent du ressort et de l'énergie à ses fonctions; la digestion,
» auparavant lente et laborieuse, s'effectue aisément; elles dis-
» solvent les humeurs bilieuses et visqueuses qui avaient pu y

» porter obstacle, donnent au ventre la liberté qu'il n'avait pas,
» dissipent la langueur et la mélancolie. Les émanations de ces
» eaux ont l'avantage de titiller agréablement les fibres nerveuses,
» de s'insinuer facilement, de pénétrer jusque dans les vaisseaux
» les plus petits et de provoquer des excrétions salutaires.

    » Les effets physiologiques des eaux gazeuses, dit le docteur
» Casenave (1841), sont d'apaiser la soif, de diminuer la chaleur
» et d'augmenter les excrétions ; elles conviennent par conséquent
» dans les affections du canal intestinal. On emploie spécialement
» l'eau gazeuse simple contre les vomissements nerveux et contre
» ceux qui dépendent d'une affection organique chronique de l'es-
» tomac. Les femmes enceintes qui ne peuvent supporter aucune
» espèce d'alimentation, se trouvent souvent très-bien de son em-
» ploi ; c'est sur le dégagement du gaz qu'est fondé l'emploi de la
» potion antiémétique de Rivière. Cependant chez les sujets affaiblis,
» d'une grande susceptibilité, elle peut déterminer une surexcita-
» tion des voies digestives, des vertiges ; dans ce cas, il est bon de
» la couper avec des liquides mucilagineux. Le plus souvent on
» l'édulcore avec du sirop d'oranger, de groseille ou de limons, et
» l'on obtient une boisson très-agréable et très-rafraîchissante.

    Ces affirmations des deux savants médecins ne faisaient que
résumer les opinions de l'école et constater des faits démontrés
chaque jour par l'expérience. M. Bouchardat ajoutait son témoi-
gnage au leur.

    « L'eau de Seltz et les boissons gazeuses en général ont, dit-il,
» dans son formulaire magistral, une action spéciale sur l'estomac
» qu'elles fortifient sans l'irriter, et dont elles calment l'état spas-
» modique ; elles sont aussi excellentes pour calmer la soif et surtout
» utiles dans les entérites anciennes, les gastralgies, les diarrhées bi-
» lieuses, les vomissements spasmodiques, les affections nerveuses,
» comme on peut les boire en grande quantité, elles peuvent être
» utiles à combattre la gravelle. L'eau chargée *d'acide carbonique*

» constitue une boisson aussi agréable qu'utile dans une foule
» d'affections chroniques de l'estomac ; beaucoup de malades ne
» peuvent supporter aucune autre boisson. »

106. — Tout se réunissait donc pour opérer le développement
de l'industrie. — Les perfectionnements apportés aux appareils
continus ; l'invention des vases siphoïdes ; l'enseignement et les
prescriptions du corps médical ; aussi, en 1851, la consommation
des eaux gazeuses se portait à 5,000,000 de bouteilles pour le département de la Seine ; et les grands centres voyaient partout s'ouvrir des ateliers de fabrication. Les prix baissaient en raison de la
concurrence ; cette boisson hygiénique et agréable n'était plus au-
dessus de la bourse des classes ouvrières, et M. Payen pouvait écrire
cette même année.

« La préparation des eaux gazeuses constitue une industrie
» de quelque importance, depuis que l'usage s'en est répandu dans
» les populations ouvrières, circonstance heureuse et dont on doit
» s'applaudir, puisqu'elle introduit l'habitude d'étendre le vin avec
» de l'eau dite de Seltz, qui diminue ou annule les propriétés eni-
» vrantes, tout en donnant à la boisson une saveur piquante due à
» l'acide carbonique, tandis que l'eau simple rendait jusqu'alors le
» mélange trop fade pour être du goût des mêmes consommateurs.
» Il en est résulté qu'un assez grand nombre d'ouvriers font
» maintenant usage d'eau de Seltz, au lieu de consommer du
» vin pur exclusivement, et que, par suite, les faits déplorables de
» l'ivresse et ses funestes conséquences, ont pu diminuer dans les
» lieux où ces nouvelles habitudes se sont introduites. »

Dès que l'eau de Seltz fut ainsi entrée dans l'alimentation générale, sa consommation augmenta avec une rapidité croissante. En
1855, on ne l'évaluait pas à moins de 10,000,000 de bouteilles ;
dans les mois des chaleurs et avec le concours des visiteurs qu'a-
mena l'exposition universelle, les fabriques ne pouvaient suffire à

la demande, quoique la production de quelques établissements se
portât alors à 30,000 bouteilles, ou siphons, par jour.

CAUSES QUI MENAÇAIENT LA PROSPÉRITÉ DE L'INDUSTRIE.

107. — Cependant au milieu de cette prospérité si grande, l'industrie des boissons gazeuses était sourdement menacée de ruine ;
en face de cet avenir qui se présentait si beau, elle allait sombrer
sur un écueil d'autant plus dangereux qu'il se masquait sous les
progrès réalisés : l'imperfection, l'insalubrité des appareils alors
employés.

INSALUBRITÉ DES APPAREILS.

108. — Déjà les conseils d'hygiène avait sonné l'alarme et dé-
noncé le mauvais effet que pouvaient avoir sur la santé les eaux
de Seltz malsaines qu'on livrait au public. Leur mauvaise qualité devait, en effet, passer jusqu'à un certain point inaperçue,
lorsqu'elles entraient seulement dans le régime de quelques rares
consommateurs ; on pouvait alors attribuer à d'autres causes les
effets funestes qu'elles produisaient ; mais lorsque leur usage se
généralisa, il ne put plus en être ainsi. On étudia les causes de
cette insalubrité si contraire aux propriétés reconnues de l'eau
pure simplement gazifiée par l'acide carbonique, — et on la trouva
dans le principe alcalin ou sulfureux, parfois hydrochlorique que
le gaz mal épuré entraînait avec lui, et principalement dans les

composés métalliques qui se formaient dans les appareils et se mêlaient au liquide saturé.

L'administration s'émut alors et voulut intervenir pour arrêter le mal. La loi de 1823 avait mis les fabriques d'eaux minérales factices sous la surveillance de deux inspecteurs spéciaux. Les ordonnances de 1834 et de 1840, confirmèrent et étendirent la mission de ces inspecteurs. L'ordonnance de police de 1853 alla plus loin : elle défendit par l'article XVIII, aux fabricants de boissons gazeuses, de faire passer par des tuyaux ou appareils de cuivre, de plomb ou d'autres métaux pouvant être nuisibles, les eaux qu'ils fabriquent, et par l'article XXIV, elle prescrivit de faire tous les étamages à l'étain fin, et d'entretenir constamment les appareils en bon état.

Mais la réglementation et l'intervention administratives sont souvent impuissantes contre des abus invétérés. L'industriel croit qu'on l'accuse à tort lorsque, pour remédier au mal, il faudrait changer des appareils défectueux, dépense considérable, abandonner de vieilles habitudes, chose pour lui bien plus pénible. La libre concurrence faisant de la qualité des produits l'expresse condition du succès et menaçant de ruiner tous ceux qui sont revêches au progrès, porte plus vite la lumière et la conviction dans son esprit en lui parlant le langage de ses intérêts, le seul qui, pour le négociant le plus encroûté, soit sans réplique.

M. Payen, pourtant si favorable à l'industrie des boissons gazeuses, écrivait en 1856, dans son traité des substances alimentaires :

« Les eaux rendues gazeuses par l'acide carbonique ont été » altérées accidentellement, dans les premiers temps où l'on a fa- » briqué ces préparations, par suite de leur contact prolongé avec » des tubes et des garnitures en plomb ou en alliage contenant » 10 à 18 $^o/_o$ de ce métal. Une petite quantité d'oxyde de plomb » formée alors, sous l'influence de l'oxygène de l'air, se trans- » formait en carbonate de plomb, dissous en partie dans le liquide

» et en partie précipité. Ce composé vénéneux à une certaine dose,
» aurait pu, surtout à la longue, occasionner des accidents graves.
» Heureusement, l'autorité administrative, prévenue à temps, pro-
» hiba l'usage des alliages plombifères. On y emploie mainte-
» nant l'étain pur, et dès lors tout danger cesse. Il faudrait toute-
» fois se défier des appareils anciennement confectionnés et s'as-
» surer par un simple essai avec l'acide sulfhydrique, que l'eau
» que l'on y prépare ne contient au bout de 24 heures ou de 48
» heures, aucune trace de composé plombeux. Dans le cas où la
» présence du plomb se manifesterait par une coloration brune,
» on devrait faire remplacer toutes les garnitures et tous les tubes
» en plomb de ces appareils par l'étain fin. »

DÉFAUTS DES APPAREILS AU POINT DE VUE DE L'EXPLOITATION
INDUSTRIELLE EXISTANT EN 1855, CONSERVÉS PAR LA PLU-
PART DES CONSTRUCTEURS ACTUELS ET AUXQUELS NOUS AVONS
REMÉDIÉ.

109. — Les défauts qu'on reprochait aux appareils au point de
vue de l'exploitation industrielle étaient encore plus graves, plus
difficiles à remédier, plus compromettants peut-être pour l'avenir
de l'industrie, à cause des embarras qu'ils occasionnaient à chaque
instant dans la production. Nous ne signalerons que les plus saillants, — ceux qu'un esprit d'obstination et de routine semble
vouloir maintenir quand même dans la plupart des systèmes aujourd'hui existants et que nous avons fait heureusement disparai-
tre de nos appareils.

110. — Un inconvénient général, c'est la difficulté que présente
leur installation, la place qu'ils occupent. L'espace est rare et se
paye cher dans les grandes villes. On y regarde au loyer, surtout
pour les industries qui doivent compter les frais généraux

comme formant la plus grande partie du prix de revient des produits. L'éloignement des pièces les unes des autres, la multiplicité des robinets, des tuyaux qui les remplissent, complique et rend plus difficile la manœuvre.

111. — Les producteurs de gaz, le plus souvent en plomb ou à parois trop peu résistantes, sont pourvus d'un agitateur vertical qui mélange mal les matières en imprimant à la masse un mouvement qui tend, en vertu de la force centrifuge, à les séparer proportionnellement à leur densité. Dans la disposition contraire, on a le tort de leur donner des ailes trop faibles et trop petites.

La mauvaise disposition du réservoir à acide offre de plus graves inconvénients.

Lorsque cette boîte à acide ou flacon est séparée du décompositeur auquel elle se relie au moyen d'un tuyau en plomb, le robinet en cristal ou en porcelaine qui règle l'écoulement de l'acide et sa manœuvre présente un danger continuel pour la personne chargée de veiller à la marche de l'appareil.

Dans d'autres producteurs, le pot à acide est suspendu dans le mélangeur; par le jour pratiqué à son pourtour, les matières épaisses lancées par l'agitateur y pénètrent, se mêlent à l'acide et forment un dépôt qui paralyse le jeu de la soupape. Celle-ci se refoule en même temps que la boîte s'allonge; il en résulte que l'acide s'écoule continuellement, souvent en trop grande quantité, presque jamais d'une manière proportionnelle à la marche de l'appareil. Le soudage et le masticage soit de la boîte, soit du tuyau, fatalement rongés par l'acide qui les atteint, nécessitent des réparations continuelles.

112. — Les laveurs sont souvent insuffisants, leurs fermetures sont défectueuses, leur étamage incomplet.

Si l'on se sert pour cet usage de simples tonneaux, le bois essentiellement poreux exerce sur le liquide et le gaz, par anastomose, une action décomposante augmentée par la pression inte-

rieure, s'imprègne d'éléments fétides, se pourrit et devient pour '
l'appareil un foyer d'infection.

Les cuves des gazomètres offrent les mêmes inconvénients
et occupent une place relativement énorme. On néglige généralement leur suspension et le poids de la cloche, alors mal équilibrée,
cause des irrégularités dans l'aspiration des pompes.

113. — Dans beaucoup d'appareils, la pompe se trouve trop
éloignée du récipient saturateur qu'elle doit desservir, et plus
souvent du bassin d'alimentation qu'on néglige de pourvoir d'un
régulateur qui maintienne l'eau fraîche à une hauteur constante. Il
faut alors dépenser, inutilement, une plus grande force, et la
marche est irrégulière.

Si les pistons sont mal commandés par des bielles inclinées ou
trop courtes, attachées sur des arbres à villebrequin ou à excentrique, que les clapets fonctionnent mal dans leurs cages, ou
soient en matière qui s'use rapidement, le jeu des pompes, — qui
doit s'exercer sur des substances d'une densité aussi différente
que l'eau et le gaz et les refouler ensemble sous une pression de
plusieurs atmosphères, — est facilement entravé et dérangé. Elles
exigent alors des visites, des réparations nombreuses qui interrompent fréquemment la fabrication.

Dans certains systèmes, la manœuvre des robinets régulateurs
d'aspiration n'est pas assez sûrement indiquée; parfois leur disposition est défectueuse.

114. — La forme et la capacité du récipient ont une grande
influence sur la marche de la fabrication et sur la qualité du
produit. Il faut que sa capacité, sans être trop grande, — ce qui
retarderait inutilement l'opération et nuirait à la parfaite saturation, — le soit assez pour que le liquide ait le temps d'y faire
un séjour assez long pour bien dissoudre le gaz et s'en imprégner, et que les parois soient assez puissantes pour résister sans
effort à la tension intérieure. Il faut que l'agitateur soit assez fort

pour bien fouetter l'eau, qu'il brise et entraîne la masse entière, et que le frottement de l'abre ne puisse jamais mêler au liquide la moindre parcelle métallique.

On ne tient pas généralement assez compte de l'énorme pression que doit supporter le saturateur et qui, réglementairement, devrait s'élever à trente atmosphères, la marche de l'appareil étant de huit à quinze.

Pour résister à de telles forces, il faudrait des vaisseaux d'une composition très-homogène et d'une épaisseur de cinq millimètres ; ils en offrent à peine la moitié. Par l'effet des soudures qui se font à l'intérieur, le métal s'énerve, les avantages du martellage disparaissent, le cuivre rouge se changeant en laiton.

Si le glaçage n'a pas été fait avec suffisamment de soin et avec de l'étain complétement pur, si la couche n'a pas sur tous les points la même épaisseur et qu'on n'ait pas tenu rigoureusement compte de la différence de dilatation entre les deux métaux formant les parois, bientôt l'adhérence entre le cuivre ou le bronze et l'étain superposés n'est plus intime ; il se forme dans ce dernier des boursouflures, des déchirements que la pression et l'agitation intérieures, la trépidation causée par le jeu des pompes et de l'agitateur, ont bientôt agrandis, et il s'établit ainsi dans les récipients de véritables foyers de sels de cuivre.

La forme sphérique peut seule équilibrer sur tous les points cette énorme pression. Dans les autres, celle du tonnelet par exemple, la résultante s'exerce plus fortement sur les parois planes, qui offrent moins de résistance; leur solidité est ainsi compromise et le récipient ne tarde pas à se déformer. Les pièces en bronze qui forment la garniture du saturateur perdent alors facilement leur point fixe et l'arbre de l'agitateur frottant dans ses boîtes en cuivre, produit de la limaille qui se change vite en vert-de-gris et se mêle au liquide.

115. — Les tuyaux, qu'on multiplie à l'infini, au lieu de cher-

7

cher à les réduire le plus possible afin de perdre moins de force par le frottement et de temps par le parcours, sont presque toujours de calibre trop faible et leur scellement insuffisant.

116. — Le caoutchouc et la gutta-percha sont parfois employés au lieu d'étain pur, quoique l'emploi de ces substances présente les plus graves inconvénients, celui de la dernière surtout.

Le caoutchouc vulcanisé allié à une matière étrangère mise en trop grande quantité s'altère; il se décompose en partie par l'action prolongée de l'acide carbonique. En outre, le sulfure de carbone et le protosulfure de potassium employés à sa vulcanisation, — substances fluides, volatiles et odorantes, — sont facilement expulsés du caoutchouc par la force expansive du gaz comprimé; ils sont absorbés par l'eau, qui possède une grande affinité pour les corps odorants, et ils infectent ainsi les boissons gazeuses que l'on prépare avec des appareils munis de ces sortes de tuyaux.

Quant à la gutta-percha, elle offre des inconvénients encore plus grands, et nous ne savons pas par quel sentiment d'aberration on a été poussé à en revêtir l'intérieur de certains appareils spécialement destinés, dit-on, à fabriquer du champagne. Ceux-là n'ont pas à coup sûr pris la peine de lire le savant traité de M. Maumené ni de visiter les caves de la Champagne pour se rendre bien compte des délicatesses de la fabrication qu'ils entreprennent. La gutta-percha, outre qu'elle n'est pas insensible à l'action de l'acide carbonique, éprouve, sous des influences encore indéterminées, une altération spéciale que décèle une odeur piquante, parfois assez forte, toujours facilement appréciable.

« Ces mêmes altérations, dit M. Payen dans son cours de chimie, sont cause de l'odeur sensible que contracte l'eau ainsi que les autres boissons enfermées dans des vases de gutta-percha. »

117. — Un autre reproche qu'on adressait généralement à tous les appareils, et qui n'est encore que trop mérité, c'est de multi-

plier les soudures, les joints, les boulons; d'oublier sans cesse qu'ils doivent fonctionner sous une pression de douze à quinze atmosphères, de fournir des occasions de fuite à une matière aussi violemment comprimée et aussi fluide que le gaz, et de ne pas veiller à ce que l'air, — dont la pompe peut si facilement introduire des quantités considérables, — ne puisse jamais, en pénétrant dans les appareils, nuire à leur marche et à la qualité des boissons qu'on fabrique.

118. — Tels sont les défauts les plus saillants qu'on reprochait aux vieux appareils. Ainsi groupés, ils paraissent grossis par nous; nous ne sommes que l'écho affaibli des plaintes qui s'élevaient en 1855, — et qui s'élèvent encore, — contre eux. Car, nous le répétons, depuis cette époque, nulle amélioration notable n'a été apportée à ces systèmes.

La pratique seule peut faire apprécier tous les inconvénients qu'ont de tels défauts pour une exploitation industrielle. Si souvent le fabricant s'y résigne, c'est par un sentiment d'insouciance trop ordinaire ou parce qu'il ne sait pas les moyens de mieux faire ou, — s'il connaît ces moyens, — parce qu'il recule devant une dépense qu'il regarde comme relativement considérable, L'industrie a cruellement à souffrir de cet état de choses. Les besoins de la consommation peuvent bien entretenir pendant une certaine période son développement; mais au milieu de sa prospérité apparente on peut prévoir le jour où les inconvénients l'emportant sur les avantages, la ruine arrivera. Le consommateur repoussera avec dégoût ces produits fétides, impurs et malsains, et le fabricant, — se fatiguant des plaintes qu'il reçoit et ne sachant comment parer au dérangement, au défaut, aux entraves de tout genre qu'un outillage défectueux apporte à son exploitation, — renoncera, de guerre lasse, à une industrie qui pouvait faire sa fortune.

ÉTAT ACTUEL DE L'INDUSTRIE.

119. — Lorsque nous fîmes des appareils pour la fabrication
des boissons gazeuses, la première spécialité de l'établissement que
nous fondions, nous avions pu étudier tous ces défauts et ces inconvénients dans notre longue et double expérience de constructeur d'appareils et de fabricant de boissons gazeuses.

Nous comprîmes, en voyant tout ce qui s'était fait, qu'il n'y
avait pas d'invention nouvelle proprement dite à chercher, mais
énormément à perfectionner chaque organe, — à mieux combiner l'ensemble des appareils existants, — à trouver des agence-
ments plus logiques et plus commodes, — à mettre tout sous la
main et sous l'œil de l'ouvrier chargé de diriger la fabrication, —
à employer un mode de construction plus conforme aux prescriptions de la science et de la mécanique, — à grouper les différents organes de manière à rendre leur installation et leur surveillance le plus aisé possible.

Ici comme partout, — lorsqu'on perfectionne, — faire disparaître un défaut signalé, c'était presque toujours mettre à sa place
une qualité désirable. C'est ce qui explique le rapide succès qu'ont
obtenu nos appareils ; en le constatant, nous ne faisons que relater
un fait reconnu par les jurys de toutes les expositions où nous avons
figuré (1) et que leurs rapports officiels ont signalé comme un
progrès accompli. La supériorité de nos appareils — fonctionnant
pendant toute la durée des expositions — n'a pas seulement paru

(1) A Londres, nous avons obtenu *la seule* médaille de prix accordée par le
jury à notre industrie ; à Bayonne, nous avons reçu la médaille de vermeil, l'u-
nique médaille d'or destinée à la classe dans laquelle nous figurions ayant été
réservée à l'industrie chocolatière, une des plus anciennes de Bayonne.

éclatante, il a été reconnu que par nos efforts, l'industrie des boissons gazeuses possédait enfin des appareils de fabrication et un outillage industriel complet et ayant atteint toute la perfection désirable.

Nous avons rendu et nous rendons encore dans ce livre, pleinement justice à ceux qui nous ont précédés. Tous ont fait au progrès des apports plus ou moins considérables, nous avons grandi de toute leur expérience, leurs erreurs, aussi bien que les qualités de leurs œuvres ont éclairé notre marche.

Depuis 1858, date de notre installation, nous avons fourni un matériel complet pour la fabrication des boissons gazeuses de tout sorte à près de 600 établissements anciens ou nouveaux, tant en France qu'à l'étranger, nombre qui dépasse, — nous osons l'affirmer sans crainte qu'on nous démente, — celui des établissements outillés dans la même période par tous nos confrères réunis. Nous pouvons donc revendiquer à tous les points de vue une large part dans le développement qu'à pris dans ces derniers temps l'industrie qui nous occupe.

120. — Le jury de l'exposition de Londres en 1862 évaluait la consommation de l'eau de Seltz à 20,000,000 de bouteilles ou de siphons pour Paris et à 35,000,000 pour les départements, en tout 55,000,000 de siphons, représentant un mouvement d'affaires de 22,000,000 de francs. Les renseignements recueillis depuis cette époque nous permettent d'évaluer à plus d'un tiers l'accroissement qui a eu lieu jusqu'en 1864, soit près de 70,000,000 la consommation actuelle.

Ce chiffre de 70,000,000 de siphons est peu de chose, relativement à la population, il ne donne pas un siphon et demi par tête; mais chaque jour des fabricants nouveaux s'établissent, l'usage des boissons gazeuses entre davantage dans les habitudes des classes aisées et ouvrières, et l'on peut encore, sans crainte de déception, prévoir une longue période de rapide accroissement.

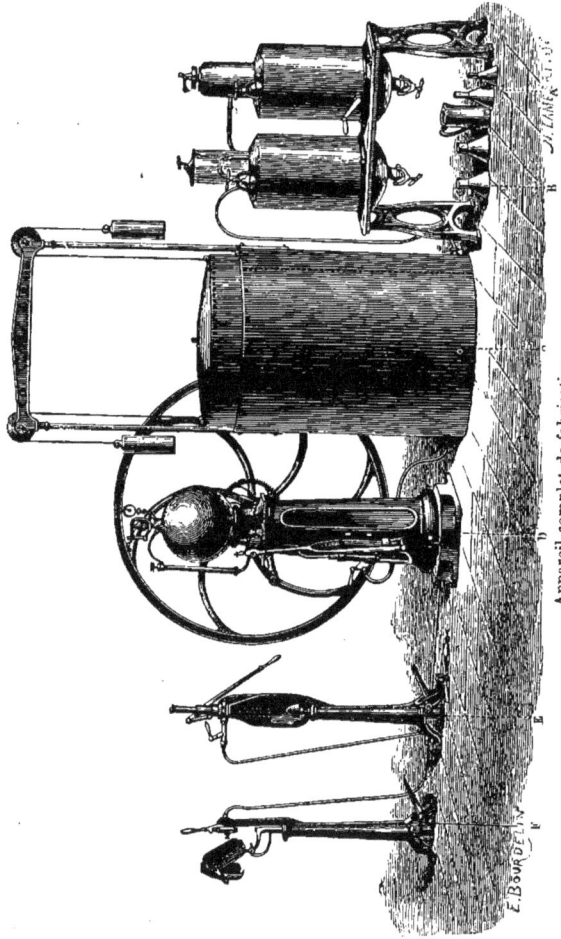

Appareil complet de fabrication.

CHAPITRE VII

DESCRIPTION DES APPAREILS

HERMANN-LACHAPELLE ET CH. GLOVER.

Différents organes qui composent l'appareil complet. — Producteur. — Épurateur. — Gazomètre. — Saturateur. — Pompe. — Sphère. — Agitateur. — Colonnes de tirage. — Pompe à sirop. — Siphons. — Presse à siphons. — Appareils à deux corps de pompe et à deux sphères. — Appareils pour la fabrication des vins mousseux. — Raccords. — Appareils pour la saturation artificielle des bières. — Récipients portatifs.

121. — Tous les appareils Hermann-Lachapelle et Ch. Glover, quelle que soit leur puissance, sont à COMPRESSION MÉCANIQUE ET A FABRICATION CONTINUE. Au sortir du producteur, le gaz ne s'y trouve plus en contact qu'avec l'étain pur. Tous se composent de cinq pièces ou organes principaux (planche I) :

1° D'un producteur de gaz acide carbonique, A.

2° D'un épurateur à trois compartiments, B.

3° D'un gazomètre à double suspension, C.

4° D'un saturateur sphérique desservi par une pompe, D.

5° D'un tirage à bouteille E et à siphon, F.

Le saturateur peut être à deux sphères et à deux corps de pompe, suivant la destination ou la puissance de l'appareil.

Tous les appareils étant construits sur les mêmes modèles et ne différant entre eux que par leurs proportions, la description de l'un d'eux s'applique à tous les autres. Nous décrirons d'abord avec détail chaque organe de l'appareil en particulier, puis nous donnerons des instructions qu'on n'aura qu'à suivre à la lettre pour l'installation et la mise en marche; nous indiquerons enfin la manœuvre et nous expliquerons son fonctionnement. Pour plus de netteté et de précision, nous nous renfermerons ici dans la description technique et nous renverrons aux autres parties de l'ouvrage pour tous les renseignements qu'on pourrait désirer.

PRODUCTEUR ET ÉPURATEUR (planche II).

122.— Le producteur et l'épurateur ont été réunis sur un même bâti en fonte (planche I, A B, et planche II); tous deux en cuivre rouge à l'extérieur, ayant les mêmes formes et les mêmes dimensions, forment ainsi un tout plus harmonique que s'ils étaient séparés. Leur installation est plus facile n'exigeant ni maçonnerie ni charpente, ils peuvent se placer dans un laboratoire comme l'instrument le plus ordinaire.

[PRODUCTEUR (planche III, vu en coupe).

123. — Le PRODUCTEUR se compose de deux compartiments ou organes principaux, d'un *cylindre décompositeur* A et d'une *boîte*

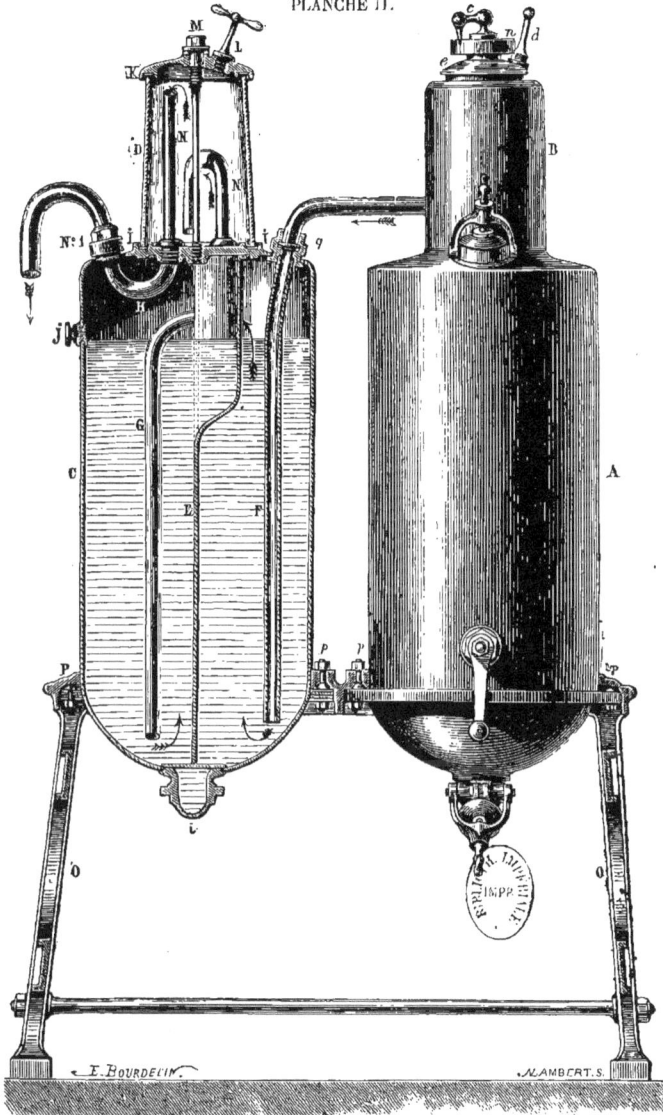

Producteur et épurateur, ce dernier vu en coupe.

ou réservoir à acide B ; ces deux pièces superposées forment corps ensemble.

124. — Le CYLINDRE DÉCOMPOSITEUR A, en cuivre rouge laminé et écroui au marteau, poli à l'extérieur, est glacé à l'intérieur d'une couche de plomb fondu et adhérent au cuivre au lieu d'être revêtu de feuilles laminées (1).

Il est composé de deux parties : du corps cylindrique et de son fond hémisphérique réunies par des boulons PP, formant joint au moyen de deux cercles en fer comprimant une rondelle de caoutchouc et fixés par des écrous sur l'entablement du bâti OO.

125. — Sur le haut et au devant du cylindre une ouverture en bronze *a*, sert à l'introduction de l'eau et du blanc dans le décompositeur. Elle est fermée par un couvercle en bronze à gorge garnie d'une rondelle en caoutchouc, s'adaptant hermétiquement sur ses rebords. Ce couvercle est maintenu et serré par une vis de pression à poignée en bronze K et à bride mobile montée sur deux tourillons placés de chaque côté de l'ouverture.

126. — Une seconde ouverture inclinée *b*, placée dans le fond du cylindre décompositeur, sert à le vider lorsque les matières sont épuisées. Elle est fermée par un couvercle à charnière et à gorge garnie aussi d'une rondelle en caoutchouc serrée hermétiquement sur les rebords de l'ouverture par la vis de pression à poignée J montée sur une bride mobile (2). La largeur des ouvertures permet de garnir et de vider le cylindre sans difficulté et sans préparation des matières ; le jeu des couvercles, des vis et des brides est des plus aisés à la main.

127. — Un MÉLANGEUR horizontal à ailes demi-circulaires EF

---

(1) Ce dernier mode, généralement employé, ne présente aucune homogénéité, est moins solide et laisse à la longue l'acide ou le liquide suinter entre les lames de plomb et les parois en cuivre.

(2) L'acide, qui use si vite dans les autres systèmes les bouchons en cuivre, à vis n'a aucune action sur ce mode de bouchage.

— placées con-
centriquement
sur l'arbre et se
coupant à angle
droit, — mù
par une mani-
velle f, assez
puissant pour
que les carbo-
nates n'aient pas
besoin d'être
pulvérisés et dé-
layés à l'avance,
agit comme di-
viseur dans l'in-
térieur du dé-
compositeur. Il
produit le mé-
lange de l'acide
avec la craie et
aide le prompt
dégagement du
gaz. Son arbre
en bronze revè-
tu de plomb,
fonctionne dans
des garnitures
de cuir conte-
nues dans les
boîtes crapau-
dines aussi en
bronze gg. Qua-

PLANCHE III.

Producteur, vu en coupe.

tre vis à contre-écrous *iiii* fixent sur l'arbre les ailes E F. L'ouverture I, placée sur le haut du cylindre, derrière la boîte à acide, se raccorde à vis avec le tuyau en plomb qui conduit le gaz à l'épurateur.

128. — LA BOÎTE OU RÉSERVOIR A ACIDE B, de forme cylindrique, est placée immédiatement au-dessus du décompositeur A, avec lequel elle ne forme qu'un seul et même tout. Elle est en cuivre rouge poli à l'extérieur, glacé d'une forte couche de plomb fondu à l'intérieur, et fermée par un plateau en bronze *e* se vissant à demeure dans les rebords supérieurs. Ce plateau est pourvu d'une ouverture *d* — fermée par une vis à poignée en bronze — par laquelle l'acide est introduit dans le réservoir à l'aide de l'entonnoir en plomb. La distribution de l'acide s'opère au moyen d'une tige-soupape C en cuivre rouge revêtue de plomb, et armée à son extrémité d'une coquille en PLATINE formant soupape en s'adaptant dans un ORIFICE qui établit la communication directe entre le réservoir et le décompositeur. Une vis placée au centre du plateau, gouvernée par un bras à aiguille *c* sert à mouvoir la tige distributrice d'acide avec laquelle elle est réunie par un manchon d'assemblage *m* maintenu au moyen d'une goupille. Les indications données par le cadran *n*, sur lequel court l'aiguille *c*, servent à régler l'ouverture de l'orifice et, par conséquent, la distribution de l'acide suivant les besoins de l'opération. Un tube en plomb D établit la communication et l'égalité de pression entre le cylindre décompositeur et le réservoir d'acide B, ce qui permet à l'acide de tomber, par son propre poids. Le plateau en bronze *e* se visse et se dévisse au moyen d'une clef s'adaptant sur sa partie à six pans.

129. — Placé ainsi à l'extérieur et formé d'une forte enveloppe en cuivre glacée de plomb fondu, ce réservoir à acide ne peut ni se déformer, ni s'allonger et, surtout, ne permet pas à l'orifice distributeur de l'acide de s'agrandir sous la pression de la tige-soupape — rendue *inusable* par l'armature en PLATINE — qui vient

régler l'écoule-
ment de l'acide
dans le décom-
positeur. Il est
à l'abri des dé-
pôts formés par
les matières en
effervescence et
projetées par le
mélangeur,§111
80. L'ouvrier
n'a plus à ma-
nœuvrer, sans
autre indication
que l'habitude,
un dangereux
robinet, § 77,
il règle en toute
sécurité l'écou-
lement de l'aci-
de, — suivant
les besoins de
l'opération, —
d'après les indi-
cations du ca-
dran et n'a pas à
se déplacer pour
aller de la boîte
à acide à la ma-
nivelle du mé-
langeur § 78.

PLANCHE III

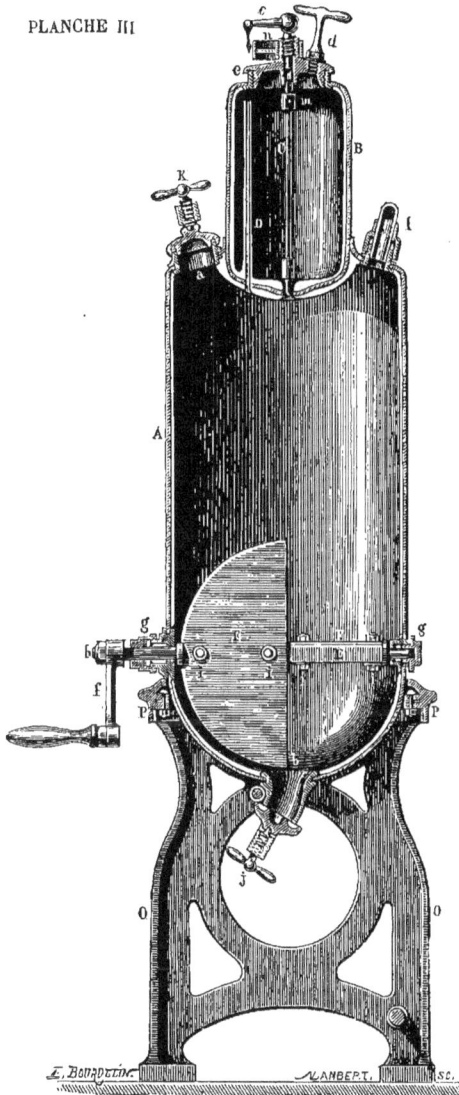

Producteur, vu en coupe.

ÉPURATEUR (planche II et IV, vu en coupe).

130. — L'ÉPURATEUR se compose d'un cylindre en cuivre rouge glacé d'étain pur à l'intérieur C, divisé en deux compartiments par un diaphragme vertical E, et surmonté d'un cylindre en cristal D qui fait fonction de laveur indicateur et forme le troisième laveur.

131. — Le cylindre en cuivre fortement étamé d'étain pur à l'intérieur, et divisé en deux compartiments laveurs par le diaphragme vertical E, est composé de deux parties : le corps cylindrique et son fond hémisphérique formant joint, par les boulons pp et deux cercles en fer comprimant une rondelle en caoutchouc, le tout fixé sur l'entablement du bâti par des écrous pp. Il est pourvu, à sa partie supérieure, de trois ouvertures; deux sont à raccords à vis en bronze. L'une placée de face, communique avec les deux compartiments intérieurs formés par le diaphragme ; elle sert à introduire l'eau au moyen du double entonnoir. Cette ouverture est à rebords et se ferme par un couvercle en cuivre, à gorge garnie de caoutchouc, maintenu et serré par une vis de pression à bride mobile. La deuxième ouverture reçoit, par le raccord q, le tuyau qui amène le gaz du producteur. La troisième sert à la sortie du gaz de l'épurateur par le tuyau coudé H, et porte sur ses rebords le raccord numéro 1 du tuyau qui le conduit au gazomètre. Une ouverture inclinée i communiquant avec les deux compartiments, placée au bas du cylindre, sous l'entablement du bâti, sert à l'écoulement de l'eau toutes les fois qu'on la renouvelle ; elle est pourvue d'un couvercle à charnière semblable à celui de l'ouverture j placée au bas du cylindre décompositeur (§ 126). Un tuyau F, conduit le gaz du raccord q au fond du premier laveur, d'où il

passe dans le second par le tuyau G. Sur le côté du cylindre, un petit bouton *j* sert d'indicateur du niveau de l'eau dans les deux laveurs et ne fonctionne qu'au moment où on les charge.

132. — Le LAVEUR INDICATEUR est formé par un cylindre en cristal D, placé au-dessus du cylindre C, à parois très-fortes, ce cylindre en cristal, légèrement conique s'emboîte hermétiquement dans la gorge garnie d'un siége en caoutchouc, d'une table en bronze *ii* fixée à demeure au-dessus du cylindre C. Un plateau K aussi en bronze doublé d'étain fin et pourvu d'une gorge ou emboîtage garni de caoutchouc, lui sert de couvercle. Le plateau et le cylindre en verre sont fixés par une tige en bronze M à deux parties filetées, serrant le plateau K sur la table en bronze *ii*. Une ouverture placée sur le plateau et fermée par une vis à poignée en bronze L, sert à introduire l'eau. Les tuyaux NN' servant à l'entrée et à la sortie du gaz du laveur indicateur, peuvent se visser et se

PLANCHE IV.

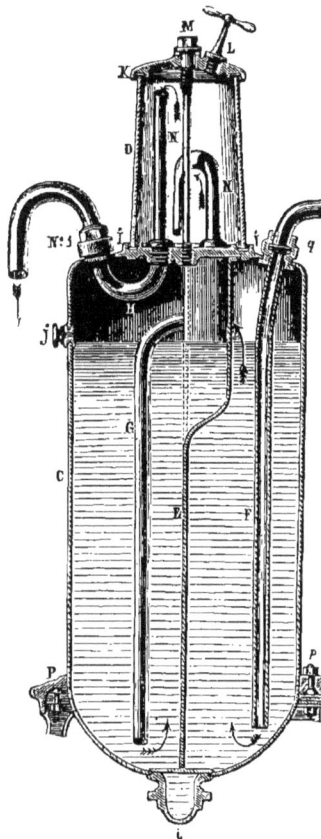

Épurateur, vu en coupe.

dévisser à volonté. Le cylindre en cristal, quoique très-solide, pourrait être cassé par un accident fortuit. On a donné au cylindre la forme légèrement conique et disposé les emboîtages de manière que le plateau K, qui sert de couvercle, s'adapte exactement sur la table en bronze *ii*; on n'a donc, en cas d'accident, qu'à dévisser les deux tuyaux NN', à placer le couvercle K dans l'emboîtage de la table *ii*, et à le serrer au moyen de la tige filetée M, qui plonge dans l'espace ménagé à cet effet par l'écart du diaphragme E, indiqué dans la figure. Le gaz, circulant alors entre le plateau et la table, se rendra toujours par le coude H et le raccord n° 1 au gazómètre, sans aucun dérangement dans la marche des appareils, moins l'absence du laveur indicateur.

133. — Cette disposition du laveur indicateur au-dessus du cylindre, en donnant plus d'élégance à l'épurateur dont il complète l'action, offre ces grands avantages d'être d'une installation commode, et de faire constamment suivre par l'œil de l'ouvrier qui manœuvre le distributeur d'acide ou le mélangeur, la marche et la pureté du gaz. L'assemblage des différentes pièces est des plus simples; le cylindre peut être remplacé à bien moins de frais que les flacons à trois tubulures formant laveur indicateur de certains appareils bien plus fragiles et d'une installation plus délicate, pour ne pas dire impossible (§ 78).

GAZOMÈTRE (planche v).

134. — Le GAZOMÈTRE reçoit le gaz à la sortie de l'épurateur par le raccord n° 2. La cloche E est en tôle galvanisée. La cuve F, à fond concave, est aussi en tôle galvanisée; un bouchon à vis en bronze P, placé au bas, sert à la vider.

HERMANN-LACHAPELLE & TH.GLOVER

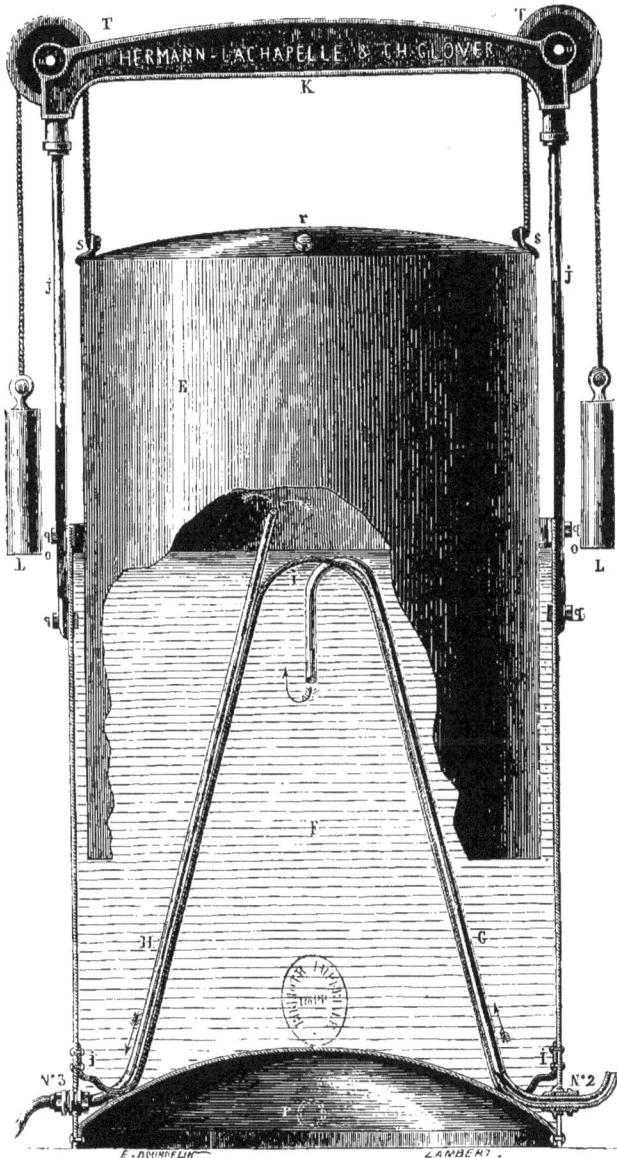

Gazomètre, vu en coupe.   8

Un petit bouton r, placé au-dessus de la cloche, donne issue l'air qu'elle peut contenir lorsque le gaz y arrive pour la première fois après avoir garni la cuve d'eau. Un élégant bâti fer et fonte, composé de deux montants JJ et d'une traverse K, portant à ses extrémités les poulies TT d'une sensibilité extrême, posées sur leurs axes, fixés par les boulons uu. Les montants jj sont fixés sur la cuve par les boulons $qqqq$, ils supportent la traverse et l'appareil de suspension composé de deux contre-poids LL attachés à deux cordes qui, passant sur les deux poulies TT, viennent se nouer aux oreillons SS de la cloche E et lui font équilibre.

Un tuyau recourbé G conduit le gaz du raccord n° 2 dans la cuve du gazomètre; un second tuyau H, s'ouvrant au-dessus du niveau de l'eau, prend le gaz sous la cloche et le conduit au raccord n° 3, qui lui donne issue vers la pompe. Un bâti en fer galvanisé iii adhérant à l'intérieur de la cuve, supporte les deux tuyaux de circulation G H.

SATURATEUR (planches VI, VII, VIII IX).

135. — Le SATURATEUR (planche VI) est la pièce capitale de l'appareil, celle qui, à cause de son importance, a reçu le plus de perfectionnements et attiré tous nos soins. Il se compose de différents organes réunis et heureusement groupés sur un élégant bâti ou colonne en fonte d'une seule pièce. Ces organes peuvent être ainsi classés d'après leurs fonctions :

1° Les organes du mouvement composé de l'arbre moteur Y, du volant et des roues d'engrenage V.

2° La pompe à double effet F, son bassin d'alimentation N et le robinet régulateur d'aspiration G.

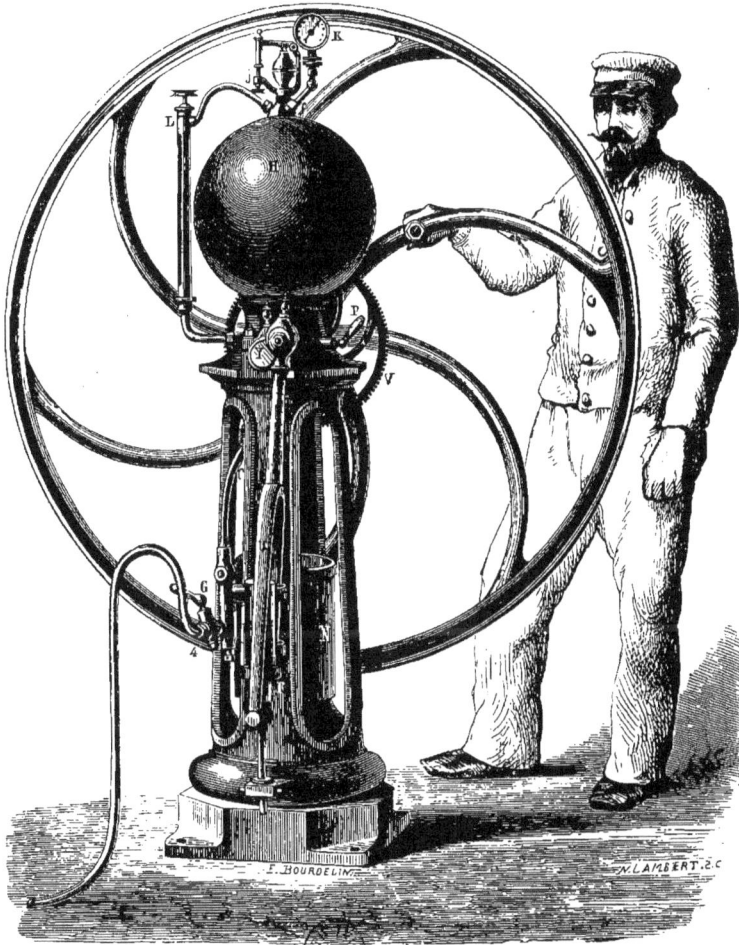

Saturateur à une seule sphère et à un corps de pompe.

3° La sphère ou récipient saturateur H.

4° Les organes indicateurs et de sûreté JKL.

ORGANES DU MOUVEMENT (planche VII, vue en coupe du saturateur).

136. — Les organes du mouvement se composent (planche VII) d'un arbre moteur fonctionnant dans des coussinets en bronze placés dans le chapiteau de la colonne bâti et portant à une de ses extrémités la roue dentée V qui, par un pignon d'engrenage X met en jeu l'agitateur ZZ — fonctionnant dans l'intérieur de la sphère — et, à l'autre extrémité, la manivelle T qui gouverne la bielle U de la pompe E.

Un volant *q* lui donne le mouvement. Il est pourvu d'une manivelle W lorsque l'appareil fonctionne à bras. S'il est desservi par la vapeur, deux poulies A A s'adaptent à l'extrémité de l'arbre en avant du volant. L'une sert de poulie motrice, l'autre, poulie folle, transmet le mouvement au mélangeur du producteur, pourvu alors d'une poulie en place de la manivelle. Ces deux poulies peuvent se placer sur tous les appareils.

Trois godets graisseurs VVV à mèche capillaire servent à introduire sur les paliers et dans l'articulation L de la bielle et du guide U du piston T l'huile qui doit empêcher tout frottement.

POMPE (planche VII et VIII).

137. — La POMPE ASPIRANTE et foulante à double effet E, en bronze poli à l'extérieur, étamé à l'intérieur, est fixée sur la colonne

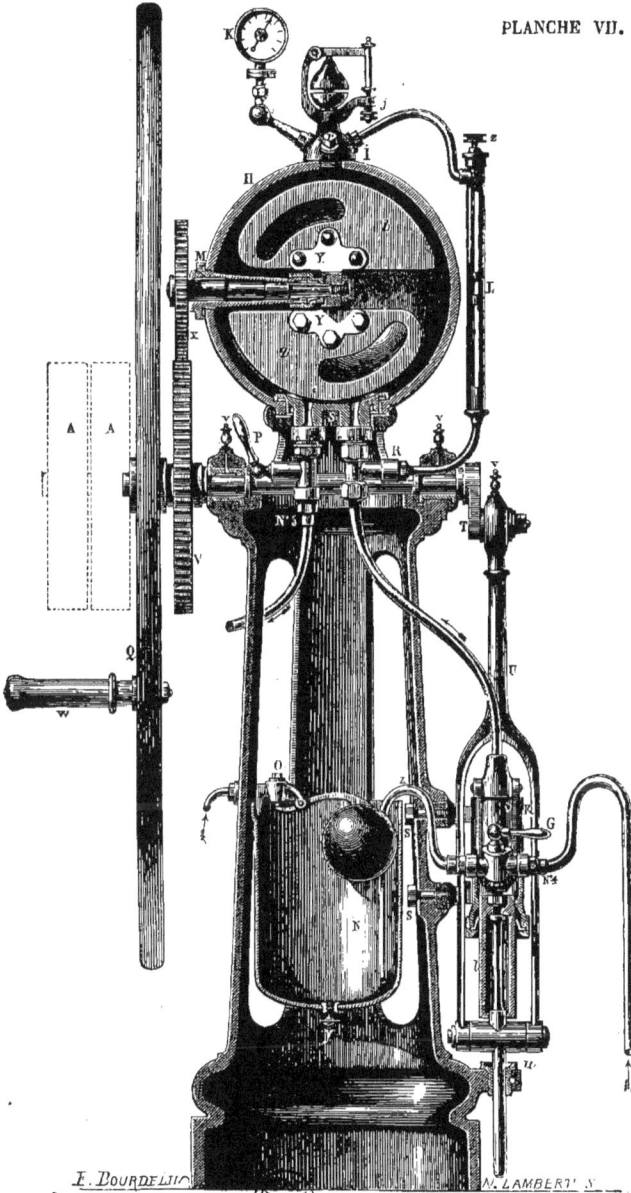

PLANCHE VII.

Vue en coupe de l'appareil saturateur.

E. BOURDELIN   N. LAMBERT S.

bâti par deux vis en fer *s s* (planche VII). Une bielle à fourche très-longue d'une seule pièce U, à articulations perpendiculaires, recevant le mouvement du volant par la manivelle T, gouverne le piston de la pompe ; ses deux branches s'articulent autour d'un axe L (planche VIII, fig. 1) adapté horizontalement sur la tige en fer K qui sert de guide au piston.

Le piston *l* et T (planches VII et VIII, fig. 1) fonctionne dans le corps de pompe F de bas en haut, de sorte que dans son action pour aspirer à la fois un liquide et un gaz, il se trouve toujours couvert d'une couche de liquide formant fermeture hydraulique et empêchant à la fois l'introduction de l'air et la perte du gaz. Il se compose d'un cylindre en cuivre écroui, dans lequel vient se visser une tige en fer K qui porte l'axe horizontal L sur lequel s'articule la bielle. Cette tige est guidée par le coussinet *u* lequel est maintenu dans le piédestal du bâti par la goupille *v*.

138. — La fermeture hermétique du piston est formée par un cuir NN (planche VIII, fig. 1) spécialement préparé pour cet usage, embouti et moulé. Ce cuir se loge dans la gorge au bas de la pompe et y est fortement maintenu par une boîte-écrou M. Un petit écrou à vis I placé au haut du corps de pompe sert à l'amorcer en y versant de l'eau.

139. — Un bras du corps de pompe, formant conduit, porte la cage et le clapet d'aspiration. Au-dessus, la pièce H forme la chambre de la cage et du clapet de refoulement et elle se raccorde avec le tuyau correspondant au saturateur. Le robinet régulateur G s'adapte au-dessous du même bras ; il s'ouvre dans la chambre du refoulement. Ces deux pièces, qui s'emboîtent simplement sur le corps de pompe, y sont solidement maintenues par une bride J à articulation sur la pièce H et portant la vis de pression Y qui s'adapte au-dessous du robinet et serre ainsi ces deux pièces de rapport sur le bras du corps de pompe. Cet assemblage est aussi solide que simple et commode. Il permet de visiter avec la

N.º 1

H

I

S

C

X

S

j

F

M

N

N

N.º 2

T

5
4
3
2
1

L. BOURDELIN

N. LAMBERT, S.

L

U

V

K

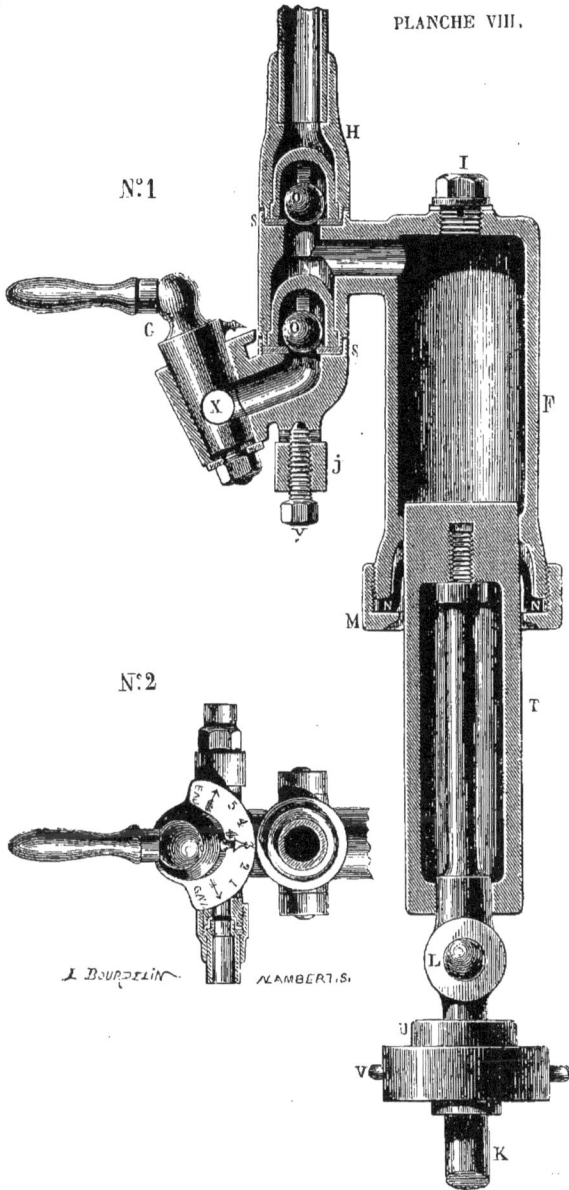

Pompe et robinet régulateur vus en coupe.

plus grande facilité les chambres et les cages, d'une forme particulière, dans lesquelles fonctionnent comme des soupapes les billes
en bronze OO. Ces billes reposent sur des disques annulaires ou
rondelles de cuir à semelle dégraissé *ss*, placés dans l'emboîtage
de la pièce H et du robinet C sur le corps de pompe où elles
sont maintenues et serrées ainsi que les cages par la bride J et
la vis de pression Y.

140. — Un seul ROBINET RÉGULATEUR remplace les deux robinets
qui réglaient dans l'ancien système, l'un l'aspiration de l'eau,
l'autre celle du gaz, et
dont la manœuvre occa-
sionnait sans cesse des
erreurs et par conséquent
des irrégularités dans la
marche des appareils. Le
boisseau du robinet est
pourvu de trois ouver-
tures; sur l'une, se rac-
corde le tuyau qui amène
le gaz du gazomètre; sur
l'autre s'adapte le tuyau
d'aspiration qui puise
l'eau dans le bassin d'alimentation. La troisième
communique avec la
chambre d'aspiration.

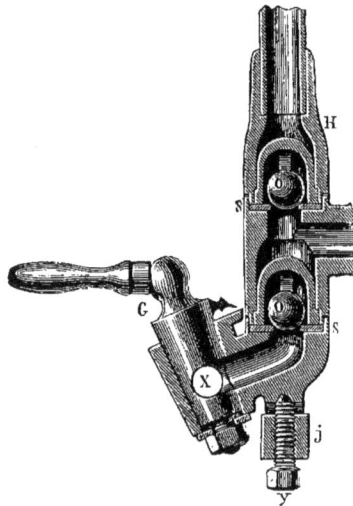

La clef du robinet G n'a, au contraire, qu'une seule entaille X
qui permet à la fois le passage du liquide et celui du gaz en
quantités plus ou moins grandes, suivant qu'elle correspond plus ou
moins avec les deux trous aspirateurs d'eau ou de gaz. Si l'on
tourne la clef du côté de l'introduction du gaz dans le boisseau, on
diminue l'aspiration du liquide et on augmente l'aspiration du

gaz ; en tournant la clef complétement du côté du liquide, il n'arrive plus que de l'eau dans la pompe. On peut ainsi régler les quantités proportionnelles d'eau et de gaz que la pompe doit aspirer.

Cette clef est pourvue d'une poignée de manœuvre et d'une aiguille qui parcourt un cadran gradué (planche VIII, fig. 2) ; par la position qu'elle occupe sur le cadran, cette aiguille indique les quantités proportionnelles d'eau et de gaz auxquelles le robinet donne passage et que refoule la pompe dans la sphère.

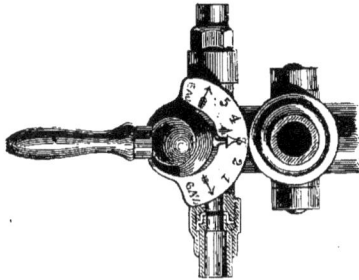

141. — Lorsque le piston exécute son mouvement descendant d'aspiration, le robinet G étant ouvert, l'eau et le gaz arrivant par l'ouverture X soulèvent la bille O de la chambre d'aspiration contre sa cage, tandis que la bille de la chambre de refoulement H est maintenue au contraire sur sa rondelle en cuir par la même force d'aspiration ; l'eau et le gaz remplissent alors le corps de pompe. Aussitôt que le piston, parvenu au bas de sa course, reprend son mouvement ascendant, l'eau et le gaz, poussant fortement les deux billes en sens contraire, celle qui joue dans la chambre d'aspiration s'abaisse, se colle contre la rondelle en cuir qui lui sert de siége et établit la fermeture hermétique, tandis que la bille de refoulement, s'élevant contre sa cage livre passage à l'eau et au gaz que le piston refoule dans le saturateur. Sauf les billes, que leur mouvement continuel préserve de l'oxydation, toutes les parties de la pompe, — entièrement en bronze, — en contact avec l'eau sont étamées à l'étain fin.

BASSIN D'ALIMENTATION.

142. — Le BASSIN D'ALIMENTATION N (planche VII, page 117) en
cuivre étamé est placé à l'intérieur de la colonne-bâti. L'eau y
est tenue à un niveau constant au moyen d'une soupape-régula-
teur O et à flotteur. Le flotteur, formé par une sphère creuse, est
adapté à un levier-balancier ayant pour point d'appui un axe qui
le fixe sur un bras du corps ou boisseau de la soupape; l'extrémité du petit bras de levier opposé au flotteur porte sur la tige
du clapet de la soupape. Lorsque l'eau est dans le bassin à son
niveau normal, le flotteur, soulevé par elle, ne pèse point sur le
levier, dont la branche opposée cesse d'agir sur la soupape que
maintient fermée le poids de l'eau dont le courant arrive sur
elle. Aussitôt, au contraire, que le niveau baisse dans le bassin,
le flotteur entraine par son poids le levier et, soulevant par
contre-coup la soupape, l'eau arrive aussitôt. Il faut que cette
soupape-flotteur soit en communication avec un réservoir d'eau.
Une petite ouverture ménagée au fond du bassin et fermée par
un bouchon à vis et à poignée Y sert au besoin à le vider pour faciliter son nettoyage.

RÉCIPIENT SATURATEUR (planche IX, vu en coupe (1).

143. — Le RÉCIPIENT SATURATEUR, de forme sphérique H, est en
bronze fondu d'une seule pièce, ce qui lui donne une solidité à

(1) La sphère a été, dans cette figure, conventionnellement contournée sur
le socle pour montrer de face toutes les parties dont il est nécessaire de donner
la description.

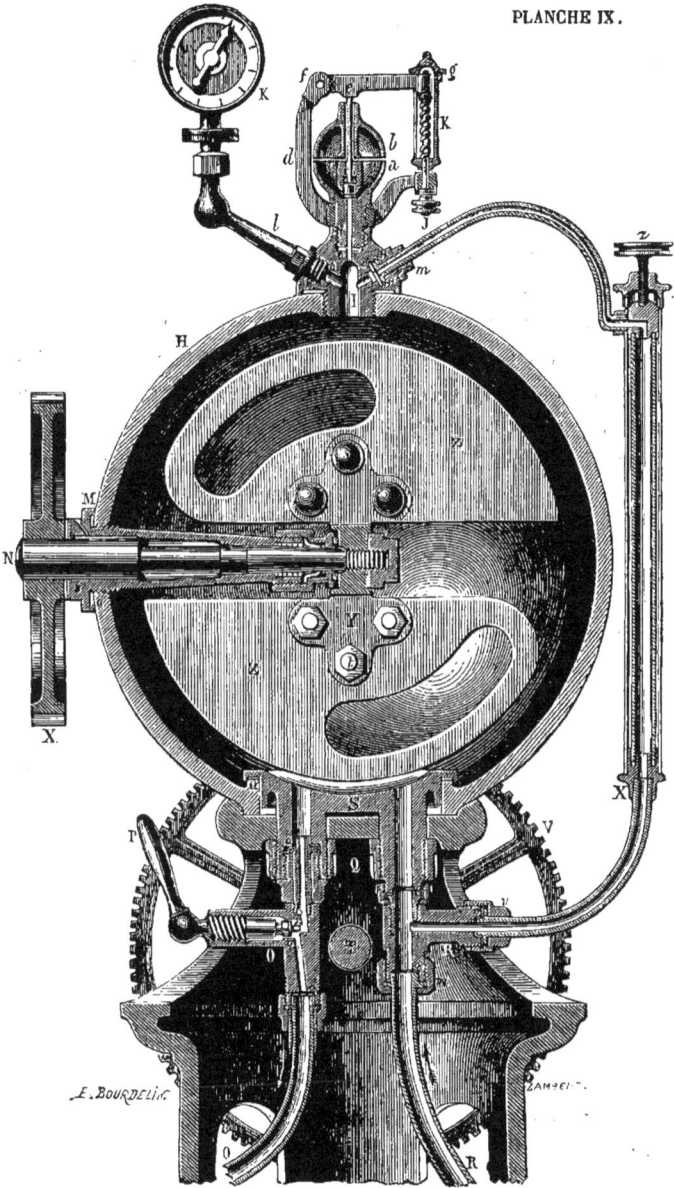

Récipient saturateur, vu en coupe.

toute épreuve et l'avantage immense d'être dispensé de toute soudure. Poli à l'extérieur, il est glacé en étain fin à l'intérieur pour
la fabrication des eaux gazeuses, et d'argent pour celle des vins
mousseux. Il couronne la colonne ou bâti sur l'entablement de laquelle il est fixé par le tampon autoclave S pourvu d'une rondelle
en caoutchouc *u* assurant l'herméticité de la fermeture. Cette rondelle est logée dans un emboitage qui l'empêche d'être jamais
atteinte par le liquide. La pression intérieure suffirait pour maintenir le tampon, néamoins deux écrous Q, en bronze, servent à le
serrer et à le fixer sur l'entablement de la colonne.

144. — Les piédouches du tampon autoclave qui traversent l'entablement du bâti sont percés de deux ouvertures. La première
sert à l'arrivée du liquide et du gaz dans la sphère. Une pièce R',
se montant à vis sur les rebords de cette ouverture, reçoit le
raccord W du tuyau de la pompe R et celui du tuyau du bas
de l'armature du niveau d'eau *v*. La seconde ouverture sert à la
sortie de l'eau saturée ; sur ses rebords vient se visser le corps O
du robinet P qui gouverne l'écoulement du liquide par le tuyau de
tirage, lequel se raccorde sur le prolongement inférieur de ce corps
de robinet. La clef du robinet P est à vis, à garniture de chanvre ;
une rondelle de cuir *o* placée à son extrémité et maintenue par une
vis, assure l'herméticité de sa fermeture. D'autres rondelles de cuir
spécialement préparé se placent dans les joints que nous avons
mentionnés ou que nous mentionnerons dans la description de la
sphère ; elles sont indiquées dans la figure par de petits *o* et toujours
placées dans des emboîtages de manière à n'avoir aucun contact
avec le liquide. On ne doit jamais employer, pour faire ces joints,
que du cuir neuf et bien dégraissé. Il est très-prudent d'avoir toujours un approvisionnement de cuirs propres à former ces joints,
et de s'adresser, quand on en manque au constructeur des appareils.

ORGANES INDICATEURS ET DE SURETÉ.

145.— Au haut du récipient saturateur se visse une pièce demi-sphérique 1 à trois ouvertures filetées *o o o* pour recevoir 1° la soupape de sûreté *a*, 2° le bras *l* du manomètre K ; 3° le raccord *m* du tuyau de l'armature du niveau d'eau ; une quatrième, placée sur le devant, reçoit un écrou d'attente ; on n'a pu la mettre sur cette figure vue en coupe, mais qu'on trouvera sur la planche VII, marqué de la lettre *r*.

Le MANOMÈTRE MÉTALLIQUE (1) à cadran K indiquant en atmos-phères le degré de la pression intérieure marque celui de la satura-tion de l'eau, cette pression étant proportionnelle à la quantité du gaz contenu dans la sphère (§ 7).

146. — La SOUPAPE DE SURETÉ est munie d'un SIFFLET AVERTIS-SEUR ; elle se compose d'une boîte sphérique à deux comparti-

---

(1) On donne en général le nom de manomètres aux appareils destinés à me-surer les forces élastiques ou la tension des gaz et des vapeurs. Les récipients saturateurs devant, pour fonctionner régulièrement, contenir une quantité de gaz acide carbonique déterminée par le genre de produits qu'on veut fabriquer, ou ce qui revient au même, devant fonctionner sous une tension voulue, il est in-dispensable que l'opérateur connaisse à chaque instant la tension du gaz, afin de diriger convenablement le jeu de la pompe. Cette force de tension s'exprime en atmosphères en prenant pour unité la force qu'il faudrait pour soulever une colonne d'une hauteur égale à celle de l'atmosphère et d'une base égale à celle de la surface sur laquelle s'exerce la tension, qu'on évalue ordinairement à 1 k. 5033 pour chaque centimètre carré. On a utilisé d'abord pour mesurer et marquer cette tension des gaz, les manomètres à mercure et à air libre; les mano-mètres métalliques, dont le jeu repose sur l'élasticité des métaux, plus commodes, plus solides et plus sûrs, les ont remplacés, ils consistent en un tube recourbé ou une lame en métal très-mince et très-élastique sur laquelle agit la pression du gaz et qui, agissant à son tour sur une aiguille, lui fait parcourir les divisions d'un cadran gradué, de manière à marquer en atmosphères la tension sous laquelle fléchit le ressort métallique soumis à la pression du gaz.

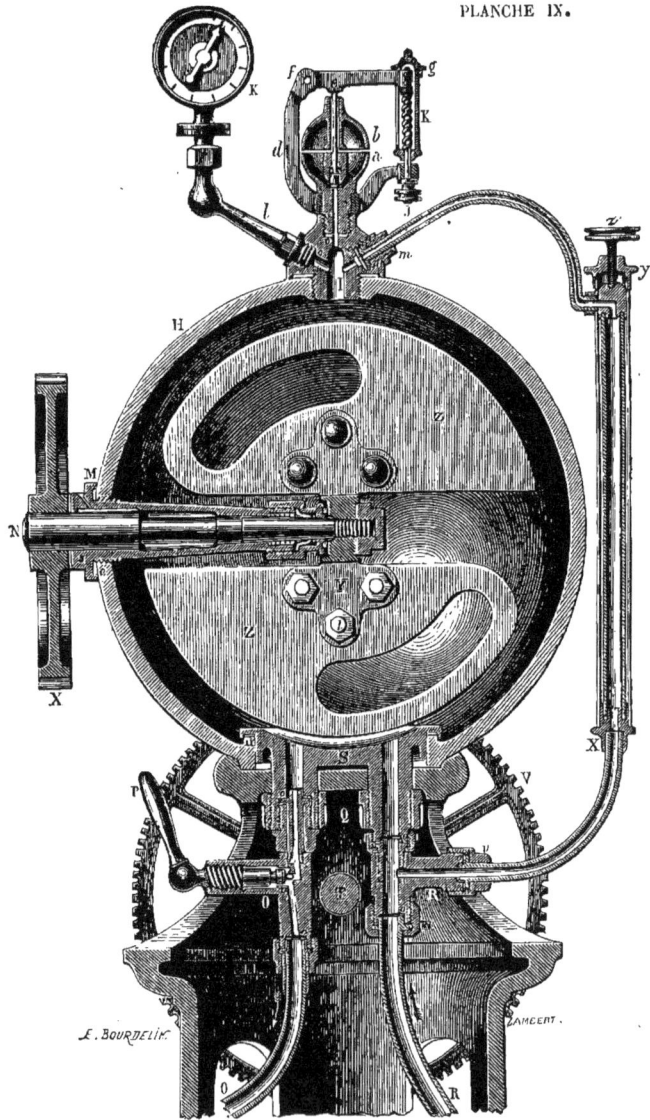

Récipient saturateur, vu en coupe.

ments *a b*. La partie inférieure *a* est pourvue d'un piédouche qui se visse dans la pièce demi-sphérique ; elle sert de cuvette au sifflet. Sa partie supérieure *b* lui sert de timbre, et vient se superposer à la cuvette en s'adaptant sur la tige-soupape à laquelle elle sert de guide. Un petit disque placé entre les deux demi-sphères forme, avec les bords de la cuvette, le bec de sifflet dans lequel le gaz, en s'échappant, se met en vibration. Le piédouche de la cuvette étant creux, établit une libre communication entre l'intérieur de la sphère et la soupape à tige revêtue d'une rondelle de cuir, maintenue par une vis à son extrémité. Le haut de la tige de la soupape sert de point d'appui à un levier *e*, maintenu par une goupille *f* sur un bras mobile *d*, et recevant sa résistance d'un ressort en laiton K dont la tension, et par conséquent la résistance de la soupape, est réglée par une tige gouvernée par l'écrou J. Un chapeau *g*, se montant à vis sur la boîte du ressort, permet de le visiter suivant les besoins.

On comprend facilement le jeu de la soupape et du sifflet, lorsque la tension du gaz dépasse le nombre d'atmosphères qu'on veut qu'elle atteigne, la résistance du levier, — qui a été réglée au moyen de l'écrou molleté J, à ce nombre d'atmosphères,—cesse de contrebalancer la pression intérieure ; la soupape s'ouvre sous la poussée et le gaz s'échappe en se mettant en vibration dans le sifflet. Un coup de sifflet aigu prévient l'atelier, et la tension intérieure est aussitôt diminuée par la fuite du gaz en trop ; il n'y a pas de danger possible lorsque la soupape est bien réglée.

147 — Le NIVEAU D'EAU X est formé d'un tube en cristal protégé par une armature en bronze dans laquelle il est logé, et qui le met à l'abri de tout choc extérieur. Une vis de pression *z*, montée sur un chapeau *y*, vissé sur l'armature, exerçant son action sur une glissière placée dans l'armature, sert à serrer hermétiquement le tube dans les garnitures en caoutchouc dont sont pourvus les emboitages dans lesquels on le place. Ce tube communique avec l'in-

térieur de la sphère par le tuyau et le raccord *v*, du bas de l'armature, qui permet au liquide d'arriver jusqu'à lui et par le tuyau supérieur de l'ouverture et le raccord *m*, qui établit l'égalité de pression entre les deux vases communiquants. Un coup d'œil jeté sur ce tube montre donc le niveau correspondant de l'eau dans la sphère.

AGITATEUR.

148.— Un AGITATEUR à larges et puissantes ailes ZZ se meut dans le récipient et opère rapidement la dissolution du gaz et la saturation de l'eau. Son arbre moteur S (planche XI) est en acier; il recoit le mouvement par un pignon X qui s'engrène avec la roue dentée du volant et fonctionne, — sans aucun contact avec l'intérieur du saturateur, — dans une douille à longue portée M, en bronze étamé, vissée dans la paroi de la sphère.

Afin d'éviter à la douille toute occasion d'usure et de donner plus de facilité au jeu de l'arbre, ce dernier est enfermé jusqu'à sa partie filetée dans une gaîne en cuivre rouge écroui. Un écrou à boîte N se visse à l'extrémité de la douille. Dans l'emboîtage qu'il établit autour de la gaîne, se placent d'abord dans la douille M quatre rondelles de cuir de Hongrie *o*, puis dans la boîte de l'écrou un cuir moulé et embouti *pp* dont la base, serrée entre le rebord intérieur de l'écrou et l'extrémité de la douille, forme joint hermétique. Ces cuirs, en s'adaptant autour de la gaîne en cuivre, évitent tout frottement métallique et forment stuffing-box.

A l'extrémité de l'arbre se visse la main YY. Destinée à porter les ailes de l'agitateur, elle s'emboîte sur la gaîne en cuivre rouge. Une rondelle en cuir dur *pp*, placée dans une gorge extérieure de l'écrou à boîte N, s'interposant entre cet écrou et la main, empêche tout frottement des parties métalliques. Un contre-écrou T se visse à l'extrémité de l'arbre et se serre sur la main afin d'éviter qu'elle se dévisse, ce qui permet de mettre l'appareil en mouvement à droite et à gauche. Les ailes de l'agitateur YY (planche IX) se fixent sur cette main à l'aide de trois vis qui sont elles-mêmes assujetties par trois contre-écroux en bronze.

PLANCHE XI.

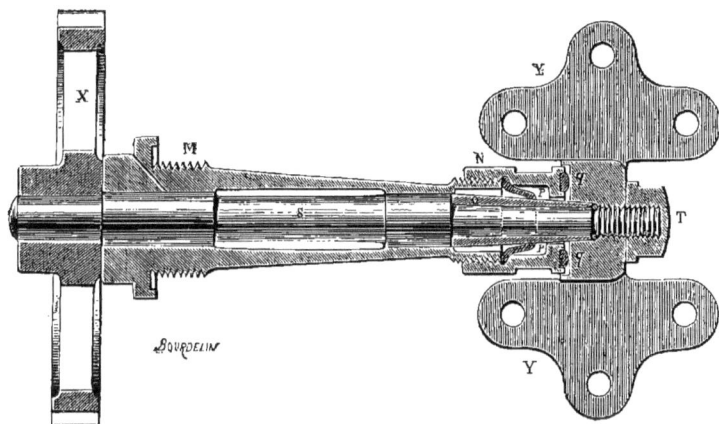

Arbre de l'agitateur, vu en coupe.

Ces dispositions rendent impossible toute formation de limaille et permettent à l'arbre de couche et à l'agitateur de fonctionner aussi librement et avec autant de légèreté dans la doùille et dans la sphère que s'ils agissaient dans l'espace.

149. — La capacité des récipients saturateurs est proportionnée à la puissance des pompes, de manière à produire rapidement de l'eau complétement saturée. L'agitateur fouette de ses puissantes ailes et brise contre les parois de la sphère la masse entière du liquide produisant à chaque coup le même choc qui amène la

dissolution subite du gaz dans les cylindres oscillants. Les organes de sûreté sont d'une sensibilité remarquable; il suffit de desserrer l'écrou à molette de la soupape pour donner passage au gaz que contient le récipient. Le niveau d'eau, mis à l'abri de tout accident par l'armature, et le manomètre à cadran sont toujours sous l'œil de l'ouvrier. La forme sphérique, l'épaisseur des parois, l'homogénéité de la matière mettent à l'abri de tout danger d'explosion. Le montage et le démontage de la sphère et de ses différents organes sont des plus faciles, en suivant les instructions que nous donnerons chapitre X.

PLANCHE XI.

COLONNES DE TIRAGE.

150. — L'eau étant complétement saturée, l'on ouvre le robinet de sortie P (planche VII, page 117) et le liquide arrive aux colonnes de tirage (planche I, page 104, fig. E et F et planche XI) portant les robinets ou dispositions mécaniques soit pour les bouteilles, soit pour les siphons, en suivant les tuyaux du raccord n° 5 aux raccords n° 6 et n° 7 des robinets de tirage (planche XV, page 160).

COLONNE DU TIRAGE A BOUTEILLES

PLANCHE XII.

Colonne du tirage à bouteilles.

151. — Le tirage à bouteille (planche XII) est le plus ancien
et le plus compliqué, à cause du mécanisme du bouchage réuni sur

la même colonne que le robinet. Il se compose d'une colonne
creuse R fixée au sol et supportant tout le système. Une tige mobile placée à l'intérieur de la colonne est surmontée par un bloquet
en bois A sur lequel on place la bouteille; une douille à vis de
pression fait varier suivant les besoins la hauteur de ce bloquet.
Une pédale-levier B donne le mouvement à la tige ; en agissant
sur elle, le pied place et maintient le goulot de la bouteille dans
le baguin C. Une ouverture D permet de placer dans le cône le
bouchon sur lequel vient reposer un piston faisant fonction de
chasse-bouchon, et soumis à l'action d'un levier à chappe articulée
E. Dans le même plan horizontal que le robinet, se trouve la tige
de la soupape dégorgeoir d'air terminée par un petit bouton H.
Un robinet à vis et à poignée G portant le raccord n° 6 sert à régler
l'écoulement du liquide dans la bouteille. Une cuirasse en cuivre
F, tournant à pivot sur la tige et la bague, garantit l'opérateur.

152. — Ce cône ou robinet de tirage dont on voit les détails planche XIII, se compose de quatre pièces principales :

1° le corps du cône creux C destiné à recevoir le bouchon et
formant chambre de tirage. Cette pièce s'adapte dans un anneau
dont est pourvu le haut de la colonne et sur lequel vient la serrer,
en se vissant sur elle, le cylindre A; elle porte en outre le robinet
et le baguin-écrou ;

2° le corps de robinet H et sa clef K ;

3° le cylindre A supportant le levier articulé et servant de guide
au chasse-bouchon ;

4° le baguin-écrou D dans lequel vient s'engager le goulot de
la bouteille.

Le corps du robinet H s'unit au tuyau d'arrivée du saturateur J
par le raccord I qui dans l'assemblage de l'appareil porte le n° 6.

La clef K de ce robinet est à vis et porte à son extrémité une sorte de piston-soupape V, garni d'un petit cuir dur fixé par une vis, qui forme fermeture hermétique lorsque la clef K du robinet est serrée pour empêcher l'arrivée du liquide dans le cône.

PLANCHE XIII.

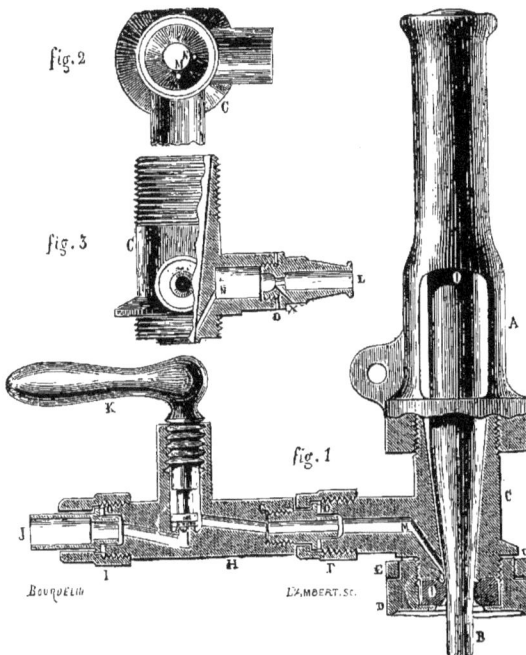

Robinet du tirage en bouteilles, vu en coupe et en détail.

Une petite pièce cylindrique G est fixée à demeure à l'extrémité, du corps du robinet opposée au tuyau d'arrivée J; elle est pourvue d'un épaulement sur lequel tourne le rebord intérieur de l'écrou F qui se visse sur le bras du cône C servant de conduit M à l'eau saturée et dans lequel s'emboîte la pièce G formant avec l'écrou F le raccord entre le côue et le corps du robinet. La partie supérieure du cône se visse dans le cylindre A qui la serre sur la colonne de tirage. L'écrou-baguin D se visse sur la partie inférieure du cône formant bec du robinet. Il est revêtu à son intérieur d'une rondelle conique en caoutchouc moulé O, retenue par un emboitage de l'é-crou et qui se serre hermétiquement autour du goulot de la bou-teille, placée sur le bloquet, soulevée et fortement maintenue par la pression du pied sur la pédale.

Au-dessus de ce baguin sur les côtes du cône creux dans lequel joue le chasse-bouchon B, viennent s'ouvrir le conduit du liquide saturé M et le dégorgeoir. On voit ces deux petites ouvertures dans la figure 2 représentant le baguin vu en dessous. M est l'ouverture du robinet, N celle du dégorgeoir. Le bouchon, amené au moment du tirage jusqu'à leur naissance fait fermeture hermétique à la chambre de tirage et à la bouteille.

Sur le côté du cône est placé le dégorgeoir (fig. 3) ; la main n'a qu'à s'abaisser, en quittant le levier du robinet G (planche XIII) pour placer le pouce sur le bouton de la tige-soupape H. Cette tige-sou-pape est portée par une petite pièce (fig. 3, planche XII), qui se visse dans une saillie cylindrique du cône C, à l'intérieur de laquelle se trouve la chambre de la soupape N. Cette soupape est maintenue par un ressort et deux rondelles de cuir.

Lorsque le pouce repoussant le bouton de la tige du dégorgeoir ouvre cette soupape, l'air comprimé dans la bouteille et la chambre de tirage arrive par le conduit N, trouve une libre issue par l'ouver-ture X, et s'enfuit en moins d'une seconde (1).

Dans tous les raccords que nous venons de décrire sont placées de petites rondelles de cuir formant le joint et désignées dans les figures de la planche XIII par les petits o.

_____

(1) Ce piston ou soupape-dégorgeoir n'est employé que par les tireurs inexpéri-mentés ; un mouvement du pied produit le dégagement d'une manière plus prompte et plus facile, comme nous l'expliquerons en traitant de la manœuvre.

ACCESSOIRES POUR LE FICELAGE.

153. — Quelques accessoires complètent les appareils nécessaires à l'opération du tirage à
bouteilles en permettant d'assujettir rapidement le bouchon dans le
goulot par le ficelage; c'est le
calebotin, le couteau, le trèfle (planche XIV) ou, — lorsqu'on veut

PLANCHE XIV.

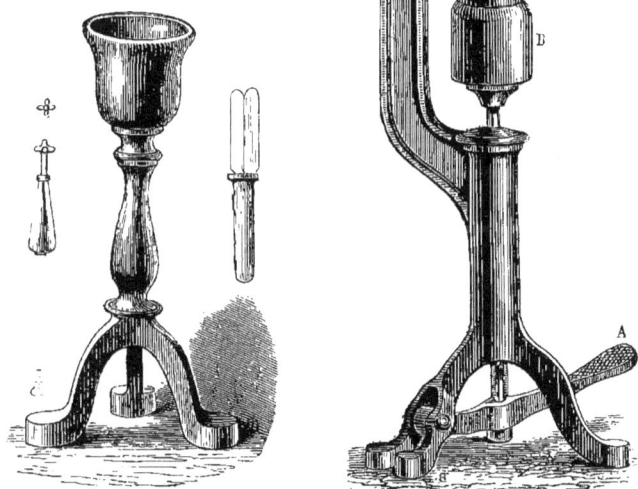

Calebotin ordinaire et mécanique.

épargner au ficeleur l'aide d'un ouvrier, — le calebotin mécanique (planche XIV), composé d'une colonne dans laquelle joue,

sous l'action d'un puissant ressort, une tige mobile, mue par une pédale A et portant un bloquet en bois B sur lequel on place la bouteille. Une main formée par deux tiges recourbées C, fixées en dessous du bras de la colonne, maintient le bouchon jusqu'à ce que le ficelage soit opéré.

TIRAGE A SIPHON.

154. — L'appareil pour le tirage à siphon (planche XV) est encore plus ingénieux : une colonne creuse R, fixée au sol, porte, comme précédemment tout le système. La tige mobile, mue par la pédale B, au lieu de se terminer en tampon ou bloquet, porte une sorte de main ou d'armature articulée H soutenant une cuirasse en cuivre C sur laquelle se replie, par un éperon articulé, une contre-partie ou autre demi-cuirasse. Le siphon renversé est placé dans cette cuirasse ; sa tête repose dans une cavité creusée sur le sommet de la tige A et placé sur le même plan perpendiculaire que le cône D. Un levier recourbé et articulé G, reçoit d'un ressort placé dans la douille du bras et sur la tige le mouvement qui le fait appuyer sur le levier du siphon et ouvrir automatiquement la soupape en même temps que l'action du pied pesant sur la pédale, élève la tige mobile et la main H et engage le bec du siphon dans le cône du robinet de tirage D. L'eau arrive du saturateur par les tuyaux des deux raccords n° 5 et n° 7 (planche XXIX, page 160). Deux soupapes F ouvrant toutes deux sous l'action d'une clef à poignée E permettent, l'une au liquide d'entrer dans le vase, l'autre à l'air comprimé dans le siphon de s'échapper. Le levier automatique G, qui ouvre la soupape des siphons, ne se trouve dans aucun autre système.

155. — La planche XVI donne les détails de ce robinet vu en

coupe. Compliqué en apparence, il est en réalité d'un fonctionnement bien simple; toutes ses parties peuvent se monter, se dé-

PLANCHE XV.

Tirage à siphons.

monter et se visiter très-facilement. Il se compose d'un corps de
robinet G (fig. 1) fixé à demeure sur la colonne qui reçoit la tige S
(fig. 2, représentant le robinet vu à vol d'oiseau), et où vient

s'adapter le raccord M ou n° 7, du tuyau N, amenant le liquide
du saturateur. Cinq pièces de raccord EFVTP viennent se
visser dans ce corps de robinet. Les deux qui sont placées au-
dessus, E et F, sont cylindriques. Elles reçoivent à leur intérieur
les tiges à bouton B et C des soupapes de l'écoulement du liquide L
et du dégorgeoir H, ainsi que les ressorts à boudin dont l'action
maintient ces soupapes fermées et qui, placés autour de la tige,
buttent d'un côté contre les boutons qui terminent ces tiges, et
de l'autre contre le fond des cylindres E et F. Les joints autour
des tiges B et C sont faits par des cuirs emboutis OO logés dans
un emboîtage et fortement serrés par les cylindres EF.

Ces soupapes se composent d'un écrou en bronze H (vu en
plein), L (vu en coupe) se vissant sur la partie filetée de la tige.
Au-dessus de cet écrou est placée une rondelle en caoutchouc
feutré maintenue par une bague à vis à emboîtage qui se serre
sur le pas de vis dont le petit écrou en bronze est pourvu à l'extérieur. Elles ferment hermétiquement, en se serrant de bas en
haut sous l'action des ressorts à boudin, deux chambres où viennent s'ouvrir : — dans la première, le trou d'arrivée du liquide W ;
— dans la seconde, le trou de sortie de l'air et de gaz R. Les
soupapes fonctionnent elles-mêmes dans deux autres chambres
où sont placées sur la figure les lettres L et H, et formées en
partie par le corps de robinet G, en partie par les pièces cylindriques T et V. Ces deux dernières chambres communiquent
entre elles par le conduit Z, qui permet à l'air comprimé par l'arrivée du liquide dans le vase d'arriver de la chambre de tirage L à
la chambre de dégorgement H et de s'enfuir par le dégorgeoir R.

La pièce ou chapeau V clôt complétement le bas de la chambre
de dégorgement. La pièce T se termine en bec de robinet ; elle
est pourvue d'un pas de vis autour duquel vient s'adapter l'écrou
à cône X, garni à son intérieur d'une rondelle en caoutchouc
feutré O formant le joint avec le bec du siphon, lorsque la pres-

sion du pied agissant sur la pédale, le maintient fortement dans le baguin.

PLANCHE XVI.

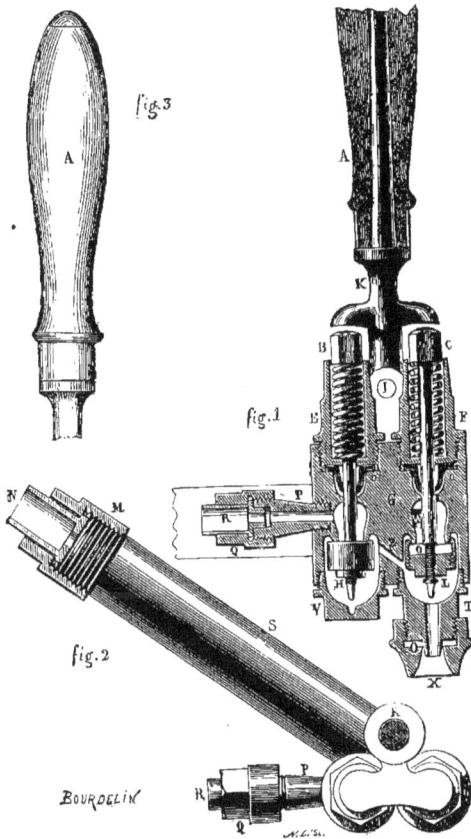

Robinet du tirage des siphons, vu en coupe.

Le levier ou butoir à double effet K est articulé sur un axe I placé en arrière et au milieu des cylindres B et C, de manière à posséder un mouvement oscillant à droite ou à gauche, suivant la direction que lui impose la main qui agit sur la poignée A (fig. 1 et 3). Dans son mouvement à droite, il bute contre le bouton de la tige C et, ouvrant la soupape L, permet au liquide saturé d'arriver au bec de tirage ; en se relevant il laisse réagir le ressort à boudin, et cette soupape se referme aussitôt. Dans son mouvement de droite à gauche, il butte contre le bouton de la tige B et ouvre la soupape H, qui donne issue à l'air ou au gaz contenu dans les chambres et comprimé dans le siphon. Cette soupape se referme comme la première aussitôt que la main abandonne la poignée A.

SIPHONS.

156. — Les vases siphoïdes (planche XVII) sont en verre blanc, bleu, vert ou jaune — les autres couleurs étant trop cassantes pour être employées — leur forme est ovoïde ou semi-cylindrique, mais dans les deux cas, elle est calculée de manière à offrir la plus grande résistance possible ; il en est de même de la composition et de la cuite du verre. Chaque vase siphoïde est essayé à une pression de 20 atmosphères avant d'être livré.

Les siphons sont à grand ou à petit levier, indifféremment de la forme du vase. Leur mécanisme est très-solide et d'une réparation facile. Le corps du siphon est en étain anglais au premier titre, de forme arrondie et unie ce qui le rend agréable au toucher et d'un entretien facile. Il est fondu d'une seule pièce afin d'éviter toute espèce de soudure, principalement celle du bec, partie qui souffre le plus dans cet appareil et qu'on a généralement le tort de faire d'une pièce rapportée et soudée au métal Darcet. Le ressort de son piston est à la fois doux et puissant ; mais ce qui doit surtout le recommander, c'est la facilité avec laquelle il se démonte et se prête à toutes les réparations. Un écrou flexible et mobile aussi en étain est passé autour du cou du vase sous la cordaline. Le

PLANCHE XVII.

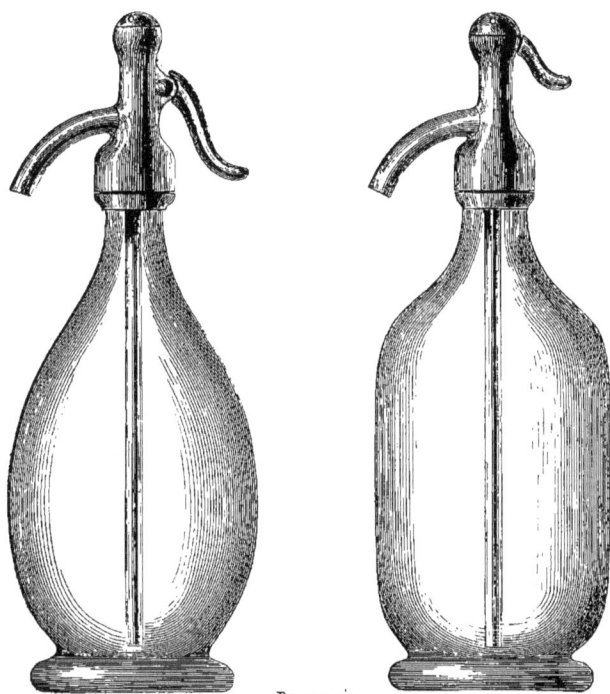

BOURDELIN

Siphons à grand et à petit levier.

corps du siphon placé sur le goulot vient se visser sur cet écrou qui le serre et le maintient, de la manière la plus solide en permettant au fabricant de le dévisser toutes les fois qu'il juge convenable de visiter l'intérieur. Cette disposition est commune à tous les siphons ; quoique leur mécanisme varie un peu suivant qu'ils sont à grand ou à petit levier.

157. — Le siphon à GRAND LEVIER (planche XVIII) se compose d'un corps de siphon A, fondu d'une seule pièce avec le bec, dans l'intérieur duquel fonctionne le piston-soupape D, muni de deux

PLANCHE XVIII.

Siphon à grand levier, vu en coupe.

rondelles en caoutchouc feutré et sans odeur. L'une *i i*, logée dans la gorge qui entoure la partie centrale du piston forme soupape et en appuyant sur les bords de l'orifice du corps de siphon, établit un bouchage hermétique; l'autre *hh*, placée dans une gorge au-dessus et glissant à frottement dans le corps du siphon, empêche le liquide gazeux de pénétrer jusqu'à la chambre du ressort lorsque le levier C lève le piston. Il est pourvu au-dessus de ces rondelles, d'un cran qui reçoit l'extrémité du levier C en cuivre laminé recouvert d'étain fondu; l'axe à vis *f* maintient le levier et lui sert de point d'appui. Un ressort à boudin *e* en laiton écroui, étiré à froid est placé dans la tête du siphon autour de la tige de ce piston qu'il maintient fermé. Un chapeau demi-sphérique B, se monte à vis au moyen d'une clef, sur la tête du siphon et sert de point d'arrêt au ressort.

Un entonnoir en étain K à rebords, porte le tube en verre M qui plongeant jusqu'au fond du vase forme siphon et amène le liquide chassé par la pression du gaz acide carbonique comprimé, lorsque le jeu du levier, en soulevant la soupape, lui donne une issue. Une membrane en caoutchouc vulcanisé *jj* est posée sur la partie du tube en verre qui s'emboite dans l'entonnoir, et l'étain est reserti sur elle, ce qui donne une certaine flexibilité au tube tout en le maintenant; condition importante qui empêche sa cassure. Les rebords de l'entonnoir porte-tube, reposent sur une rondelle en croutchouc feutré *n n*, placé entre eux et le goulot du vase; le corps du siphon, en se vissant sur la bague mobile, forme vis de pression, serre les rebords de l'entonnoir sur la rondelle et comprime celle-ci sur le goulot, ce qui établit un bouchage hermétique. Ainsi emboîtée, la rondelle *n n* ne peut avoir aucun contact avec le liquide.

158. — Le système à PETIT LEVIER (planche XIX) diffère un peu de celui que nous venons de décrire : la soupape s'ouvre de haut en bas par une poussée produite sur la tige par le levier au lieu d'être soulevée de bas en haut par l'extrémité du levier, comme dans le système précédent.

Cette soupape en étain J est montée à vis sur une tige D en laiton revêtu d'étain; elle porte, dans un emboîtage, une rondelle en caoutchouc feutré *ii* formant bouchage hermétique. Un ressort à boudin, en laiton écroui, est placé sur la tige D buttant contre un manchon adapté sur la tige au-dessus de lui et contre une rondelle métallique *f* posée sur deux rondelles en cuir dit basane *g g*, entre lesquelles est placée une rondelle en caoutchouc vulcanisé L. Ces

PLANCHE XIX.

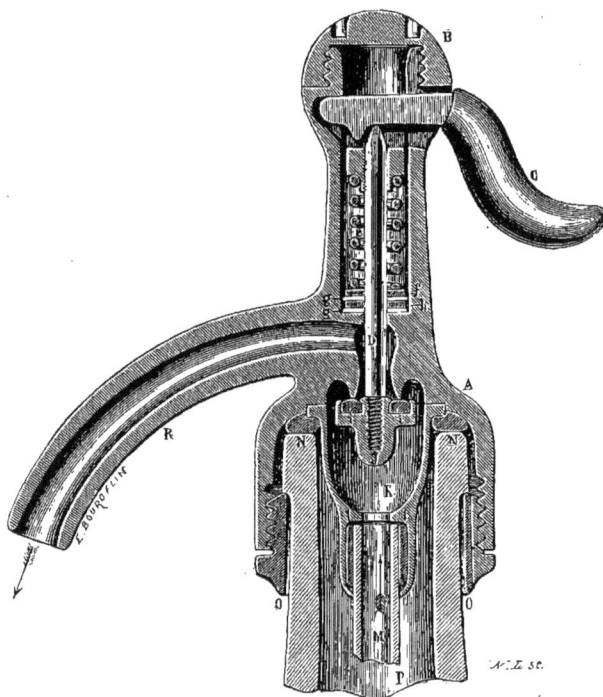

Coupe du siphon à petit levier.

rondelles forment une sorte de stuffing-box dans lequel glisse la tige D lorsque le levier-pédale C agit sur elle. Le porte-tube et le reste du mécanisme ne diffèrent en rien de l'appareil siphoïde précédent. Le dernier système a ce désavantage qu'il faut enlever le corps du siphon A de sur la bague-écrou O lorsqu'on veut visiter le

mécanisme, tandis que, pour le grand levier, il suffit de dévisser
le chapeau **B**.

PRESSE A SIPHONS

159. — Les deux systèmes peuvent être du reste complétement
visités et démontés à l'aide de la presse à siphon.

Cet appareil (planche **XIX**), se compose d'un bâti en fonte qu'on
fixe conte le mur ou sur une
table. Une boîte en cuivre
reçoit la tête du siphon, de
manière que le bec et le levier s'engagent dans les deux
échancrures qui y sont pra-
tiquées à cet effet. Le vase
repose sur un plateau avec
disque en caoutchouc porté
sur l'axe d'un volant qui
donne le mouvement à une
vis à filet. Cette vis, en soulevant le plateau, presse le
siphon dans la boîte afin de
comprimer la rondelle en
caoutchouc placée sur l'orifice du goulot de la carafe.

PLANCHE XX.

E. BOURDELIN

Presse à siphons.

On dévisse la bague-écrou au moyen d'une pince, et on n'a
plus qu'à enlever avec la main l'appareil siphoïde qui coiffe la
carafe.

POMPE A SIROP (planche XXI et XXII).

160. — La pompe à sirop sert à introduire dans les bouteilles et les siphons, avec promptitude, propreté et sans perte, la dose exacte de sirop aromatisé que doivent recevoir les boissons gazeuses sucrées, les limonades et les vins mousseux.

Une colonne T semblable à celles des appareils de tirage, porte en haut de sa partie arcboutée un anneau horizontal, qui sert d'armature au corps de pompe G. Un second anneau porté par une tige surmonte parallèlement cette armature et sert de support au réservoir en cristal A dans lequel le tuyau d'aspiration B de la pompe vient puiser le sirop aromatisé que doivent recevoir les bouteilles. Dans la partie inférieure du corps de pompe, dont le haut forme entablement, se trouve une bague-écrou qui, en se serrant sur un pas de vis, l'assujettit dans l'armature de la colonne.

Le piston de la pompe est gouverné par une tige-cremaillère F mue par un levier-manivelle E muni d'un butoir qui parcourt un cadran-régulateur D. Au bas du corps de pompe G, un robinet règle l'aspiration et le refoulement en mettant, lorsque le piston exécute son mouvement ascensionnel, le corps de pompe en communication avec la tige d'aspiration B et en donnant passage, lorsque le piston exécute son mouvement descendant, au sirop dans le vase dont le goulot est engagé dans le baguin-écrou H qui complète l'appareil.

161. — Le piston H (planche XXII, fig. 1) se compose de trois pièces distinctes : d'un cuir embouti formant fermeture hermétique, d'un anneau contenu dans le cuir embouti et l'emboîtant

PLANCHE XXI.

Pompe à sirop.

lui-même de manière qu'il ne soit pas en contact avec le sirop et d'un écrou H serrant le tout sur la vis *i* qui termine la tige-cré-maillère B C. Cette crémaillère E est gouvernée par un pignon D

placé sur l'axe d'une manivelle coudée A. Sur cet axe, et immédiatement avant la manivelle, est adapté un petit butoir O
(fig. 2 et 3) qui suit son mouvement sur un cadran régulateur C

PLANCHE XXII.

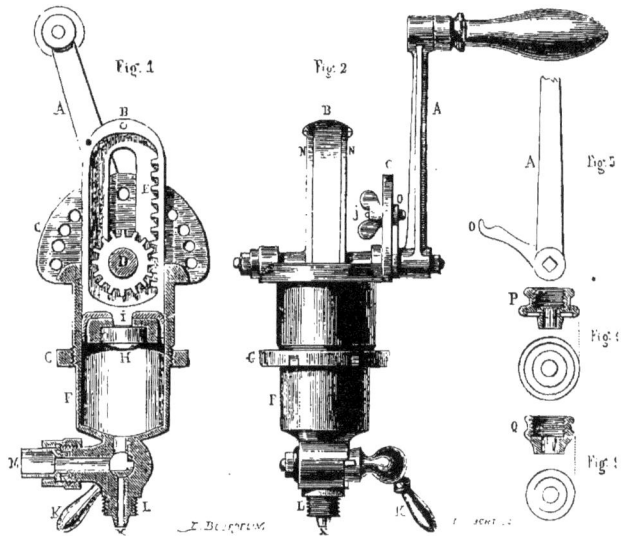

Pompe à sirop, vue en coupe et en détail.

percé de trous pratiqués suivant des divisions déterminées
sur sa périphérie. Une broche mobile fixée dans un de ces
trous par un écrou à ailettes J forme du côté du cadran où se
meut la manivelle A une sorte de bouton contre lequel va se
heurter le petit butoir o et sert de point d'arrêt à l'action du pignon
sur la crémaillère.

Cette broche règle ainsi la course du piston dans le corps de pompe et par conséquent la dose de sirop qu'elle peut aspirer, soit de 10 à 120 grammes.

Le bas de la pompe porte un corps de robinet dont le boisseau est pourvu de trois trous communiquant l'un avec l'intérieur du corps de pompe F, l'autre avec le tuyau d'aspiration M, le troisième avec le bec de tirage X. La clef K est percée et échancrée de manière à fermer l'un des trois trous lorsqu'elle met en communication les autres.

Cette pompe, — entièrement en bronze, — sert au dosage des . bouteilles et au dosage des siphons; il suffit pour cela de visser au pas de vis L du bec de dosage X qui se trouve au-dessous du robinet régulateur d'aspiration et de refoulement K, le cône creux et renversé pour les siphons Q (fig. 5) et l'écrou P (fig. 4) pour les bouteilles. Le goulot ou le bec du vase qu'il faut doser est engagé et maintenu sur ces becs par l'action du pied sur la pédale qui soulève la tige mobile, au haut de laquelle on place, à volonté et suivant l'occurrence, le tampon à bouteille ou l'armature à levier articulé, destinée à recevoir le siphon.

APPAREILS A DEUX CORPS DE POMPE, n°s 5 et 6 (planche XXIII).

162.— La puissance productive des appareils résulte de la quantité proportionnelle d'eau et de gaz que la pompe peut refouler dans le saturateur en un temps déterminé. Deux pompes donneront donc à un appareil une puissance double de celui qui n'en possédera qu'une, si d'ailleurs chacune de ces pompes, ayant les mêmes dimensions, donne par minute le même nombre de coups de piston. C'est sur ce principe qu'ont été construits les appareils à deux

PLANCHE XXIII.

Appareil à deux corps de pompe.

corps de pompe qui, en dehors de cette adjonction, ne diffèrent en rien de ceux que nous venons de décrire.

163. — Au lieu de l'arbre à manivelle qui gouverne, dans les

appareils ordinaires, la bielle de la pompe, l'arbre du volant Q porte à son extrémité un disque claveté à demeure et percé à des distances différentes du centre de quatre trous destinés à recevoir un bouton Y faisant fonction de manivelle. Les bielles UU des deux pompes FF' s'articulent aux deux extrémités d'un balancier oscillant sur un axe fixé dans la colonne et qui sert de support à tout le mécanisme.

Une glissière Z placée sur le bouton manivelle Y commande le balancier.

Lorsque l'impulsion est donnée au volant de l'appareil, le disque claveté sur son axe suit son mouvement rotatif, et le bouton manivelle Y agissant comme excentrique dans la glissière Z, fait osciller le balancier, qui entraine avec lui les bielles des pompes. Ces deux pompes s'équilibrant à l'extrémité des branches du balancier comme les plateaux d'une balance, il ne faut guère plus de force pour mettre en jeu les deux pistons que pour un seul dans un appareil ordinaire.

164. — Si une seule pompe peut suffire au travail qu'opère l'appareil, un butoir Q adapté par un écrou sur un bras mobile P autour d'un axe donne un appui pour le débrayage du piston de la pompe qu'on veut laisser reposer. On peut aussi réduire leur course en plaçant plus près du centre le bouton Y.

APPAREIL A DEUX CORPS DE POMPE ET A DEUX SPHÈRES SATURATEURS, n° 7 (planche XXIII).

165. — Cet appareil spécialement destiné aux grands établissements et aux brasseries est assez puissant pour produire jusqu'à dix mille bouteilles ou siphons par jour. Deux sphères saturateurs H H' sont placées côté à côté sur une même colonne. Le volant Q donne

PLANCHE XXIV.

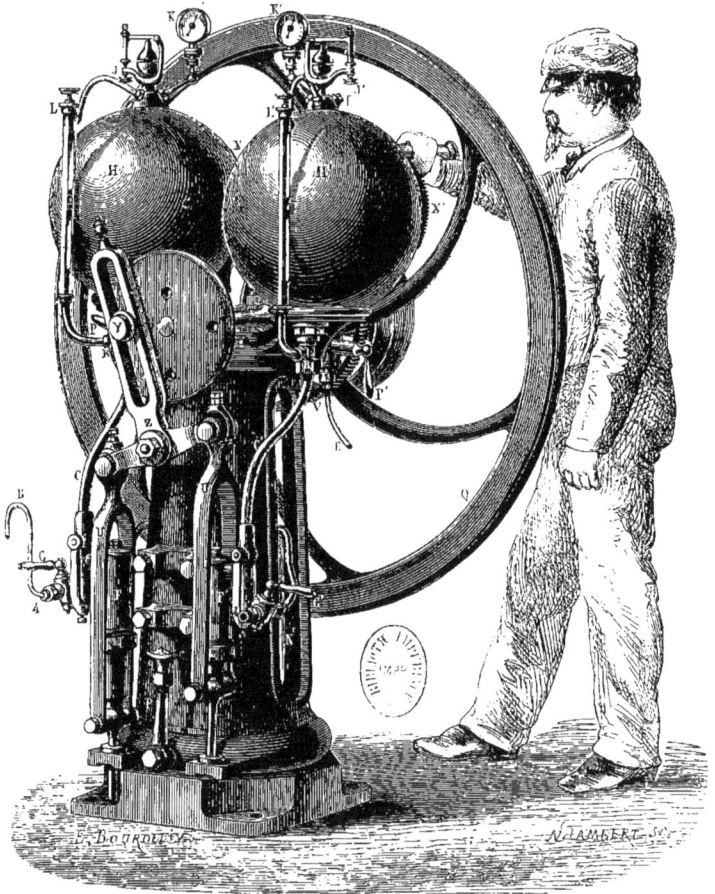

Appareil à deux corps de pompe et à deux sphères saturateurs.

à la fois le mouvement aux agitateurs des deux sphères à l'aide des trois roues d'engrenage VXX', et aux deux corps de pompe par le disque claveté à l'extrémité de son arbre et portant le bouton manivelle Y. Chacune des deux sphères et des deux pompes sont identiquement les mêmes que celles que nous avons décrites dans les appareils à un corps de pompe et à une seule sphère, le mécanisme moteur des pompes et celui que nous venons de décrire § 163. Les deux sphères, pourvues chacune de leurs organes de sûreté et indicateurs, peuvent fonctionner ensemble ou séparément, sous la même pression ou sous une pression différente, et s'alimenter dans le même bassin ou dans des réservoirs différents, suivant la volonté de celui qui les manœuvre ou les besoins de la fabrication. On peut mettre les deux sphères en communication par un tuyau vissé dans les écrous d'attente *ff'* placés sur la base de la soupape § 145. Un robinet adapté sur le milieu de ce tuyau, permet, au besoin, d'établir et d'intercepter à volonté cette communication. Cet appareil étant destiné plus spécialement aux brasseries, nous donnons sa manœuvre dans le chapitre XIV, traitant la gazéification de la bière.

APPAREILS POUR LA FABRICATION DES VINS MOUSSEUX

166. — Ces appareils se composent du producteur, de l'épurateur et du gazomètre ordinaires. Le saturateur est à deux sphères desservies par un seul corps de pompe. Un robinet d'embouteillage avec appareil de bouchage provisoire, une machine pour le bouchage d'expédition et la pompe à sirop complètent l'organisation de l'atelier. Toutes les parties de l'appareil en contact avec le vin sont revêtues d'argent. La description et la manœuvre de ces ap-

pareils spéciaux trouvera sa place dans le chapitre XIII, qui traite spécialement de la fabrication des vins mousseux.

RACCORDS. — JOINTS. — SERRAGES.

167. — Tous les tuyaux de l'appareil sont en étain pur ; l'ajustage est toujours fait par le même système de raccords qu'il suffit de serrer pour faire communiquer entre eux les différents organes qui composent un atelier complet de fabrication. Ces raccords (planche XXV) sont formés par trois pièces en bronze, deux d'entre elles B sont soudées au bout des tuyaux C ou sur l'organe, avec lequel elles doivent ajuster le tuyau. L'une est pourvue d'un pas de vis, l'autre d'un épaulement sur lequel tourne le rebord intérieur d'un écrou E qui, en se vissant sur la première pièce, forme l'assemblage. Une rondelle de cuir o o placée entre les deux pièces qui se joignent et fortement pressée entre les deux, établit la fermeture hermétique.

Le dessin que nous donnons ici représente un triple raccord pour la bifurcation d'un tuyau (raccord n° 8, planche XXX, page 160).

Ce système, — si commode et si avantageux, — de raccords à écrou et à rondelles formant joint hermétique est peu employé. La plupart des constructeurs se contentent de raccorder et de lutter les tuyaux avec du mastic, moyen très-défectueux, ou des vis à boulon.

168. — Une autre observation importante qu'on a dû faire en étudiant la description de nos appareils, c'est que tous les serrages des raccords ou des joints et la réunion des pièces y sont faites avec des pas de vis se serrant métal sur métal, ce qui donne la

plus grande facilité pour l'étamage et l'argenture de toutes les
pièces et permet de n'y employer que l'étain pur à l'étamage. Ces
conditions essentielles n'existent pas dans aucun autre appareil.
La plupart des pièces n'y sont réunies entre elles que par des sou-

PLANCHE XXV.

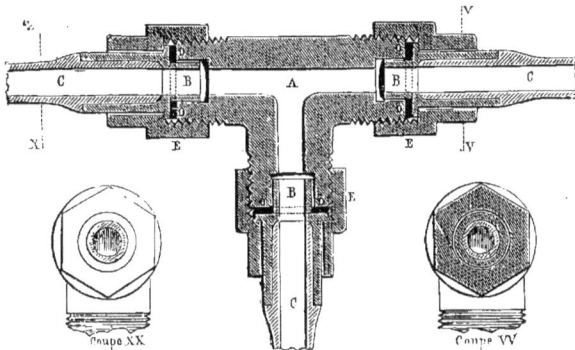

Raccords vus en coupe.

dures dites à la claire, — alliage malsain et peu solide de plomb
et d'étain, — qui se détachent à la moindre dilatation et causent
de si nombreuses fuites. Nous ne dirons rien du mastiquage, moyen
qu'on ne doit guère employer.

FILTRE (planche XXVII, vu en coupe).

169. — Le filtre se compose d'un cylindre en zinc de 50 à 80 centimètres de largeur et de 2 à 3 mètres de hauteur, garni de huit
couches superposées de gravier et de charbon en fragments et de
grosseur différente filtrant et désinfectant ainsi en même temps les

Gravi

Charbon.

Grarie.
plus fin

Charbon
plus fin

Sable

Charbon
plus fin

Gravier
plus fin

Charbon

Gravier

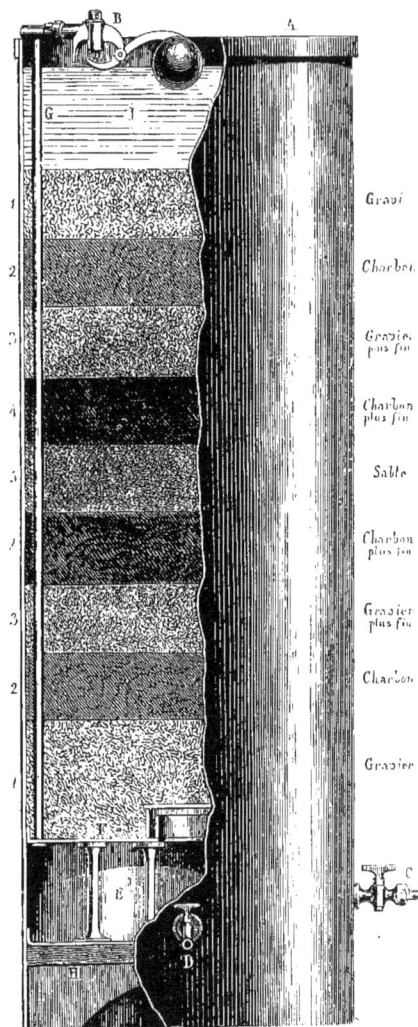

PLANCHE XXVII. — Filtre à gravier et à charbon.

eaux. L'arrivée de l'eau I y est réglée par la même soupape-flotteur B que nous avons décrit § 137. Le liquide filtré s'emmagasine en traversant un dernier crible en métal F dans un réservoir E ménagé au bas du filtre. Un tuyau G traversant toute la longueur de l'appareil et les couches superposées met ce réservoir en communication avec l'atmosphère, donnant ainsi issue à l'air comprimé par le liquide filtré qui s'y accumule, et établissant sur celui-ci l'action de la pression atmosphérique. Deux robinets vissés dans les parois du filtre s'alimentent dans ce réservoir. L'un C porte le raccord du

tuyau qui amène l'eau au bassin d'alimentation de la pompe ; le
second robinet D sert à prendre de l'eau filtrée pour le service
ordinaire de la maison ou de l'atelier.

RÉCIPIENTS PORTATIFS. — BUVETTES
(planches XXVIII et XXIX).

170. — L'usage s'est introduit, depuis quelques années, d'alimenter d'eau saturée une ou plusieurs fontaines placées sur des

PLANCHE XXVIII.

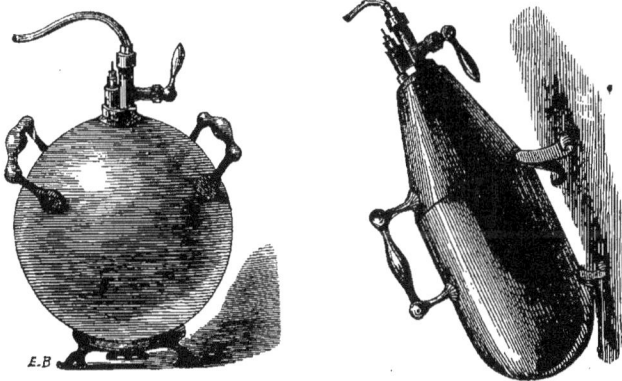

Récipients portatifs, sphériques et ovoïdes.

tables de restaurant ou sur des comptoirs de débit (planche XXIX).
Ces fontaines ou buvettes, — qui ont été primitivement employées
dans des établissements d'eau minérale, où leur usage s'est très-
répandu, — sont munies d'une soupape ou d'un robinet, et fonctionnent comme les appareils siphoïdes.

Les citernes ou récipients portatifs qui les alimentent sont placés soit dans le comptoir, soit en dehors de la pièce; ils

PLANCHE XXVIII.

Burettes alimentées par un récipient portatif placé dans le comptoir.

sont de forme sphérique ou ovoïde, en cuivre rouge doublé d'étain à l'intérieur, reposant sur des pieds et pourvus de poignées. Une tête en bronze étamé se visse à demeure sur leur ou-

verture. Cette pièce est pourvue de deux tubulures; l'une porte
une soupape de sûreté, l'autre, pourvue d'un robinet, porte à l'intérieur un tuyau qui plonge jusqu'au fond du réservoir et se
termine à l'extérieur par un pas de vis sur lequel vient se visser
le raccord du tuyau d'alimentation.

On remplit ces récipients par cette tubulure, donnant issue à
l'air comprimé par la petite soupape. Lorsque le récipient est
plein, — ce qu'on reconnaît au sifflement de la soupape, — on
ferme le robinet, et l'on serre la soupape et le réservoir contenant
depuis vingt jusqu'à cinquante litres d'eau saturée, et il est trans-
porté chez le débitant.

Ces mêmes récipients servent pour la saturation artificielle des
bières chez les débitants et remplacent, — avec énormément d'a-
vantages, — les pompes à air dans les cafés et brasseries. Pour cet
usage, on les remplit simplement de gaz acide carbonique comprimé qui sert alors à la fois au débit et à l'amélioration de la
bière. On les transporte dans la cave des débitants et on les met en
communication soit avec la pompe à air si elle est intallée, soit
directement avec le tonneau de bière destiné à être débité. Dans
ce dernier cas il faut que le tonneau soit garni de bondes-soupapes et d'un robinet saturateur. Le chapitre XIV traitant avec
détail de l'application du gaz acide carbonique à l'amélioration, à
la conservation et au débit des bières, on y trouvera la description de tous les appareils spéciaux qui servent à cette application.

PLANCHE XXX.

Fig.1

Fig.2

Fig.3

Fig.4

Fig.5

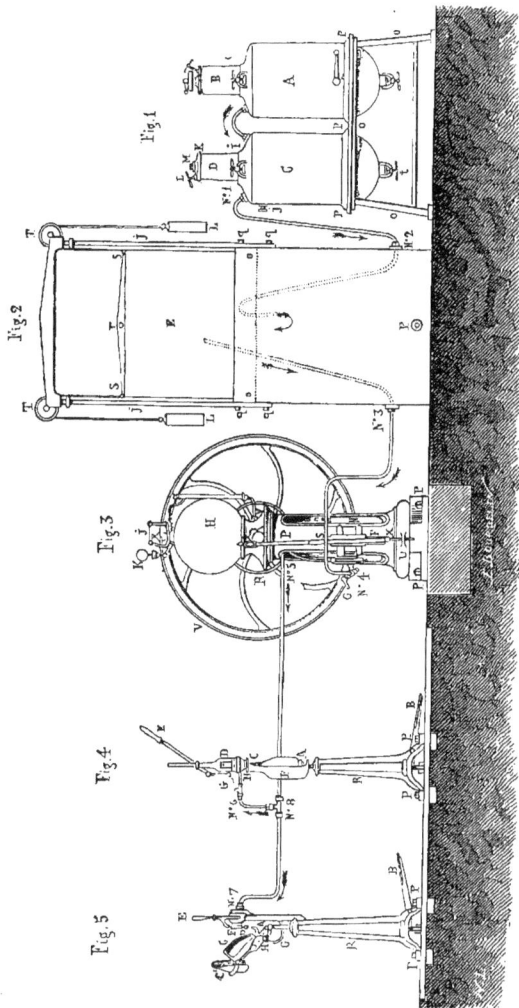

Assemblage et montage des appareils.

CHAPITRE VIII

INSTALLATION DES APPAREILS

Déballage et visite des appareils. — Disposition de l'atelier. — Installation des appareils — mus à bras — desservis par la vapeur. — Installation du producteur et de l'épurateur. — Du gazomètre. — Du saturateur. — Des colonnes de tirage. — Du filtre.

DÉBALLAGE ET VISITE DES APPAREILS.

171. — Les appareils sont garantis contre tous vices de construction. Lorsqu'ils arrivent à destination, il faut les retirer le plus vite possible des caisses qui ont servi au voyage. Pour opérer ce déballage, on ouvre les caisses par le côté où sont inscrits ces mots : *Côté à ouvrir*, en ayant soin de ne pas enfoncer dans l'intérieur en les introduisant entre les planches pour opérer des pesées, des haches, des pinces ou de gros couteaux.

172. — Aussitôt qu'on a retiré les objets, il faut examiner avec soin s'ils n'ont pas subi d'avaries dans le transport, cas fort rare

à cause des précautions qu'on prend pour l'emballage, mais qui pourrait cependant se présenter. Le destinataire doit faire constater légalement ces avaries, — s'il en découvre, — et en donner avis au bureau qui a fait la livraison des colis, et au fabricant expéditeur, afin de ne pas perdre par sa faute sa garantie contre les chemins de fer et les agences de transport responsables de ces détériorations.

173. — Les appareils arrivent prêts à être installés. Pour qu'ils soient prêts à fonctionner, il n'y a qu'à les mettre en place, à adapter aux différents organes les pièces nécessaires qu'on a détachées pour faciliter l'emballage, et à poser les tuyaux, en assemblant un petit nombre de raccords, opérations des plus faciles. La personne la plus étrangère à l'industrie des boissons gazeuses et à la mécanique peut faire l'installation, le montage et la mise en train des appareils, si elle suit à la lettre les instructions que nous allons donner, en se guidant sur les figures.

DISPOSITION DE L'ATELIER. — INSTALLATION DES APPAREILS.
(planches XXX, XXXI et XXXII).

174. — L'atelier doit être bien éclairé, surtout à l'endroit du tirage, très-aéré, exposé au nord autant que possible et situé de manière qu'on puisse facilement y maintenir une température moyenne de 8 à 10 degrés, plutôt moins que plus. Le sol doit être recouvert d'un dallage ou d'une couche d'asphalte qui permettent les lavages à grande eau, si utiles pour entretenir la fraîcheur et la propreté. L'écoulement des eaux et la vidange des matières doit être facile. On doit grouper les différentes pièces composant l'appareil suivant les dispositions du local où l'on fait leur installation, de manière que l'entrée et le centre de

l'atelier soient libres, que la manœuvre de chaque organe soit aisée, son abord facile, sans qu'on lui accorde plus de place qu'il ne doit en occuper. La perte d'espace augmente les frais dans les villes où les locations sont très-chères, et de trop longues distances entre les organes peuvent ralentir la marche de la production et exagèrent, pour la manœuvre à bras, la dépense des forces. Les tuyaux doivent circuler sans gêner la manœuvre; il est bon de leur faire parcourir de petits canaux établis dans le sol ou fixés aux murailles, dans lesquels on fait au besoin passer un courant d'eau froide. C'est un des meilleurs et le moins coûteux des appareils réfrigérants qu'on puisse employer. Cette disposition est surtout convenable pour les tuyaux qui vont du saturateur aux colonnes de tirage. Il ne faut jamais oublier que la basse température est une des conditions les plus indispensables à réaliser pour obtenir une bonne fabrication.

L'activité qui règne dans un atelier de fabrication est loin d'être constante; il faut toujours songer quand on l'installe qu'une des premières conditions de réussite et de succès, c'est de savoir saisir et exploiter l'occasion; lorsque les grandes chaleurs arrivent, tout doit être prévu pour le *coup de feu,* sans que le surcroît d'activité, l'augmentation du personnel, le mouvement d'allée et de venue, ne puissent produire ni embarras, ni encombrement, ni désordre.

175.—Les planches **XXXI** et **XXXII** montrent deux installations d'atelier, vues à vol d'oiseau. Dans la première, les appareils sont mus à bras; dans la seconde, l'atelier est desservi par la vapeur.

Des pierres, des poutres de fondation, dans lesquelles on fixe les bases du saturateur et des colonnes de tirage, sont disposées dans le sol aux places que ces organes doivent occuper.

Le producteur et les laveurs AB, le gazomètre C et le saturateur D sont placés assez près les uns des autres et presque sur la même ligne, près du mur. La cuve du gazomètre et le saturateur sont assis solidement et bien d'aplomb sur le sol, afin que la cloche du gazomètre et les pièces du mouvement n'éprouvent pas de frottement anormal.

Le producteur et les laveurs AB sont placés dans un coin, la ma-

PLANCHE XXXI.

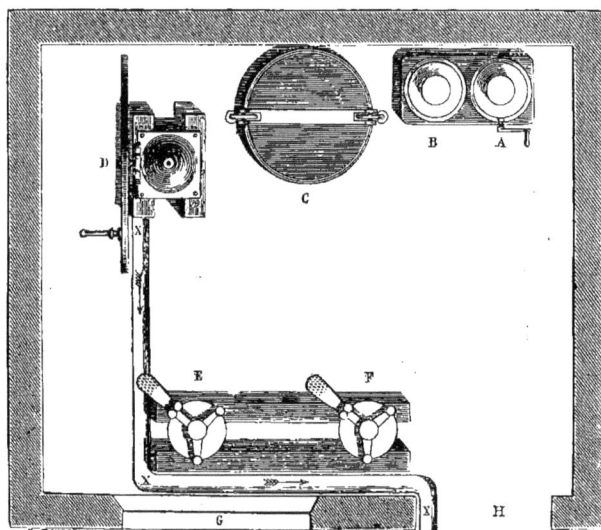

Installation d'un appareil mû à bras, vue à vol d'oiseau.

nivelle du mélangeur de face. Sur une étagère, à côté du producteur on range à portée de la main, les ustensiles nécessaires pour le montage, le démontage, la charge et la manœuvre des appareils.

Les deux colonnes de tirage EF sont placées en face des croisées et près de la porte, pour que le jour les éclaire mieux et que le service des paniers contenant les vases vides et pleins soit plus facile.

Lorsque la réparation des siphons doit être faite dans l'atelier, on peut placer la presse à siphons (§ 159) contre le mur, mais dans un endroit parfaitement éclairé. Les autres parties libres de murailles de l'atelier servent à établir des casiers et des étagères pour recevoir les bouteilles et les siphons.

PLANCHE XXXII.

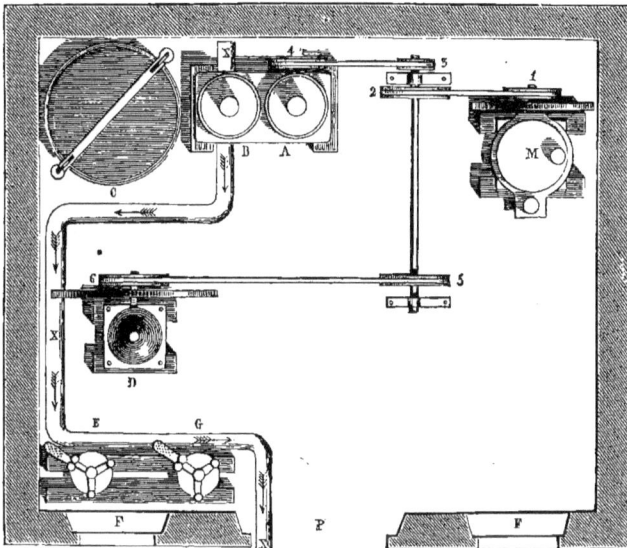

Installation d'un atelier desservi par la vapeur.

Une rigole XXX, en fonte, tourne autour de l'atelier, passe sous le banc du producteur et des laveurs, près du gazomètre et de la pompe du saturateur, derrière les colonnes de tirage, et trouve issue sous le seuil de la porte. La déclivité du sol de l'atelier doit être calculée de manière à amener dans cette rigole toutes les eaux vannes qui seront ainsi entraînées au dehors.

176.—La planche XXXII représente l'installation d'un atelier avec machine à vapeur M. On a eu soin de placer celle-ci dans le coin le plus éloigné du saturateur et des colonnes de tirage, afin que son foyer rayonne moins sur ces organes. On fera même mieux, toutes les fois que cette disposition sera possible, de placer la machine à vapeur dans une pièce séparée en faisant arriver le mouvement par une courroie plus longue; on évitera ainsi de chauffer l'atelier, ce qui est très-important. Il est même utile, lorsque la machine est installée dans la pièce où fonctionne le saturateur, de l'isoler par une cloison, afin d'empêcher le plus possible le rayonnement de la chaleur. Les poulies de transmission se posent au plafond sur une poutre destinée à les recevoir; elles sont au nombre de trois adaptées à un seul arbre de couche. Le mouvement donné par la poulie motrice de la machine n° 1 se transmet par une courroie sans fin à la poulie n° 2 de l'arbre de couche, et celle-ci le communique aux poulies n° 3 et n° 5, qui le transmettent par deux autres courroies sans fin aux poulies dont sont pourvus le mélangeur n° 4 et le saturateur n° 6. Il faut avoir bien soin que l'axe des poulies correspondant par la même courroie de transmission se trouve bien en ligne dans le même plan vertical. Cette recommandation est très-importante. Nous donnons, du reste, dans le chapitre XVI, toutes les instructions nécessaires à l'installation et à la conduite des machines dans les ateliers de boissons gazeuses.

177. — Ces détails, aidés des figures, guideront pour faire une bonne installation d'ateliers; mais ce sont des instructions générales que chaque fabriquant doit savoir approprier au local dont il dispose. Trois mètres carrés suffisent au groupement et à la manœuvre des appareils; ils peuvent occuper les plus grands espaces, être placés dans des pièces de forme irrégulière, se caser en partie dans des coins, être les uns dans une pièce, les autres dans d'autres. Nous connaissons des installations ayant le saturateur et les colonnes de tirage au premier, le producteur, les épurateurs et le gazomètre à la cave; le contraire peut avoir lieu; tout cela se réduit à une question de conduits; seulement, l'installation que nous indi-

PLANCHE XXI bis.

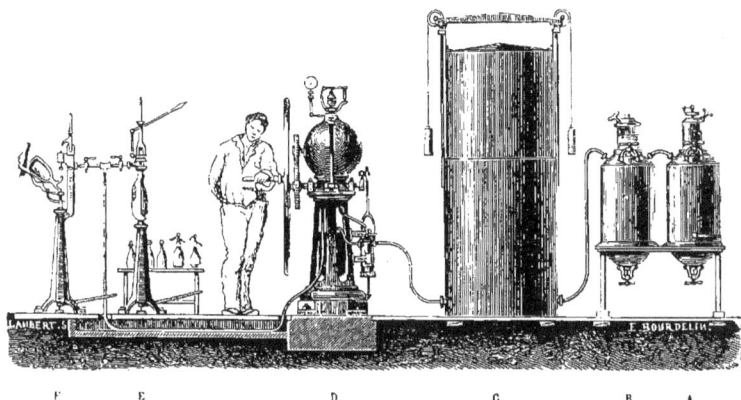

Appareil complet mû à bras.

PLANCHE XXXII bis.

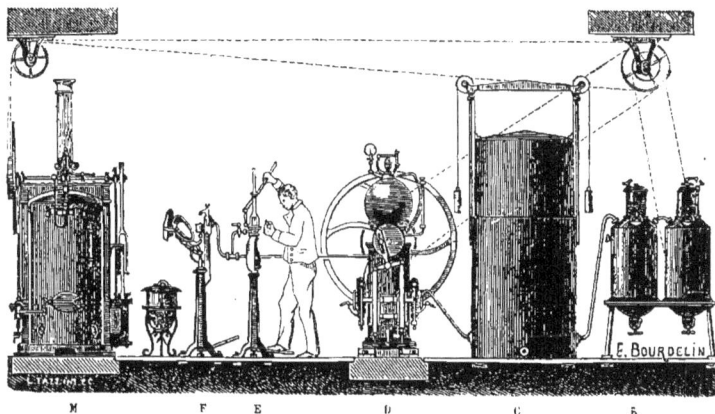

Appareil complet avec saturateur à deux corps de pompe desservi par la vapeur.

quons étant la plus normale et la plus régulière doit être prise pour
type.

178.—Placez d'abord le producteur et l'épurateur (planche XXX,
fig. 1, page 160, et planche III. page 105) portés sur le même bâti
OO, comme nous venons de l'indiquer, ou du moins dans un endroit convenable pour qu'on puisse facilement les charger, les vider,
manœuvrer le mélangeur et suivre de l'œil le dégagement du gaz
dans le laveur indicateur. Enlevez le petit écrou B qui se trouve à
l'extrémité de l'arbre G de l'agitateur (planche III, page 106). Posez
la manivelle F sur cet axe et assujettissez-la en remettant le petit
écrou B. Toutes les autres pièces du producteur sont en place à son
arrivée.

179.—Le cylindre en verre du laveur-indicateur D (planche IV,
page 111), a été démonté pour l'emballage. Dévissez la tige M. Assurez-vous qu'aucun corps étranger ne se soit introduit dans les tuyaux
N et M' ni dans le conduit H, après eu avoir retiré les bouchons
mis par précaution au moment de l'emballage, et essuyez bien ces
tuyaux. Prenez le cylindre en verre D, et après l'avoir bien essuyé,
posez sa base dans son emboîtage i i; placez dessus le plateau K
et fixez le tout sur une table en bronze i i, au moyen de la tige
filetée à vis M, passée dans l'ouverture du milieu du plateau, et
que vous serrez légèrement avec sa clef. La rondelle en caoutchouc feutrée logée dans la gorge de la table i i forme le joint hermétique; une rondelle en cuir est placée sous la tête de la tige
filetée. On verse de l'eau dans le laveur pour s'assurer si l'hermé-

ticité est complète, et si l'on constate une fuite, on serre davantage la tige M. Le montage de l'épurateur est terminé.

INSTALLATION ET MONTAGE DU GAZOMÈTRE
(planche XXX, fig. 2 et planche V).

180. — Le bâti K du gazomètre (planche V, page 113) a été démonté pour faciliter l'emballage. La cuve sert de caisse à la cloche, les colonnes, la traverse du bâti et les poids sont à côté.

On retire la cloche de la cuve, et après avoir bien lavé ces deux pièces et s'être assuré que les conduits H et G ne sont pas obstrués par quelque corps étranger, on remet la cloche E dans la cuve F, et on pose celle-ci sur le sol à la place qu'elle doit occuper. On fixe les montants j, en serrant les écrous $q q q q$; on pose au-dessus la traverse K, portant les poulies à gorge TP, dans lesquelles on place les cordes des contre-poids LL ; il ne reste plus qu'à passer l'extrémité de ces cordes dans les oreillons SS de la cloche E et à faire un nœud de manière qu'elles ne puissent se dégager. Le montage est terminé.

Il faut s'assurer que le gazomètre est bien d'aplomb sur le sol, que la cloche joue dans la cuve sans toucher les parois, en ayant toujours une légère tendance à descendre, entraînée par son propre poids.

INSTALLATION ET MONTAGE DU SATURATEUR
(planche XXX, fig. 3, et planche VI).

181. — Posez le saturateur (planche VI, page 115) à sa place (§ 175, planche XXX, page 160, fig. 4), en ayant soin qu'il soit parfaitement d'aplomb, le bâti bien perpendiculaire et l'arbre de niveau.

Examinez si le mouvement pourra être donné au volant sans la moindre gêne, et si l'appareil est parfaitement accessible et bien sous l'œil et la main de l'ouvrier chargé de guider sa marche. Le manomètre et le niveau d'eau doivent surtout être bien en pleine lumière.

182. La base de la colonne qui supporte tout l'appareil, posée bien de niveau sur le sol, on la fixe soit dans une poutre, soit dans une pierre de fondation d'environ 15 centimètres d'épaisseur, à l'aide des quatre vis ou boulons $q q q q$.

Le volant, le niveau d'eau, le manomètre ont été enlevés pour l'emballage ; prenez le volant Q par ses rayons, soulevez-le et posez-le dans son axe formé par l'extrémité de l'arbre à manivelle T ; chassez-le sur son arbre en frappant deux ou trois coups avec un tampon en bois, jusqu'à ce qu'il touche la roue d'engrenage V. Si l'appareil doit être desservi par la vapeur, on place ensuite la poulie folle et la poulie motrice à l'extrémité de l'arbre ; si l'appareil est mû à bras, on pose la manivelle W sur le rayon qui doit la recevoir, et on la fixe au moyen de son écrou.

183. — La pose du volant terminée, vissez le bras L du manomètre K dans la base demi-sphérique, en ayant soin de ne pas oublier de placer la rondelle en cuir o pour former le joint. Fixez l'armature du niveau d'eau L sur la sphère, en vissant l'écrou m dans la base demi-sphérique, et l'écrou v sur la pièce à raccords R placée au-dessous de la sphère.

INSTALLATION ET MONTAGE DES TIRAGES (planche XXX, fig. 4 et 5).

184. — Les tirages, en plus ou moins grand nombre, suivant la puissance de l'appareil, doivent être placés dans la partie la

plus éclairée de l'atelier, de manière que leur abord soit le plus libre et le plus facile possible. Il faut que les tuyaux qui y amèneront l'eau saturée puissent être fixés contre le mur, ou mieux encore pour être tenus plus au frais, enfouis dans le sol, § 174.

Les colonnes arrivent prêtes à fonctionner ; on n'a qu'à les poser bien d'aplomb sur ic   ise et à les fixer solidement au sol, soit dans une pierre de fondation enfoncée dans le sol à environ vingt centimètres d'épaiss ur.

ASSEMBLAGE DES DIFFÉRENTS ORGANES DE L'APPAREIL

RACCORDS (planche XXX, page 160).

185. — L'installation des différentes pièces de l'appareil est alors terminée ; il ne reste plus qu'à relier entre eux ces différents organes, tous solidaires les uns des autres, qui, isolés, resteraient impuissants, mais qui prendront vie et concourront au même but avec un harmonieux ensemble lorsque les tuyaux les mettant en communication et leur servant d'artères et de veines, permettront au gaz et au liquide de circuler dans toutes les parties de l'appareil où ils doivent se rendre.

186. — Les tuyaux d'une longueur déterminée pour une installation normale comme celle dont nous avons donné les dessins sont expédiés avec les appareils et, ordinairement, enroulés pour l'emballage. Chacun d'eux est pourvu à ses extrémités d'un écrou en bronze servant de raccord (§ 167) et portant un numéro d'ordre. Il suffit, pour rassembler ces différents raccords, de serrer au moyen de la clef ces écrous ou bagues folles sur les pas de vis d'attente de chaque organe, marqués par un chiffre correspondant à celui du numéro d'ordre du raccord, en ayant bien

soin de vérifier si dans chaque raccord la petite rondelle en cuir
qui, en se serrant dans l'emboitage formé par le rapprochement des
écrous, établira une fermeture hermétique n'est pas égarée et de
la remplacer en cas de perte.

ORDRE DES RACCORDS (planche XXX).

187.— Établissez la communication du laveur B (planche XXX,
page 160) au gazomètre C en vissant le raccord n° 1 qui sert au
départ du gaz de l'épurateur, et serrez le raccord n° 2 placé au
bas de la cuve du gazomètre C (fig. 2) et qui sert à l'arrivée du gaz.

188.—Faites communiquer le gazomètre (fig. 2) avec le saturateur
(fig. 3) en vissant le raccord n° 3 au bas de la cuve du gazomètre
et en serrant l'écrou n° 4 placé à l'autre extrémité du tuyau sur le
raccord marqué aussi n° 4 du robinet régulateur G de la pompe.
Ayez soin de faire faire à votre tuyau un coude assez élevé au-
dessus de ce robinet pour qu'il se trouve bien au-dessus du niveau de l'eau dans le bassin et le tuyau d'aspiration, en évitant
toutefois de le recourber brusquement à angle aigu, ce qui
établirait des obstacles et des résistances à l'écoulement du
fluide.

189. — Les conduits en étain du saturateur aux colonnes de
tirage (fig. 4 et 5) étant enroulés, vissez le raccord n° 5 sur le
robinet P servant à la sortie des liquides saturés de la sphère; dé-
roulez-les ensuite et vissez l'écrou de l'extrémité opposée du tuyau
au raccord n° 6 amenant le liquide saturé au robinet du tirage des bouteilles. Si l'appareil est pourvu de deux tirages,
vissez le raccord n° 6 au tirage à bouteilles, et le raccord n° 7 au
robinet du tirage à siphons. Le raccord n° 8, à trois ouvertures,

établira l'embranchement des trois tuyaux pourvus des raccords
n° 5, n° 6, n° 7, en les faisant communiquer et permettra de les
rendre mobiles.

Deux derniers raccords restent à faire : ceux du tuyau qui
amènera l'eau du filtre ou de la citerne-réservoir au regard de la
soupape-flotteur O (planche VII, p. 127) du bassin d'alimentation N.

Les raccords vissés et serrés à l'aide de leur clef, l'installation,
le montage et l'assemblage sont terminés, l'appareil est prêt à fonctionner ; il faut avoir soin, comme nous l'avons recommandé, que
dans leur parcours les tuyaux ne soient pas exposés à être heurtés
par les ouvriers, et qu'ils n'embarrassent pas le service de l'atelier,
ni la manœuvre des appareils.

INSTALLATION DU FILTRE (planche XXVII, page 156).

190. — L'installation du filtre peut avoir lieu dans la pièce même
qui sert d'atelier ou dans une pièce voisine en un lieu frais. On
peut rarement se passer de cet appareil, avec les eaux de sources
les plus pures en apparence, son emploi n'est jamais superflu ; c'est
toujours une excellente chose. Le filtre, lorsqu'il arrive, n'a
besoin que d'être garni de gravier et de charbon. On met d'abord
une couche de gravier bien lavée, de la grosseur d'une noisette,
cette couche n° 1 doit avoir une épaisseur de 15 à 18 centimètres.
Au-dessus on place une couche n° 2 de charbon de bois réduit en
fragments à peu près de la même grosseur. Au-dessus du charbon
une seconde couche de gravier n° 3, plus fin que le premier, puis
une seconde couche n° 4 de charbon aux fragments plus menus que
la première ; la cinquième couche n° 5 est de sable ; celle d'après,
de charbon d'une grosseur égale à la précédente n° 4, puis une de

gravier fin comme celui de la troisième couche, enfin une de charbon, et sur le tout, une de gravier de la grosseur d'une noisette. Les chiffres placés à côté de chaque couche correspondent à la grosseur du gravier et à celle du charbon. La cinquième, placée au milieu des huit autres, doit être en sable de rivière très-fin et parfaitement lavé. Le filtre garni, on n'a plus qu'à assembler le raccord du tuyau qui amènera l'eau en regard de la soupape flotteur B. Si l'eau est fournie par un réservoir d'alimentation, si on garnit le filtre au moyen d'une pompe ou en y versant l'eau à seau, ce régulateur est inutile.

CHAPITRE IX

MANŒUVRE DES APPAREILS

Graissage. — Mise en état du gazomètre. — Charge du producteur. — Mise en état de l'épurateur. — Mise en marche de la pompe. — Purge du saturateur — Tuyaux et robinets de tirage. — Mise en marche de l'appareil. — Fonctionnement, direction et manœuvre des différents organes de l'appareil.

GRAISSAGE.

Lorsque l'appareil est installé dans l'atelier de la manière la plus commode pour le service, que le montage de chaque pièce a été fait comme nous l'avons indiqué, et que le serrage des raccords — qu'on n'a pas oublié de garnir de leur rondelle en cuir — est terminé; on procède à la charge et à la mise en train des différents organes de l'appareil en suivant exactement les instructions que nous allons donner.

191. — Les godets graisseurs des mouvements $v\,v\,v$ (planche VII, page 117), de l'arbre de couche et de la manivelle de la bielle de la pompe, doivent d'abord être pourvus de leur mèche capillaire

et garnis d'huile très-pure ; on doit graisser aussi par le petit trou
de la boîte M l'arbre de l'agitateur, puis le guide du piston U et
l'articulation de la fourche de la bielle sur son axe. Le piston est
légèrement frotté avec un linge imbibé d'un peu de beurre frais.
On peut aussi passer un peu d'huile d'olive très-pure sur la clef des
robinets, mais en fort minime quantité.

Quand on a un réservoir ou un filtre, on le remplit d'eau, afin
que le bassin d'alimentation soit bien garni d'eau pure lorsque la
pompe commencera à fonctionner.

MISE EN ÉTAT DU GAZOMÈTRE.

192. — Le gazomètre (planche XXX, fig. 3, page 160) destiné
à emmagasiner le gaz au fur et à mesure de son dégagement, doit
être d'abord mis en état de fonctionner. Une excellente précaution
consiste à mettre au fond de la cuve une couche de charbon
qui, agissant comme désinfectant, attire et absorbe tous les gaz
méphitiques qui pourraient altérer la pureté de l'eau ou de l'a-
cide carbonique. La présence du charbon n'est pas sans doute
d'une absolue nécessité, mais elle sera très-utile et n'occasionnera
pas une dépense de 1 franc par an. Il faut avoir soin de faire
tremper ce charbon avant de le mettre dans le gazomètre, afin que
l'eau chasse l'air de ses pores et, le rendant plus lourd, le fasse
tomber au fond de la cuve aussitôt qu'on l'y met. On dévisse
le petit bouton *r* placé en haut de la cloche E pour donner passage à l'air contenu dans le gazomètre et on remplit d'eau la cuve
F jusqu'à environ 15 centimètres du bord. Laissez le petit bouton
r ouvert jusqu'à l'arrivée du gaz sous la cloche ; lorsque l'acide

carbonique aura chassé l'air qu'elle contenait (§ 134), vous le re-
placerez et il ne devra plus être touché qu'aux époques du renouvellement de l'eau dans la cuve.

CHARGE DU PRODUCTEUR (planches XXXIII et XXXIV).

193. — Passez ensuite à la charge du producteur et de l'épurateur (§§ 122 à 133).

La charge du producteur étant proportionnelle à la puissance
de l'appareil, vous devez vous reporter au tableau suivant qui
contient par numéros d'ordre la quantité de matières premières
qui doivent être mises dans chaque producteur, suivant le n° que
porte, dans la série de nos appareils, celui auquel il appartient.

Appareil n° 1	acide sulfurique	3 litres		blanc	9 litres		eau	18 litres	
» » 2	»	4	» 1/2	»	14	»	»	28	»
» » 3	»	6	»	»	18	»	»	36	»
» » 4	»	7	» 1/2	»	23	»	»	46	»
» » 5	»	7	» 1/2	»	23	»	»	46	»
» » 6	»	7	» 1/2	»	23	»	»	46	»
» » 7	»	7	» 1/2	»	23	»	»	46	»

Ayez votre provision d'acide sulfurique à 66° dans une cruche
en grès de la contenance de la charge, pour plus de commodité et
moins de danger. Placez l'aiguille c (planche XXXIII) du distributeur d'acide sur le mot FERMÉ du cadran indicateur n; dévissez
le bouchon à poignée d; placez dans l'ouverture l'entonnoir en
plomb et versez dans le réservoir la quantité d'acide sulfurique
voulue, enlevez l'entonnoir et remettez en place la vis à poignée d.

Fermez ensuite hermétiquement l'ouverture inclinée E destinée
à la vidange du producteur, en serrant la vis de pression j, et

12

enlevez le couvercle de dessus l'ouverture supérieure, en desserrant la vis de pression K et abattant la bride.

PLANCHE XXXIII.

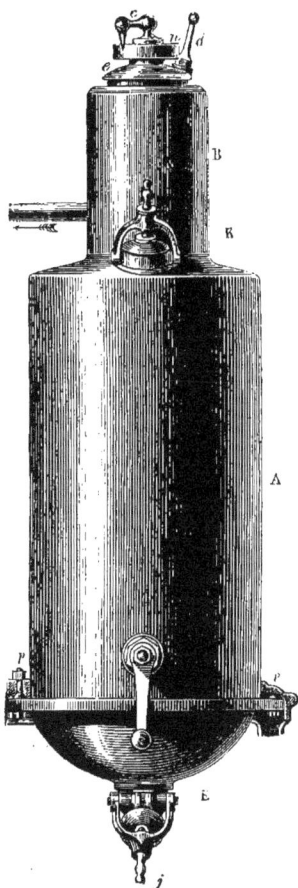

Introduisez alors la quantité d'eau voulue, la quantité de carbonate ou blanc d'Espagne indiquée, en morceaux de moyenne grandeur.

Mélangez en tournant la manivelle et laissez tomber quelques gouttes d'acide en faisant jouer de gauche à droite le bras c de la tige-soupape, afin de produire un peu de gaz qui chassera l'air contenu dans le producteur.

Replacez le couvercle sur l'ouverture K, relevez la bride au-dessus, et serrez fortement la vis de pression. Le producteur est alors chargé et prêt à fonctionner.

CHARGE DES LAVEURS
(planche XXXIV).

Producteur.

194. — Pour charger les laveurs on enlève le couvercle, maintenu par une vis de pression placée au haut et sur le devant du

cylindre C ; on dévisse de quatre tours le petit bouton écrou J et on serre hermétiquement le couvercle sur l'ouverture *i* placée au bas du cylindre our servir à la vidange des aveurs. On introduit une poignée de carbonate ou de bicarbonate de soude dans le premier compartiment du cylindre, celui de droite ; puis, à l'aide de l'entonnoir jumelle, on garnit d'eau les laveurs jusqu'à ce qu'elle sorte par le petit bouton **J**. On cesse aussitôt de verser, on ferme l'ouverture par laquelle ont vient d'introduire l'eau, en assujettissant son couvercle par la vis de pression, et on resserre le petit bouton **J** qui sert de niveau.

On enlève ensuite la vis à poignée L placée sur le plateau du laveur indicateur, et, par l'ouverture qu'elle laisse, on verse de l'eau jusqu'à ce qu'elle atteigne la hauteur du tube recourbé.

La purge des laveurs se fait comme celle du producteur ; on produit un peu de gaz, et l'air qu'ils contiennent s'échappe par l'ouverture L du laveur indicateur laissée ouverte.

PLANCHE XXXIV.

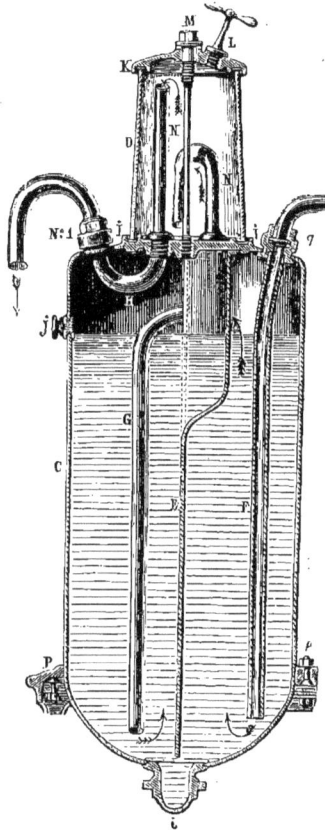

Épurateur, vu en coupe

Pour vérifier si l'air a été complétement chassé, on plonge dans cette ouverture une allumette enflammée ; si elle s'éteint, la purge est complète ; si elle continue de brûler, le laveur contient encore de l'air, et on laisse arriver une certaine quantité de gaz acide carbonique. On replace après cette facile épreuve la vis à poignée, et la charge des laveurs est terminée.

PRODUCTION DU GAZ

195. — La production du gaz peut alors commencer. On amène l'aiguille (§ 128) du distributeur d'acide sur les n°ˢ 1, 2 ou 3 du cadran, suivant la rapidité avec laquelle on veut produire le dégagement et la pureté des matières ; l'on communique à la manivelle du mélangeur un mouvement lent, à peu près de dix tours par minute. Le bouillonnement plus ou moins tumultueux qui s'opère dans le laveur en cristal indique immédiatement la mesure de ce dégagement qu'on règle en plaçant l'aiguille sur le cadran et en manœuvrant le mélangeur de manière que la production soit régulière, suffisante, ni trop lente ni trop rapide et qu'elle permette ainsi aux matières le plus grand rendement de gaz possible (§ 212).

196. — Au fur et à mesure du dégagement du gaz dans le producteur, l'acide carbonique, poussé par sa propre élasticité, traverse tous les compartiments des laveurs et arrive à un état de pureté parfait sous la cloche du gazomètre qu'on voit osciller et monter sous sa poussée. Après que la cloche s'est élevée à environ 20 centimètres de hauteur, on appuie dessus, afin de bien chasser l'air qu'elle contient, puis on visse le petit bouton *r* sur l'ouverture qu'on avait laissée ouverte pour donner passage à l'air chassé de l'appareil par le gaz acide carbonique (§ 180). On suit l'ascension de la cloche et on se garde de produire plus de gaz qu'elle ne peut en contenir à l'état libre ou sous la pression ordinaire d'une atmosphère ; on arrête donc la production lorsque la cloche arrive à 15 centimètres à peu près de la traverse, sans cela l'acide carbonique, se comprimant par sa propre tension, commencerait par se dissoudre dans l'eau de la cuve qui forme fermeture hydraulique, puis à se dégager de l'eau et à s'échapper par l'espace resté vide entre les parois de la cuve et ceux de la cloche. Fermez donc le distributeur d'acide lorsque la cloche est aux trois quarts de son ascension, tournez encore une minute ou deux le mélangeur, puis, abandonnant le dégagement du gaz à son cours naturel, préparez-vous à faire fonctionner le saturateur.

197. — Le distributeur d'acide ne doit jamais être laissé ouvert lorsque le mélangeur ne fonctionne pas.

198. — Il ne faut pas oublier que le dégagement du gaz doit être d'autant plus rapide et plus considérable qu'on opère les tirages à une pression plus haute, et que, pour tirer les siphons par exemple à quinze atmosphères, il faudra produire en temps égal près du double du gaz que pour celui des limonades à huit atmosphères.

AMORÇAGE DE LA POMPE, MISE EN MARCHE DU SATURATEUR.

199. — On place l'aiguille du robinet régulateur sur le mot EAU du cadran, on amorce la pompe et, mettant en mouvement le volant à l'aide de la manivelle, on fait fonctionner la pompe qui a bientôt entièrement rempli d'eau la sphère.

L'air que contenait l'appareil saturateur, comprimé par l'arrivée du liquide, s'échappe par la soupape-siffleur dont on a eu soin de dévisser l'écrou à molette *j* (planche VII, page 117) et qu'on laisse ouverte jusqu'à ce que l'eau en jaillisse (§ 146).

On met l'aiguille du robinet régulateur sur le n° 5 (§ 140). La pompe n'aspire alors que du gaz acide carbonique, lequel, refoulé dans la sphère, exerce sa pression sur l'eau qu'elle contient et qui continue à s'échapper par la soupape pendant une dizaine de tours du volant. On ouvre ensuite le robinet d'écoulement P et ceux du tirage et on resserre l'écrou *j*. L'eau, trouvant alors par ces robinets une issue, s'écoule sous la pression du gaz ; on laisse ainsi sortir à peu près la moitié du liquide que contenait la sphère.

200. — Toutes les minutieuses indications que nous venons de donner pour chasser l'air de l'appareil doivent être rigoureusement suivies ; on ne saurait prendre trop de précautions pour opérer cette purge ; d'elle dépendent en grande partie la régularité de la marche de la fabrication et la qualité des produits. Il faut constamment veiller dans la pratique à ce que l'air ne puisse jamais s'introduire et opérer comme nous l'avons indiqué, toutes les fois qu'on aura démonté le saturateur ou que, par suite d'un chômage quelconque, l'appareil étant resté quelque temps sans fonctionner, on pourra soupçonner la présence de l'air.

SATURATION DE L'EAU

201. — Lorsque l'eau est descendue à la hauteur de l'œil de l'armature du niveau d'eau (§ 147), on ferme le robinet de tirage P (planche VII, page 117) et on laisse fonctionner la pompe, le robinet régulateur G toujours ouvert sur le n° 5, ne laisse aspirer et refouler que de l'acide carbonique. Le manomètre monte ; on observe son aiguille, et, lorsqu'elle marque une pression de

7 à 8 atmosphères pour le tirage des bouteilles, de 12 à 13 pour le
tirage des siphons, on met l'aiguille du robinet régulateur entre
les nᵒˢ 3 et 4 ou 4 et 5 du cadran indicateur (§ 216). Le liquide
contenu dans la sphère est alors saturé ; on commence aussitôt la
mise en bouteille ou en siphon. L'eau et le gaz arrivant désormais
en quantité proportionnée dans le récipient saturateur par la manœuvre facile du robinet régulateur et le mouvement du volant,
les robinets de tirage seront alimentés d'une manière régulière
de liquide saturé et toujours également chargée de gaz.

202. — Il est bon toutefois, avant de commencer le tirage, de
laisser monter le manomètre de deux ou trois atmosphères au-
dessus de la pression voulue, et de régler alors au moyen de
l'écrou-molette J (§ 146) la soupape-siffleur de manière qu'elle
fonctionne à une demi-atmosphère au-dessus de la pression sous
laquelle on doit opérer. Ce n'est pas seulement une très-bonne
mesure de sûreté, mais encore une assurance réelle de la marche
régulière de l'opération, surtout lorsque l'appareil est mu par la
vapeur.

TIRAGE EN BOUTEILLES OU EMBOUTEILLAGE.
(planches XXXV, XXXVI, XXXVII et XXXVIII).

203. - L'opération de l'embouteillage est minutieuse. En suivant les détails que nous allons donner et en se guidant sur les
figures qui accompagnent le texte, faites, pour plus d'exactitude,
d'après des photographies, on peut très-facilement se rendre
compte de toute l'opération dans laquelle une courte pratique rendra bientôt habile. La fabrication des limonades donne à ce tirage
une grande importance ; le chef d'établissement doit bien se

rendre compte de tous ses détails afin de pouvoir exercer une
surveillance éclairée sur le travail des ouvriers.

PLANCHE XXXV.

Tirage en bouteilles. — Emplissage de la bouteille.

204. — Introduisez le bouchon dans l'ouverture D et abaissant
le levier E dans la ligne horizontale, sans la quitter de la main
droite, mettez la bouteille sur le bloquet A (planche XXXV). Le

pied appuyant sur la pédale, la soulève, engage son goulot dans
le baguin et le maintient fortement sous le cône C. Amenez devant
vous la cuirasse F et ouvrez le robinet en tournant d'un demi-tour,
avec la main gauche, la clef G.

Le liquide saturé se précipitera dans la bouteille ; opérez le
dégagement de l'air en appuyant par deux ou trois petits coups
de pouce brusquement donnés sur le bouton H (planches XII et
XIII, page 131, § 152), ou mieux, — lorsqu'on aura l'habitude du
tirage, — par un léger mouvement de pied qui, amoindrissant
l'action de la pédale, laissera libre, entre le goulot de la bouteille
et les parois du baguin, un petit espace par lequel l'air s'échappera
sans que la main gauche ait quitté la clef de robinet pour manœuvrer le dégorgeoir H. A chaque dégorgement, faites arriver
une nouvelle quantité d'eau saturée, et continuez d'opérer ainsi
jusqu'à ce que la bouteille soit entièrement pleine, en conservant
toutefois un vide de 2 à 3 centimètres, formant chambre pour la
dilatation des gaz et la place du bouchon. Fermez alors le robinet
G. Pendant toute la durée de l'opération, la main droite n'a pas
quitté le levier E, exerçant la pesée nécessaire pour maintenir le
bouchon dans le cône.

BOUCHAGE ET DÉGAGEMENT DU BOUCHON DE L'INTÉRIEUR DU BAGUIN DE TIRAGE (planche XXXVI).

205. — Enfoncez le bouchon en liége dans le goulot, en abaissant le levier articulé E (planche XXXVI) par deux ou trois coups
saccadés, jusqu'à ce qu'un petit dégagement de gaz, se faisant
dans le cône, annonce en sifflant que le liége a suffisamment
pénétré dans la bouteille. Il ne reste plus alors qu'à dégager le

bouchon et le goulot du baguin et à fixer le bouchon soit par le

PLANCHE XXXVI.

Dégagement de la bouteille du cône de tirage.

ficelage, — ce qui demande deux personnes, — soit par l'emploi de l'anneau en fil de fer et de la bandelette en fer-blanc, ce que le tireur peut faire seul.

206. — Jusqu'à ce moment, le pied droit a toujours fait résistance sur la pédale B à l'action du levier E, sur lequel n'a cessé d'appuyer la main droite. Il faut maintenant que le pied fléchisse sous la pression de la main, afin de dégager la tête du bouchon de dessous le cône. Ceci fait, saisissez le col de la bouteille de la main gauche, en plaçant le pouce sur le bouchon et appuyant assez pour le retenir ; abandonnant alors complétement le levier de la main droite, amenez le bouchon sur le bord du baguin C en attirant un peu la bouteille vers vous. Maintenez la bouteille dans cette position sous le bord du baguin par l'action du pied sur la pédale si vous voulez fixer le bouchon par la bandelette.

POSE DE LA BANDELETTE EN FER-BLANC (planche XXXVII).

207. — Si le bouchon doit être maintenu par une bandelette en fer-blanc, fixée autour du goulot par une bague en fil de fer, l'opération peut être terminée sans aide par l'ouvrier tireur. Pour cela, on a posé préalablement l'anneau en fil de fer autour du goulot de la bouteille, où il reste constamment. Lorsque le bouchon est amené, comme nous venons de l'expliquer, au dehors et sous le bord du baguin, on prend de la main droite la bandelette en ferblanc par une de ses extrémités, et on l'introduit par l'autre entre le bouchon et le baguin en fléchissant légèrement le pied et maintenant le bouchon avec le pouce de la main gauche. On rabat ensuite les deux extrémités de la bandelette dans l'anneau en fil de fer à l'aide du couteau, puis on les recourbe en crochet sur elles-mêmes, et l'opération est terminée.

PLANCHE XXXVII.

Pose de la bandelette.

FORMATION ET POSE DU NŒUD EN FICELLE (planche XXXVIII).

208. — Si le bouchon doit être maintenu par un nœud de ficelle,
le tireur enlève la bouteille du baguin de tirage de la main gauche,

et la pose dans le calebotin placé devant l'ouvrier chargé de former

PLANCHE XXXVIII.

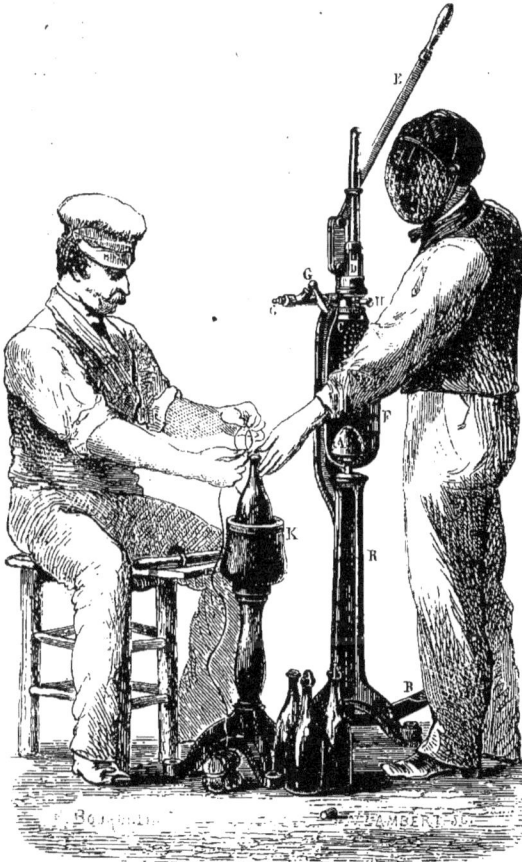

Ficelage du bouchon au calebotin ordinaire.

le nœud, en ayant soin de tenir toujours le pouce appuyé sur le liége. L'ouvrier ficeleur assis devant le tabouret, tenant la boucle qui doit se serrer au-dessous de la cordaline et qu'il a formée d'avance (planche XXXVII), la place aussitôt autour du goulot comme il est montré par le dessin ; croisant ensuite deux fois l'un sur l'autre les deux bouts de la ficelle au-dessus du bouchon, il prend le couteau de la main droite, le trèfle de la main gauche, enroule la ficelle autour de leurs manches, et serre avec force le nœud sous la bague de la bouteille et dans le liége où il s'incruste. L'on peut alors couper les deux bouts sans que le moindre relâchement se produise. Le pouce du tireur abandonne aussitôt le bouchon, et il remplit une nouvelle bouteille, tandis que le ficeleur forme un second nœud qui se croise à angle droit avec le premier sur le bouchon. Cette opération occasionne une double perte de temps : au tireur, obligé de maintenir le bouchon, pendant le ficelage, au ficeleur qui reste inoccupé pendant l'emplissage.

PLANCHE XXXIX.

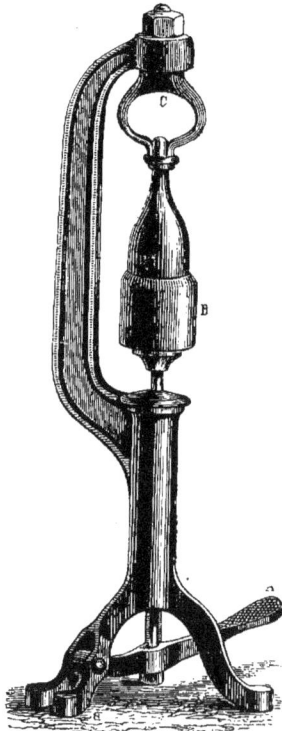

Calebotin mécanique.

FICELAGE AU CALEBOTIN MÉCANIQUE.

209. — Avec le calebotin mécanique (§ 133), les deux ouvriers ne perdent pas un instant, et le tireur peut au besoin opérer le ficelage sans aide aucun. Le bloquet B (planche XXXIX), destiné à

recevoir la bouteille, est mû par une tige à pédale A. En retirant la bouteille du baguin de tirage, comme nous l'avons dit § 206, le tireur la pose sur le bloquet de ce calebotin qu'il abaisse par l'action du pied sur la pédale, et son pouce ne cesse de maintenir le bouchon jusqu'à ce qu'il soit engagé dans les branches de la pince C; son pied abandonne alors la pédale, et sa main gauche peut, sans crainte, lâcher le bouchon qui se trouve fortement pressé contre ces deux branches par l'action du ressort placé dans l'intérieur du pied du calebotin sur la tige mobile. L'ouvrier a ainsi toute liberté de mouvement pour former le nœud, poser la ficelle autour du bouchon et la serrer sans la moindre difficulté. Si ce travail est fait par un second ouvrier, il marche avec une grande rapidité : pendant que le tireur embouteille, l'autre ficèle, et au moment même qu'il retire la bouteille ficelée de sur le bloquet, le tireur y pose la sienne remplie, la pédale étant à la disposition des deux ouvriers.

TIRAGE DES SIPHONS (planche XL).

210.—Le tirage des siphons (§§ 154 et 155, planche XL) est moins compliqué et marche plus vite ; il n'occupe jamais qu'un individu. Posez le siphon renversé dans l'armature de manière que la tête repose sur le sommet de la tige A, et la pédale des siphons sur l'extrémité du levier recourbé G. En posant le pied sur la pédale B, vous engagez pour son action le bec du siphon dans l'écrou entonnoir D en même temps que la soupape du siphon s'ouvre par le jeu du levier G sur sa pédale. Prenant alors la poignée E de la main droite, ramenez-la sur vous ; le butoir F ouvrira la soupape d'arrivée, et le liquide gazeux, affluant dans le vase, le remplira aux

deux tiers ; abaissez la contre-cuirasse *c*. Repoussez la poignée E
par une brusque saccade. Ce mouvement fera jouer la soupape

PLANCHE XL.

Tirage à siphòn.

du dégorgeoir et l'air comprimé trouvera une issue. Introduisez
alors une nouvelle quantité de liquide en attirant sur vous la poignée et dégorgez une seconde fois par un mouvement prompt;

opérez une troisième introduction de liquide saturé sans dégage
ment d'air, cette fois. Cela suffit pour que le siphon soit plein, en
laissant le vide nécessaire à la dilatation du gaz. Abandonnez
vivement la poignée E, retirez le pied de la pédale, l'opération est
terminée, quelques secondes ont suffi pour l'accomplir.

DIRECTION ET MANŒUVRE DE L'APPAREIL.

211. — Pour assurer la marche régulière de l'appareil et obtenir
d'excellents produits, il suffit de réaliser les cinq conditions suivantes :

1° Entretenir constamment le bassin d'alimentation d'eau fraiche
et pure toujours au même niveau ;

2° Assurer la production régulière du gaz dans le producteur ;

3° Bien épurer et laver l'acide carbonique fourni par le producteur ;

4° Régler l'arrivée du gaz et de l'eau dans le saturateur, de manière que l'eau saturée toujours au même degré arrive constamment abondante aux robinets de tirage, quelle que soit l'habileté
des tireurs ;

5° Que l'air ne s'introduise jamais dans l'appareil pendant son
fonctionnement.

La première de ces conditions est facile à remplir par l'emploi
de nos filtres et du bassin d'alimentation muni de soupapes-flotteurs
(§ 142) en établissant au besoin une citerne réservoir et en suivant
les indications traitant de l'installation ; il faut simplement veiller
à ce que les filtres et les soupapes qui règlent l'arrivée de l'eau
fonctionnent bien.

RÉGULARISATION DE LA PRODUCTION DU GAZ.

212. — Pour connaître la marche du dégagement du gaz et assurer sa production régulière, il faut surveiller l'ascension et la
descente de la cloche du gazomètre, ses oscillations et, surtout, le
bouillonnement produit dans le laveur indicateur ; puis régler la
manœuvre du mélangeur et l'écoulement de l'acide d'après ces
indications.

Lorsque le bouillonnement est trop tumultueux ou que la
cloche dépasse les deux tiers de son ascension (§ 196), il faut cesser
de tourner le mélangeur et ramener l'aiguille de la tige du distributeur d'acide vers le mot : FERMÉ. La première de ces précautions
suffit lorsque la soupape distributrice était modérément ouverte.
Il ne suffit pas en effet que l'acide tombe sur le mélange pour que
le dégagement s'opère rapidement ; il faut, pour que la décomposition du carbonate ait lieu, mettre en contact l'acide avec la
craie. C'est le mouvement du mélangeur qui amène ce contact
intime ; sans cela l'acide sulfurique surnage au-dessus de la craie
protégée par la couche de sulfate de chaux, qui s'est déjà formée,
le dégagement ne marche pas. Lorsqu'une certaine quantité d'acide
sulfurique est ainsi tombée et qu'on vient à tourner trop vivement
la manivelle, cet acide, mis brusquement en contact avec la craie,
produit une effervescence qui remplit de mousse le décompositeur
et fait souvent passer des matières jusque dans les laveurs (§137).
L'expérience aura bientôt appris dans quelle mesure on doit combiner ces deux moyens : le jeu du mélangeur et l'écoulement de
l'acide, pour assurer le dégagement régulier de la quantité de gaz
dont on a besoin.

VIDANGE DU PRODUCTEUR.

213. — Il arrive aussi naturellement que les matières gazifères s'épuisent. La décomposition du carbonate étant complète, il s'est produit dans le décompositeur du sulfate de chaux qu'il faut rejeter et le réservoir à acide ne contient plus d'acide sulfurique.

Si le carbonate employé était très-pur et de composition très-homogène, si l'acide sulfurique était toujours à 66° et rectifié, on pourrait fixer après quelle quantité de gaz produite l'épuisement des matières est complet ; mais les blancs et les acides employés dans la pratique diffèrent tellement entre eux que les renseignements que nous donnons ne sauraient suffire; la descente de la cloche du gazomètre et la cessation du bouillonnement dans l'eau du laveur indiqueront seuls avec certitude que les matières sont épuisées.

214. — On opère alors la vidange du producteur, sans arrêter, pour cela, la fabrication. Si l'atelier est en travail, le gazomètre, — qu'on a eu soin de bien garnir d'avance, — fournira assez de gaz à la saturation pendant les quelques minutes que demanderont la vidange et le nouveau chargement du producteur. Pour cela on amène l'aiguille du distributeur d'acide sur le mot FERMÉ et l'on place un baquet destiné à recevoir les résidus au-dessous de l'ouverture inclinée *bj* (planche III, page 107, § 126). On desserre la vis de pression *j*, on soulève la bride et le couvercle à charnière s'ouvre aussitôt; en quelques secondes les matières épuisées sont dans le baquet. On enlève alors le couvercle K, on referme l'ouverture par laquelle vient s'opérer la vidange sans trop serrer la vis, et l'on introduit de l'eau pure dans le cylindre, quelques tours un peu vifs imprimés au mélangeur suffisant pour

détacher toutes les matières qui pourraient adhérer à l'intérieur et
en opérer le lavage. On donne cours à cette eau par l'ouverture
b qu'on referme ensuite hermétiquement en ayant soin d'essuyer
ses rebords et l'emboîtage du couvercle, puis on opère la charge
de la boîte à acide et du cylindre décompositeur comme nous avons
dit § 193, et on produit du gaz à nouveau (§ 195).

VIDANGE LE L'ÉPURATEUR ET DU GAZOMÈTRE

215. — Pour que l'acide carbonique arrive pur de tout mélange
au saturateur, il faut renouveler fréquemment, tous les jours dans
la bonne saison, l'eau des laveurs et l'eau des gazomètres tous les
mois. Ces opérations demandent peu de temps et coûtent si peu
que c'est une négligence non-seulement préjudiciable, mais cou-
pable de ne pas suivre la recommandation que nous faisons ici.
C'est, d'ailleurs, une des conditions de salubrité les plus impérieusement prescrites par les conseils d'hygiène.

Pour opérer la vidange des laveurs, on desserre la vis de pression
qui maintient le couvercle à charnière de l'ouverture placée au
bas du cylindre, et l'eau s'écoule aussitôt. A l'aide de l'entonnoir
jumelle, on introduit d'abord de l'eau, pour opérer le lavage, puis
on referme hermétiquement l'ouverture inclinée et on opère la
charge du laveur comme il est dit § 194. L'eau du laveur indicateur s'écoule dans le second compartiment du cylindre épurateur
chaque fois qu'on vide ceux-ci. Quant au gazomètre, on enlève le
bouchon P (§ 134, planche V, page 111) placé au bas de la cuve et le
bouchon *r* placé au-dessus de la cloche, l'eau s'écoule, et on l'emplit à nouveau comme nous l'avons expliqué § 921.

MANŒUVRE DU ROBINET RÉGULATEUR.

216. — Pour que l'eau arrive constamment abondante et toujours au même degré de saturation aux colonnes de tirage, il faut
que la tension du gaz (§ 145) et le niveau de l'eau (§ 147) dans le
saturateur restent constamment les mêmes sans varier, l'un de plus
d'une atmosphère, l'autre de plus de deux centimètres. On peut obtenir facilement ce résultat, si, d'ailleurs, le jeu du volant est
régulier et en rapport avec la rapidité du tirage, par la manœuvre du robinet régulateur.

Dans une marche régulière, il doit laisser arriver à peu près
cinq volumes de gaz pour un volume d'eau, quand on tire sous
la pression de sept atmosphères, et huit volumes de gaz pour un
volume d'eau, quand on tire sous la pression de douze à treize atmosphères. Dans le premier cas, l'aiguille doit être entre les n°s 3
et 4, et dans le second cas, entre les n°s 4 et 5. Mais l'œil de l'ouvrier chargé de la manœuvre doit consulter à chaque instant le
cadran du manomètre et du niveau d'eau. Si le manomètre monte
et que le niveau baisse, on rapproche l'aiguille vers le mot EAU,
le liquide arrive en plus grande proportion et le niveau monte ;
on règle alors le robinet, de manière que, sans augmenter davantage, le niveau de l'eau reste au point voulu.

Si, au contraire, le niveau de l'eau monte trop ou que le manomètre descende, on rapproche l'aiguille du mot GAZ ; la tension
intérieure ne tarde pas à atteindre le point voulu, et on règle alors
proportionnellement l'aspiration du gaz et celle de l'eau.

Si la tension du gaz et le niveau de l'eau montent trop rapidement et que le sifflet de la soupape se fasse entendre, les tireurs

ralentissent leur travail, ce qui peut occasionner par la soupape
une grande perte de gaz outre la perte du temps.

Lorsque le manomètre et le niveau d'eau tombent à la fois, c'est
que la marche du volant n'est pas assez rapide pour fournir de
l'eau saturée aux robinets du tirage.

On ne doit pas non plus oublier l'observation déjà faite § 198 que
la marche du volant et la production du gaz doivent être poussées
d'autant plus rapidement que la pression sous laquelle on opère
les tirages est plus forte. C'est une des raisons qui rendent la vapeur si utile dans un établissement un peu important.

DÉGRENAGE ET AMORÇAGE D LA POMPE.

217. — Si, pendant le travail, la pompe venait à dégréner d'aspiration , il faudrait, pendant quelques tours de volant, mettre
l'aiguille du robinet sur la flèche EAU. Le dégrenage est le plus
souvent produit par l'introduction de l'air qui, s'accumulant au
haut de la pompe, forme coussinet, et qu'il faut expulser. Pour
cela, si le bruit des clapets ne se fait pas entendre dans les cages
aussitôt après quelques tours de volant, on dévisse un peu l'é-
crou I (planche VIII, page 118) placé au haut du corps de pompe,
en ayant soin de le resserrer lorsque le bruit des clapets se fait
entendre. Lorsqu'après quelques nouveaux coups de piston , le
chant des billes ne reprend pas, on dévisse entièrement la vis I et
l'on amorce la pompe. Parfois le dégrenage peut persister malgré
tous ces essais, il faut alors opérer la visite des clapets comme il
est expliqué § 233.

SERRAGE DES RACCORDS ET DES JOINTS.

218. — Nous avons insisté (§ 200) sur l'importance qu'on doit attacher à ce que la moindre parcelle d'air ne puisse s'introduire dans les appareils. Il faut donc veiller à ce que les raccords et les joints, — endroits ordinaires où s'établissent les fuites, — soient hermétiquement fermés, et serrer les écrous toutes les fois qu'on a lieu de croire qu'une introduction d'air s'est établie. Si un simple serrage ne suffit pas, on procède à la visite des raccords et au renouvellement des rondelles en cuir qui forment les joints (§ 167). Le démorçage de la pompe est presque toujours le premier signe qui dénonce la présence de l'air ; on le reconnaît aussi facilement, avec un peu de pratique, à l'aspect de l'eau saturée qui arrive laiteuse et filante dans les siphons ou les bouteilles.

219. — La direction des appareils et leur manœuvre sont, on le voit, aussi simples que faciles ; les indications données par le laveur indicateur, par les oscillations du gazomètre, par le niveau d'eau, le manomètre et la soupape siffleur, sont aussi claires que précises ; quelques heures d'observation suffisent pour en comprendre le jeu, et un peu de pratique pour rendre habile à manœuvrer en conséquence le robinet régulateur ; la marche de l'appareil est alors mathématique.

Fig. 1

Fig. 2

Fig. 3

Fig. 4

Fig. 5

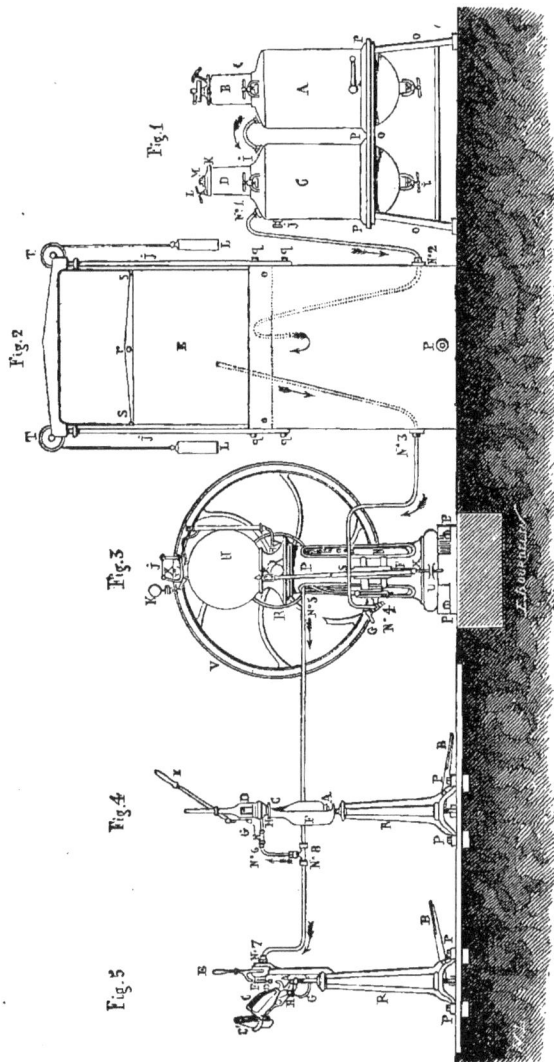

Appareil monté et assemblé.

CHAPITRE X

ENTRETIEN DES APPAREILS

Entretien, — démontage, — visite, — nettoyage, — réparation des différents organes des appareils de fabrication et des siphons. — Étamage, — outils, pieces de rechange.

PROPRETÉ. — GELÉE

220. — L'inspecteur chargé par le conseil de salubrité de visiter une fabrique de boissons gazeuses, peut, en mettant le pied dans l'établissement et dès le premier coup d'œil jeté sur l'ensemble des appareils, préjuger avec certitude la qualité des produits. S'il voit l'atelier en ordre, toutes les pièces de l'appareil en bon état, la propreté régnant partout, il est certain de trouver de l'eau fraiche dans les laveurs, et que la dégustation de l'eau gazeuse ne lui fera reconnaitre aucun arrière-goût métallique ou de saveur sulfureuse qui trahisse la formation de sels de cuivre ou de plomb, et l'emploi de matières premières mal épurées.

La propreté la plus minutieuse est une des conditions les plus expresses, non-seulement de la qualité des produits, mais encore du bon fonctionnement et de la durée des appareils. Il faut que toutes les parties extérieures en bronze ou en cuivre rouge soient maintenues brillantes et polies par de fréquents frottages au tripoli; que les robinets et leurs poignées, les vis, les boulons, les écrous servant de bouchons ou de chapeaux soient toujours propres, nets, à l'abri de toute oxydation, que des lavages fréquents et des nettoyages rapprochés maintiennent l'intérieur des appareils dans un état de propreté aussi parfait que l'extérieur. Ces nettoyages périodiques sont d'ailleurs une occasion naturelle de s'assurer, en visitant les différentes parties de l'appareil, qu'il n'a pas besoin de réparation.

Le démontage des différentes pièces est des plus faciles, on n'aura qu'à suivre exactement les indications que nous allons donner pour chacune d'elles en particulier.

221. — Les ouvriers ne doivent pas quitter l'atelier avant que tous les soins de propreté aient été pris; par les temps de gelée ou lorsque l'appareil doit passer un certain temps sans fonctionner, il est très-prudent de soutirer tout le liquide que peut contenir l'appareil. On évite ainsi les inconvénients qui peuvent résulter de la dilatation de l'eau passant à l'état de glace en vase clos et l'altération du liquide par un contact métallique trop prolongé.

GRAISSAGE.

222. — Tous les godets graisseurs à mèche capillaire doivent être visités souvent et tenus très-propres. Jamais l'huile ne doit séjourner assez sur une partie quelconque de l'appareil pour former du cambouis. Toutes les parties de l'appareil en mouvement

susceptibles de frottements doivent être soigneusement entrete-
nues d'huile très-pure; le piston de la pompe sera graissé au
beurre frais comme nous l'expliquerons § 232. On peut mettre un
peu de suif dans les dents du pignon X de l'agitateur M engrenant
avec la roue v placée à côté du volant q (planche VII, page 117).

CONSTATATION DES FUITES

223. — Le saturateur, lorsqu'on ne craint pas des gelées et que la
fabrication est journalière, doit être laissé plein et sous pression,
le gazomètre garni. On ferme le robinet d'écoulement P régulateur
de la pompe G (planche XLI, fig. 3), et on laisse ouverts ceux des
tirages (fig. 4 et 5) afin que le liquide saturé ne séjourne pas dans
les conduits. On note exactement le degré de tension donné par
le manomètre et la hauteur de la cloche dans le gazomètre. Si la
tension du manomètre a baissé lorsqu'on reprend le travail, il doit
exister une fuite soit dans les joints des pièces de la pompe, soit
dans ceux des pièces qui s'adaptent sur la sphère (fig. 3) ou sur les
piédouches du tampon autoclave. Si c'est la cloche du gazomètre
(fig. 2) qui a baissé, la fuite du gaz s'opère par l'écrou r ou sur les
raccords nos 1, 2, 3 ou 4, ou par les ouvertures mal fermées du producteur ou du mélangeur, ou par les joints du laveur indicateur,
qui ont besoin d'être serrés. Il faut chercher et reconnaître cette fuite.
On approche une bougie allumée de tous les raccords, de tous les
joints, et on remarque bien si elle vacille ou si la flamme perd un
peu de son éclat; la fuite doit exister à l'endroit où elle subit cette
perturbation. Pour mieux s'en assurer, on porte à un haut degré
la pression intérieure en ne faisant aspirer que de l'eau par la
pompe, et, après l'avoir bien constatée, on remédie à cette fuite.

Il suffit pour cela, le plus souvent, de serrer les raccords ou un écrou formant le joint. Si cette précaution est insuffisante, on visite les joints et on remplace au besoin les rondelles ou les cuirs emboutis qui assurent l'herméticité. L'entretien et le serrage des raccords évite presque toujours des réparations plus grandes.

PLANCHE XLII.

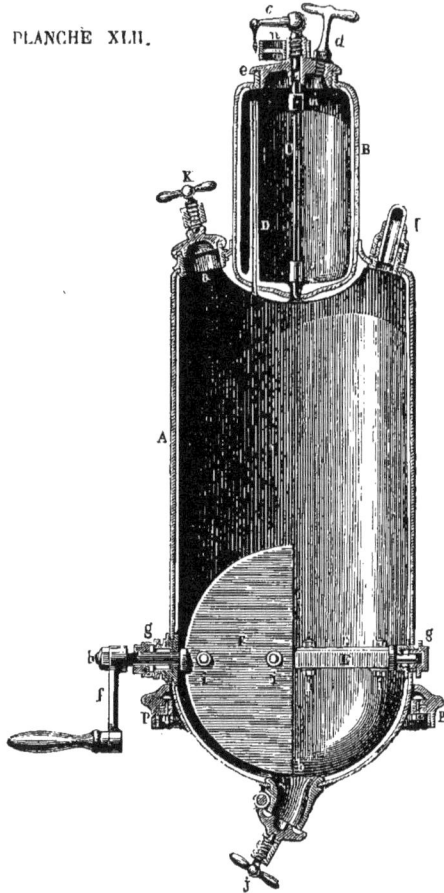

Producteur.

PRODUCTEUR.

224. — Nous avons recommandé § 214, de jeter un seau d'eau dans le décompositeur toutes les fois qu'on faisait la vidange des matières épuisées. Ce lavage suffit presque toujours pour l'entretenir à un état de propreté suffisant. Il en est de même pour le réservoir à acide, si

l'on a soin de verser, par l'ouverture qui sert à l'introduction de
l'acide de l'eau qu'on laisse couler en ouvrant entièrement la
tige distributeur. Il faut cependant s'assurer de temps en temps
qu'il ne se soit pas formé des dépôts calcaires ou sulfureux dans
ces organes.

225. — Pour visiter le réservoir à acide B (planche XLII,
§ 128) on dévisse le plateau *e* au moyen d'une clef qui s'adapte
à sa partie à six pans et le réservoir se trouve grand ouvert pour
le nettoyage.

226. — Pour visiter le décompositeur A, on desserre d'abord le
raccord n° 1 du conduit qui établit la communication entre le
producteur et l'épurateur, puis on enlève le laveur indicateur
(§ 132) et le raccord n° 2 ; renversant alors l'appareil sur le côté
ou sans dessus dessous, on desserre et l'on retire les écrous *p p* qui
réunissent les deux parties du cylindre et serrent le joint. Le fond
demi-sphérique reste alors à découvert et on peut le nettoyer aussi
librement qu'une bassine ordinaire.

227. — Dans le cas où, pour une réparation urgente, le producteur devrait être complétement enlevé de sur le bâti, il faudrait démonter le mélangeur et le retirer de l'intérieur du cylindre A. On dévisse alors les vis à contre-écrou *i i i i* fixant les
ailes EF, puis les boîtes-écrou *g g*, dans lesquelles fonctionne
l'arbre qu'on retire de l'intérieur des crapaudines, et desserrant
ensuite les écrous *p p*, le cylindre vient seul de sur le bâti.

Il n'y a pas de partie du producteur qui soit susceptible de dérangement ou qui puisse donner lieu à d'autres réparations que
celle qu'entraîne une lente usure. On doit tenir dans un état de
propreté parfaite les ouvertures *a* et *b*, et surtout leurs couvercles, dans l'emboîtage desquels il faut avoir soin de ne pas laisser
se former de dépôt crayeux. Si la rondelle en caoutchouc feutré
qui les garnit s'use à la longue, on la retire, et on place dans l'emboîtage une rondelle neuve qui s'y maintient par son élasticité. Si

l'on a besoin de visiter les boîtes crapaudines $g\,g$ dans lesquelles fonctionne l'arbre du mélangeur, on enlève les écrous ou chapeaux qui les couvrent; on nettoie l'intérieur et on s'assure que les rondelles en cuir qui forment le joint hermétique ne soient pas usées.

228. — On remonte les différentes parties du producteur en vissant le petit nombre de pièces de boulons ou d'écrous qu'on avait dévissés, et en ayant soin de bien remettre chaque pièce à la place qu'elle occupait primitivement. On suit pour ce remontage l'ordre inverse de celui qu'on avait employé pour le démontage.

On ne doit pas oublier de graisser avec du suif toutes les parties se vissant les unes sur les autres, en les remontant après la visite, principalement la vis à poignée d qui ferme l'ouverture pour l'introduction de l'acide dans le réservoir et l'intérieur des boîtes crapaudines $g\,g$, afin que l'arbre ne puisse ni s'user, ni éprouver de frottement.

ÉPURATEUR

229. — Nous avons déjà expliqué § 132 comment en dévissant la tige filetée M (planche IV page 111) on enlevait le plateau K et le cylindre en verre formant le laveur indicateur, et comment les tuyaux NN, se dévissent de la table $i\,i$ dans laquelle s'emboîte le cylindre indicateur. Si l'on veut visiter l'intérieur des deux compartiments que le diaphragme E établit dans le cylindre en cuivre C, on opère comme pour le producteur ; on défait d'abord le raccord q du tuyau qui établit la communication entre le producteur et le laveur, et le raccord n° 1 qui amène le gaz de l'épurateur au gazomètre, puis on visite toutes les parties de l'épurateur qui ne demande jamais d'autre réparation que de lointains étamages.

GAZOMÈTRE.

230.— Le gazomètre (planche XLI, fig. 2, page 200) est la pièce la moins sujette à l'usure et aux dérangements. Les cordes qui portent les contre-poids peuvent seules s'user en glissant sur leurs poulies ; s'il faut les remplacer après des années d'usage, on doit les choisir de longueur et de poids égal, tordues serré et menu afin qu'elles glissent plus facilement sur leurs poulies. Pour nettoyer à la brosse l'intérieur de la cuve, afin d'enlever jusqu'à la moindre trace des dépôts vaseux qui pourraient s'y former par le séjour des eaux renouvelées tous les mois, on dévisse les raccords n° 2 et n° 3, on enlève les contre-poids faisant suspension, en défaisant les nœuds des cordes qui les retiennent dans les oreillettes ss, puis, desserrant les quatre boulons-écrous $qqqq$ qui fixent les colonnes JJ du bâti sur les parois de la cuve, on enlève la cloche et l'on visite et nettoie l'intérieur de la cuve, qu'on a eu soin de vider auparavant par l'ouverture p placée au bas de la cuve, en ayant la précaution d'enlever préalablement le petit bouchon r placé au haut de la cloche afin que l'air ait libre entrée dans le gazomètre ; sans cela le vide qui s'y formerait serait un obstacle à l'écoulement des eaux et à l'enlèvement de la cloche.

SATURATEU .

231. — Le saturateur se compose de plusieurs parties et, pour obtenir une bonne fabrication, il est essentiel que chacun de ses

organes fonctionne avec la plus grande facilité et une précision
mathématique. Après avoir vivement recommandé de les tenir
dans un état de propreté extrême, nous indiquerons les différentes
occasions de dérangement qui peuvent y survenir et les moyens
de remédier à ces accidents sans le concours d'ouvriers spéciaux.

POMPE (planche XLII.)

232. — Pour entretenir la pompe en bon état, il suffit de bien
essuyer le piston T, puis de le graisser chaque fois que l'on se met
en travail, en le frottant avec un linge légèrement imbibé de
beurre frais. Le robinet régulateur G ne doit pas laisser pénétre
la moindre parcelle d'air ; si l'on s'aperçoit qu'il en laisse passer,
on dévisse l'écrou placé à l'extrémité de la clef du robinet, on enlève
cette clef et, après l'avoir essuyée, puis graissée avec une goutte
d'huile d'olive et avoir nettoyé l'intérieur du robinet, on la remet
en place en ayant soin de bien poser la petite rondelle en métal
sur laquelle se serre l'écrou. Il faut avoir soin d'entretenir
d'huile le petit godet à mèche capillaire V (planche VII, page 117)
placé sur la tête de la bielle, et de mettre une goutte d'huile tous
les jours sur les articulations L des bras de cette bielle avec la tige
du piston et dans le coussinet *u* servant de guide à la soupape.

233. — Lorsque la pompe dégraine trop fréquemment, ou
qu'elle refuse d'aspirer après avoir été amorcée comme nous l'a-
vons indiqué (§ 217), il faut visiter les clapets sphériques OO et les
chambres d'aspiration et de refoulement. Pour cela, on desserre
la vis Y de la bride J, ce qui permet de retirer le robinet SG. Pour
l'enlever avec la chambre de refoulement H, on dévisse les raccords des tuyaux d'aspiration d'eau et de gaz placés de chaque

N.º 1

H

I

s

o

G

o

X

s

j

F

y

I

M N N

N.º 2

T

GAV

5

4

3

2

1

GAV

L. BOURDELIN

LAMBERT. Sc

L

U

V

K

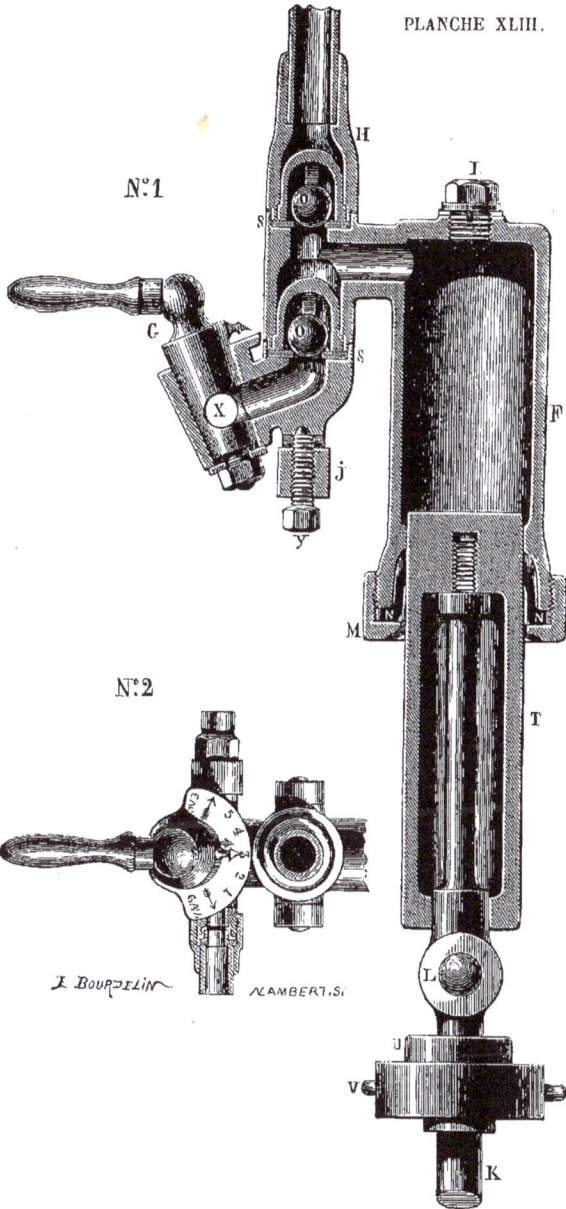

Pompe et robinet régulateur vus en coupe.

14

côté du robinet G, et celui du tuyau de refoulement placé au-dessus de la pièce H. On s'assure alors que les billes sont parfaitement polies et arrondies, et qu'aucun gravier ou corps étranger,
cause la plus ordinaire de dérangement, ne s'est introduit dans
les chambres; que les cuirs *ss*, siége des clapets, sont en bon
état, très-régulièrement percés et que les bords de l'ouverture se
moulent exactement sur les billes. Les cuirs *ss* doivent être de
dimension et d'épaisseur suffisantes pour former les joints des
chambres et le siége des billes ; il faut qu'étant serrés, il reste un
espace de près d'un tiers de libre en dehors des emboitages. Après
avoir bien nettoyé les clapets, leurs cages, les cuirs et les chambres,
on remet toutes les pièces en place, et on les assujettit en serrant
la vis à bride *y* (§ 139). On met l'aiguille du robinet régulateur G
sur le mot EAU; quelques tours du volant doivent alors amorcer
la pompe; si elle ne fonctionne pas immédiatement, on l'amorce
par le petit bouchon I.

234. — Si, malgré cette opération, la pompe refuse de marcher
ou qu'on ait remarqué la moindre fuite par le piston, on doit visiter le cuir embouti dans lequel fonctionne le piston F. Pour cela il
faut retirer complétement le piston du dedans du corps de pompe.

Plaçant la manivelle en bas, on dévisse l'écrou M, ce qui permet de visiter le cuir embouti NN, qu'il serre dans son emboitage. Si ce cuir doit être complétement retiré, on défait l'articulation L qui fixe la bielle sur la tige K ; et on retire la goupille V
qui assujettit le coussinet U sur le socle de la colonne bâtie, en
frappant avec un chasse-pointe sur sa partie la plus mince. En tirant alors la tige K par le bas, le piston T, sa tige K, le coussinet
U, l'écrou et le cuir embouti N N viennent en même temps. Les
fuites étant presque toujours occasionnées par un gravier qui s'est
glissé entre le cuir embouti et le piston ou par une accumulation
de graisse qui a formé bourrelet, il suffit pour y remédier de laver
le cuir dans l'eau tiède en ayant soin de ne pas le déformer par trop

de manipulations. Parfois aussi l'embrasse du cuir doit être rafraîchie, ce qu'on fait en la rasant délicatement.

Le nettoyage de toutes les pièces et de l'intérieur du corps de
pompe étant terminé, on graisse le piston avec un linge légèrement
frotté de beurre, le plus frais et en plus petite quantité possible,
et on remet les pièces en place.

235. — L'écrou M et le cuir embouti NN sont d'abord passés
autour du piston T et le coussinet du guide U posé sur la tige K.
On place l'extrémité du piston dans le corps de pompe F et à l'aide
de la goupille V on assujettit le coussinet U dans son emboîtage
sur la colonne. On pousse le cuir embouti NN dans l'emboîtage du
corps de pompe et on l'assujettit en serrant fortement l'écrou M.
On n'a plus ensuite qu'à remettre les bras de la bielle, dans leur
articulation L, et à les assujettir par leurs écrous. Quoiqu'il soit
très-rare d'être obligé de changer le cuir embouti, surtout si la
pompe n'aspire que de l'eau filtrée et qu'on ne graisse que très-
légèrement le piston, il est bon d'avoir toujours à sa disposition
un cuir de rechange pour être prêt à remédier à tout accident.
Les billes en bronze, dont la durée est indéfinie, n'entraînent pas
les interruptions de travail et les fréquents dérangements qu'occasionnent les billes en marbre ou en verre, dont l'usure est
très-rapide et qu'il faut éviter d'employer.

ORGANES INDICATEURS ET DE SURETÉ
(planche XLIV).

236. — Le fonctionnement régulier et aisé des organes indicateurs et de sûreté, la soupape siffleur, le manomètre et le niveau
d'eau, sont de la plus haute importance; leur entretien est facile,

mais ils exigent une surveillance attentive. On doit s'assurer que les
conduits ne sont jamais obstrués et que rien n'est altéré. Cette
vérification s'opère en les contrôlant les uns par les autres. Si
la pompe fonctionnant bien et le robinet d'écoulement de la sphère
étant fermé, le manomètre (§ 136) ne monte pas en proportion du
travail de la pompe ; ou lorsque le gaz comprimé trouvant une issue,
soit par les robinets de tirage, soit par la soupape, l'aiguille
du manomètre ne marque pas aussitôt une diminution de tension,
il s'est opéré un dérangement dans le tuyau courbe ou dans la
membrane qui sert de ressort ; peut-être même s'est-il fait un
changement moléculaire dans le métal. On dévisse alors le manomètre de sur la pièce demi-sphérique, et on visite le ressort
intérieur pour s'assurer qu'il n'y a pas de fuite et que rien n'empêche les mouvements de l'aiguille sur le cadran. Dans le cas où
l'on aurait reconnu un dérangement radical, ce manomètre devrait être remplacé.

237. — Pour s'assurer du bon fonctionnement de la soupape
de sûreté (§ 146), il suffit de la régler au moyen de l'écrou à mol-
lette J, pour qu'elle donne issue au gaz sous une tension déterminée ;
si elle fait entendre le coup de sifflet, avant que le manomètre ait
atteint ce degré de tension, ou seulement lorsqu'il l'a notablement
dépassé, il existe un dérangement dans son mécanisme, il faut le visiter. On dévisse l'écrou J qui maintient la tige tendeur, et, après
avoir enlevé le chapeau g de sur la boîte du ressort k, on vérifie
si rien n'empêche ce ressort de fonctionner ; puis relevant le levier
e sur son bras f d, on enlève le timbre b et le disque du sifflet et on
s'assure si la tige-soupape peut bien fonctionner dans sa chambre,
si la petite rondelle de cuir qui la termine est en bon état, et si l'interposition d'un corps étranger ne l'empêche pas d'établir une fermeture hermétique. L'intérieur de la soupape et tous ses organes
doivent être tenus dans un état de propreté parfaite, la moindre
oxydation nuirait à leur jeu.

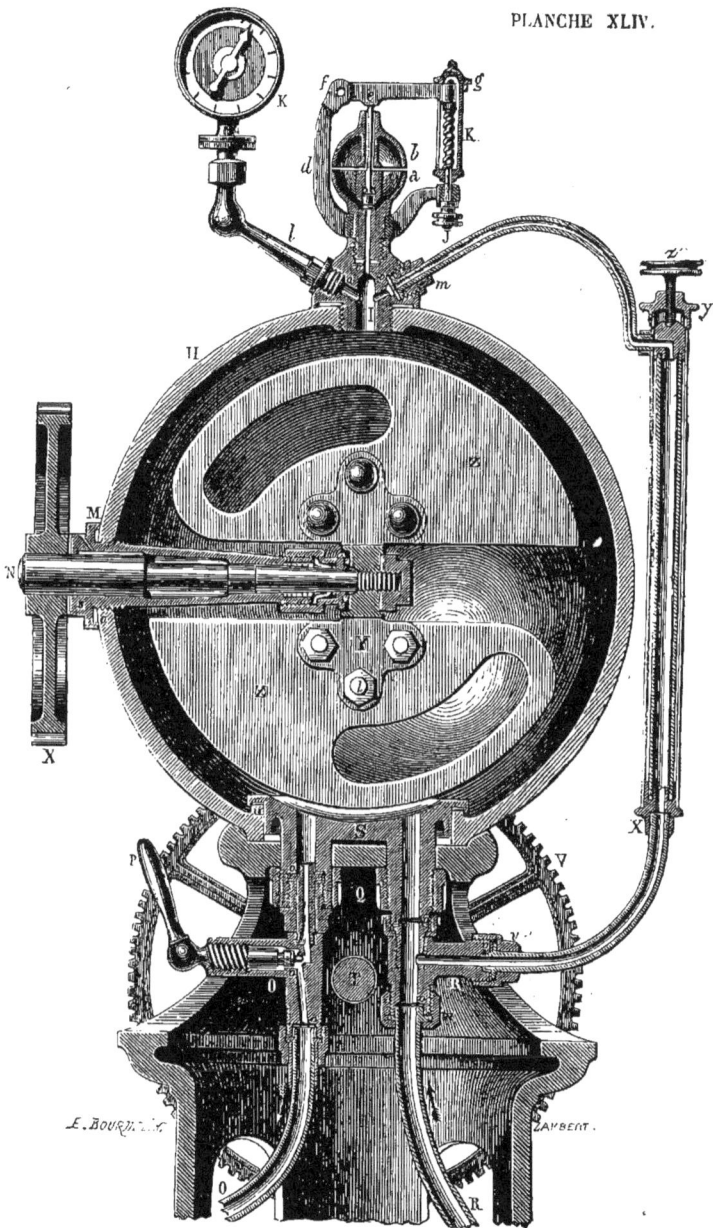

Récipient saturateur, vu en coupe.

238.— La hauteur du liquide dans le niveau d'eau (§ 147) variant proportionnellement au travail de la pompe et à celui des robinets de tirage, il est toujours facile de constater qu'aucun dérangement n'est survenu. Dans le cas où l'eau n'arriverait pas dans le tube en verre, c'est qu'un obstacle quelconque, un gravier, par exemple, se serait glissé dans le tuyau *v* X. On dévisse alors les raccords *v* et *m*, et enlevant toute l'armature du niveau, on souffle dans le tuyau pour s'assurer qu'aucun conduit n'est obstrué. Ce cas est du reste excessivement rare. Si on constatait une fuite de liquide ou de gaz, on serrerait les raccords *v*, *m*, X et la vis *z* pour serrer le tube sur les rondelles en caoutchouc formant le joint hermétique à ses extrémités. Si la fuite continuait, on desserrerait la vis *z*, on dévisserait le chapeau *y* et l'écrou *m*, puis, retirant la pièce de serrage et le tube en verre de l'intérieur de l'armature, on examinerait s'il n'a pas reçu d'atteinte ou si les rondelles en caoutchouc ne sont pas usées et n'ont pas perdu leur élasticité. En cas d'avarie d'une de ces pièces, on les remplace. Si le tube est brisé, on en retire les fragments, et l'on met dans l'armature un tube neuf qu'on introduit par l'ouverture du haut, en ayant soin que les emboitages métalliques n'appuient pas sur le verre. On place au-dessus la pièce de serrage pourvue de sa rondelle en caoutchouc, on pose le chapeau Y et, à l'aide de la vis de pression *z*, on serre modérément le tube sur les rondelles ; il ne reste qu'à visser l'écrou *m* sur son raccord. L'armature protégeant le tube, il faut du reste un cas complétement fortuit pour qu'on ait besoin de le remplacer.

SPHÈRE. — AGITATEUR. (planches XLIV et XXLV).

239.— Il convient de visiter de temps en temps l'intérieur de la sphère (§ 143, planche XLIV), tous les ans, et lorsqu'on n'est pas sûr de la composition de l'eau. A la longue l'étamage s'use, et parfois les écrous qui fixent la main de l'agitateur sur l'arbre ou qui s'adaptent sur la douille et forment les emboîtages ont besoin d'être serrés ; les cuirs peuvent enfin demander à être remplacés. Dévissez alors la soupape de sûreté J d, le manomètre K l et le niveau d'eau vXm de leurs bases, puis les raccords des tuyaux d'arrivée et de sortie de l'eau et du gaz dans la sphère ; enlevez ensuite les deux pièces portant l'une, O, le robinet de sortie P, l'autre R, le raccord du niveau d'eau v. Vous n'aurez plus alors qu'à dévisser les écrous Q, qui serrent le tampon autoclave sur l'entablement de la colonne, puis à enlever la sphère de sur son piédestal. En la mettant sur le côté opposé au pignon X, vous retirez le tampon S de l'intérieur que vous pourrez visiter alors dans toutes ses parties. Si ce tampon présentait pour s'enlever un peu de résistance, cela proviendrait tout simplement de l'adhérence qui se serait à la longue établie entre la rondelle en caoutchouc u formant joint et la paroi de la sphère, un faible effort suffirait pour la vaincre.

240.— Pour visiter l'arbre, la douille M (§ 148), ses emboîtages et les cuirs qui les garnissent, enlevez à l'aide de la clef les six boulons à vis et à contre-écrou t qui fixent les ailes sur la main Y de l'agitateur ; retirez les ailes de la sphère, dévissez le contre-écrou T (planche XLV) qui forme chapeau à l'extrémité de l'arbre ; dévissez ensuite la main yy portant les ailes. La rondelle qq en cuir à semelle battue qui évite, en s'interposant, toute friction des parties métalliques est alors à nu dans son emboîtage.

241.—Lorsqu'on entend un petit cri dans l'intérieur de la sphère, il provient presque toujours de ce cuir qq. Souvent le fabricant ou les ouvriers encore inexpérimentés s'en alarment : ce n'est rien. On retire ce cuir, on le trempe dans un bain tiède composé de cire blanche et de saindoux par moitié, puis on le remet en place. Le bruit cesse aussitôt.

242. — Si l'on veut simplement nettoyer l'arbre et l'intérieur de la douille M, on dévisse l'écrou T et la main Y qu'on laisse avec les ailes adhérentes dans la sphère, et on tire l'arbre de l'intérieur de ses emboîtages et garnitures en attirant à soi le pignon X. On essuie alors la petite quantité de camboui que peut avoir formé sur l'arbre ou dans la douille l'huile introduite pour le graissage, et on remet l'arbre de l'agitateur en place.

PLANCHE XLV.

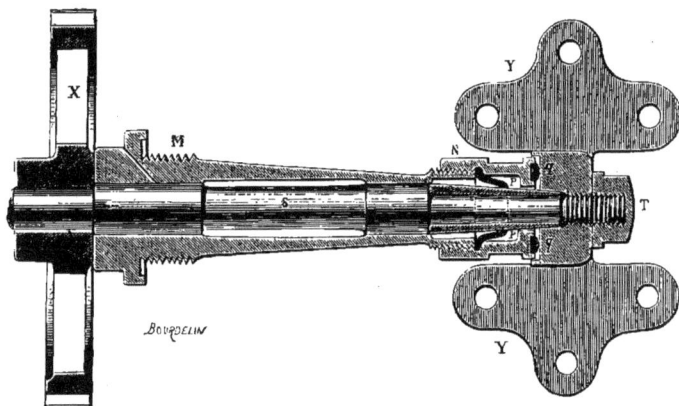

Arbre de l'agitateur, vu en coupe.

Puis on visse la main Y et le contre-écrou T. L'huile d'olive très-pure, qu'on aura soin d'ailleurs de mettre en petite quantité, ne formera presque pas de crasse.

243. — Si vous voulez continuer la visite des rondelles en cuir, du cuir embouti *pp*, celle de l'intérieur de la douille, et de la gaîne en cuivre rouge dans laquelle fonctionne l'arbre S, vous pourrez dévisser la douille M fixée par sa partie filetée dans la paroi de la sphère, et la retirant au dehors, vous n'avez plus qu'à dévisser

la boite écrou N, le cuir embouti *pp* et les petites rondelles en cuir placées autour de la gaine en cuivre de l'arbre pourront alors librement être visitées pièce par pièce. Comme elles n'ont aucun frottement entre elles, tout dérangement des pièces en métal est impossible. La durée des cuirs et des rondelles est indéfinie ; ce sont cependant les seules parties du saturateur qui nécessitent quelques réparations, mais très-rares. La rondelle en cuir *qq* supportant tout le frottement, peut subir une lente usure. On n'a, en ce cas, qu'à la remplacer sans ôter la douille de dedans la sphère, en ayant soin d'arrondir les bords en la taillant. Le *chant* que nous avons signalé peut se faire entendre si le cuir embouti *pp* a été mal préparé. Comme dans le premier cas, on fait cesser ce chant sans difficulté ni dépense en employant le bain de cire, comme nous venons de l'expliquer § 241.

244. — Pour le remontage de l'agitateur et de la sphère, on suit la marche inverse qu'on a prise pour le démontage, vissant les écrous et les boulons à leurs places respectives, en commençant par le dernier enlevé et terminant par le premier. On doit surtout ne pas oublier de bien mettre en place tous les cuirs qui forment les joints qui établissent la fermeture hermétique.

ROBINET DE SORTIE.

245. — La clef du robinet de sortie P porte à son extrémité une petite rondelle en cuir de semelle battu *o*, maintenue par une vis et formant fermeture hermétique entre le saturateur et les tirages (planche XLIV, page 213, § 144). S'il se déclarait un suintement du côté de sa poignée, il faudrait recharger les parties garnies de filasse ou de fil ciré.

246. — Toutes les pièces qui composent le robinet de tirage des bouteilles (§ 152) peuvent être démontées successivement en com-

PLANCHE XLVI.

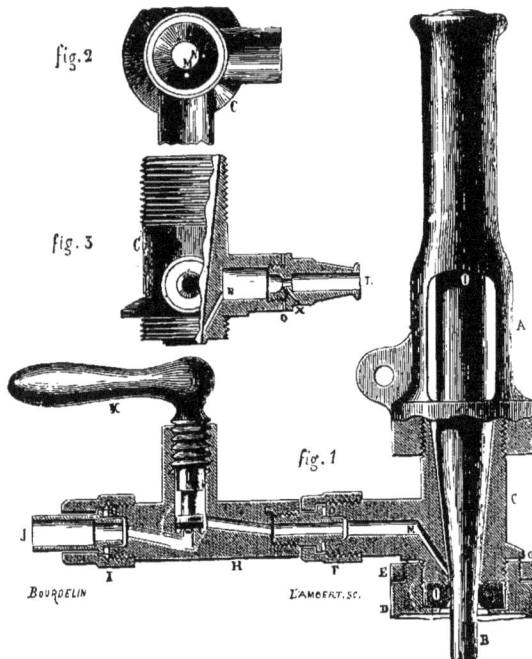

Robinet du tirage en bouteilles, vu en coupe et en détail.

mençant à dévisser le raccord i ou n° 6, puis le raccord F du corps du robinet H, le cône C, enfin l'écrou du baguin d'embouteillage D. On

a rarement besoin d'opérer ce démontage au grand complet; il suffit
de s'assurer, toutes les fois que le robinet fuit, que la petite rondelle de cuir placée à l'extrémité de la clef de robinet K est en
bon état ; si elle doit être remplacée, on enlève la vis qui la maintient et l'on met une nouvelle rondelle à travers laquelle on replace
la petite vis.

247.— Lorsque le caoutchouc moulé O qui revêt l'intérieur du
cône d'embouteillage doit être changé, on dévisse l'écrou D, on en
lève le caoutchouc usé, on garnit l'emboîtage d'un neuf et on remet
l'écrou en place. Il faut veiller à ce qu'un fragment de liége, ou
tout autre corpuscule introduit dans le dégorgeoir ne s'oppose pas
au fonctionnement de la soupape ; pour cela, dévissant le petit
cylindre L (fig. 3) on enlève le petit bouton de sur sa tige, puis
on visite et on nettoie tous les détails du mécanisme.

TIRAGE DES SIPHONS (planche XLVII).

248. — Pour remplacer le petit caoutchouc O qui garnit l'intérieur du baguin et sur lequel vient reposer le bec du siphon, dévissez l'écrou X, nettoyez sa cavité, placez le cône élastique dans
son emboîtage, puis revissez l'écrou X sur le bec T (§ 155).

249. — S'il est nécessaire de visiter les chambres des soupapes
ou les cuirs dans lesquels fonctionnent leurs tiges, ou encore les
ressorts qui les font mouvoir, — et qui souvent se trouvent en-
crassés par un nettoyage mal fait, ce dont on s'aperçoit à leur jeu
irrégulier, — dévissez l'écrou-chapeau V, et la chambre dégorgeoir sera ouverte. Pour celle de l'embouteillage, enlevez d'abord
l'écrou-baguin X, puis la pièce cylindrique T. Repoussez alors, à
l'aide du butoir K, la tête des tiges B ou C suivant celle des sou-

papes que vous voulez visiter. Dévissez les petits écrous **LH**, et assurez-vous que le petit disque en caoutchouc *o* qu'ils emboîtent n'est pas détérioré et s'il ne s'y est pas logé quelque petit gravier.

PLANCHE XLVII.

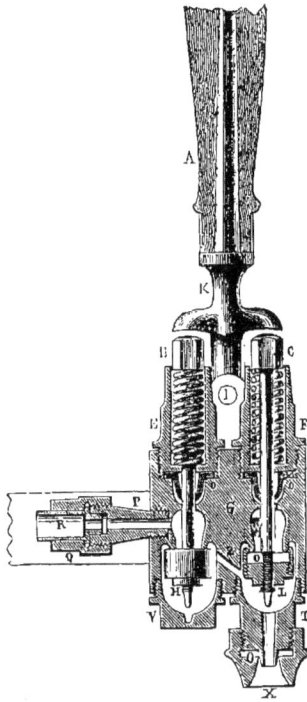

Aussitôt que le petit écrou ne les retient plus, retirez les tiges des soupapes et leurs ressorts de l'intérieur des cylindres **E** et **F**, et il ne vous restera plus qu'à dévisser ces cylindres pour visiter librement les cuirs emboutis *oo* qui forment la fermeture des tiges des soupapes dans leurs guides, comme si c'était un piston, et à nettoyer toutes les parties de l'appareil de tirage que vous remonterez en faisant, pour remettre chaque pièce en place, le contraire de ce que vous avez fait pour les en ôter.

250. — Une grande propreté et une goutte d'huile d'olive de loin en loin sur les articulations du levier **K** sur son axe *i* sont les seuls soins d'entretien journalier

Robinet du tirage des siphons, vu en coupe

que demandent ce tirage. Si un dérangement quelconque se produit, il ne peut avoir pour cause que l'introduction de quelque corpuscule dans les soupapes ou l'usure d'un caoutchouc, ou d'une rondelle en cuir; on s'éclaire sur la cause du dérangement,

et on y remédie soit par le nettoyage, soit en remplaçant le caoutchouc ou le cuir usé.

PLANCHE XLVIII.

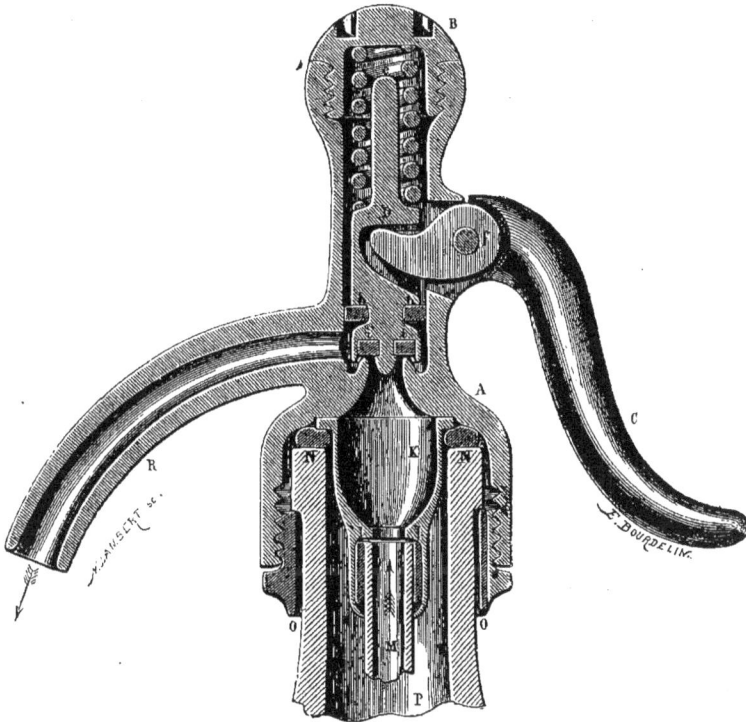

Siphon à grand levier, vu en coupe.

SIPHONS (planches XLVIII et XLIX).

251. — Lorsqu'une fuite se manifeste dans les siphons à grand

levier (§ 157), si elle a lieu par le bec, elle provient du mauvais jeu du piston, dont les dérangements sont occasionnés, la plupart du temps, par un petit gravier qui s'est glissé entre la soupape et la fermeture. Si c'est par la bague flexible OO, qui fixe l'armature sur le vase, la rondelle en caoutchouc NN placée au-dessus du goulot n'est pas assez serrée ; si la fuite a lieu par la pédale, la rondelle en caoutchouc *ii* au-dessus de la pédale est usée ou dérangée. Dans tous les cas, il faut procéder à la vérification du siphon.

252. — Si la fuite a lieu par la pédale ou par le bec, dévissez le chapeau demi-sphérique B (planche XLVIII) à l'aide de sa clef, retirez le ressort *e* ; dévissez avec le petit tournevis l'axe du levier *f*, enlevez le levier *c*, et vous pourrez alors retirer sans obstacle le piston D de l'intérieur du siphon. Vérifiez et nettoyez avec soin toutes les parties du mécanisme. Si la rondelle à frottement *hh* est usée, remplacez-la par une neuve et remontez l'appareil. Si la rondelle *i i* qui forme soupape est déchirée, — cas fort rare, — il faut remplacer le piston. Si la fuite a lieu par le montage, il suffit, pour la plupart des cas, de serrer, à l'aide de la pince, l'écrou flexible O en se servant de la presse à siphon (§ 159), afin de serrer la rondelle NN qui fait le joint.

253. — Si la fuite se manifeste dans un siphon à petit levier (planche XLIX) ou qu'on veuille vérifier pour un motif quelconque l'intérieur du vase, on doit, pour le démontage, se servir de la presse à siphons (§ 159). Posez le vase sur le disque en caoutchouc qui garnit le plateau, tournez le volant de la main gauche jusqu'à ce que le tête du siphon soit logée dans la boite placée au haut de la presse et dans les échancrures de laquelle s'adaptent le bec et la pédale. Empoignez la bague-écrou O avec la pince spécialement destinée à cet usage, que vous maniez de la main droite, et appuyant à gauche vous agissez dans le même sens avec l'autre main sur le volant du plateau. Vous dévisserez alors sans peine la bague-écrou O et le corps du siphon ne sera plus retenu sur la ca-

rafe. Enlevez ensuite l'entonnoir K et la rondelle N, et après avoir
vérifié et nettoyé, remettez la rondelle N et l'entonnoir porte-
tube R à leur place.

PLANCHE XLIX.

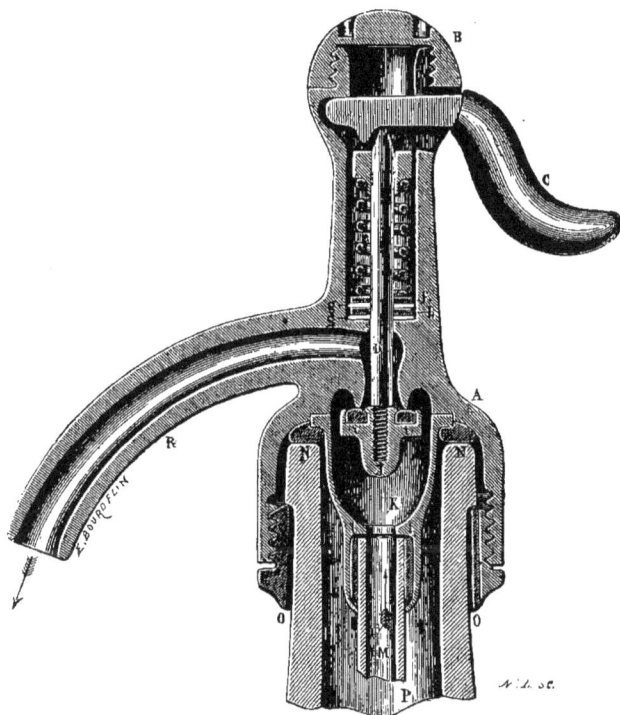

Siphon à petit levier.

254. — Pour visiter la soupape du siphon à petit levier (§ 158),
après avoir enlevé l'appareil siphoïde de sur la carafe, appuyez
fortement sur le levier en prenant la tête dans la main gauche, et
dévissez, au moyen de la clef, la soupape J. Sans cette précaution,
le caoutchouc *ii* logé dans la soupape pourrait, en la dévissant,

frotter contre l'étain et être déchiré. Dévissez le chapeau et appuyez avec un outil sur le buttoir du ressort, jusqu'à ce que le talon de la tige D permette de retirer le levier C. La tige D, le ressort et les rondelles *fghg* sont alors retirées. Voyez si la rondelle en caoutchouc feutré *ii* logée dans l'emboîtage de la soupape n'est pas incrustée de graviers ou déchirée, — il faudrait dans ce cas la remplacer complétement, — et si les rondelles en cuir de basane *gg*, placées sous la rondelle métallique *f*, autour de la tige, ainsi que la rondelle en caoutchouc *h* qui sépare les deux basanes, sont en bon état. Remplacez les pièces qui vous paraîtront détériorées ou usées, et remontez le petit appareil en suivant toujours l'ordre inverse que vous avez observé pour le démontage.

191. — Lorsqu'un accident brise la carafe d'un vase siphoïde, on enlève le siphon des débris du vase en se servant d'un bout de tube en fer pour dévisser la bague-écrou, et on le remonte sur un autre vase du même calibre. Si le tuyau plongeur a été cassé en même temps, on le remplace par un autre que l'on ajuste dans le petit entonnoir, ajustage des plus faciles.

POMPE A SIROPS

255. — La pompe à sirops (§ 161), par cela même qu'elle opère sur des matières visqueuses et facilement cristallisables, doit être tenue très-propre. Il est bon de lui faire subir toutes les fois qu'on veut s'en servir, un lavage à l'eau tiède. Pour cela on place un vase garni d'eau tiède sous le haguin, et l'on fait fonctionner la pompe ; toutes ses parties se trouvent ainsi parfaitement lavées. Les caoutchoucs qui garnissent les baguins et le cuir embouti du piston sont seuls sujets à l'usure ; pour vérifier le

piston, il faut en opérer le démontage. Dévissez l'écrou qui fixe l'arbre dans ses coussinets au-dessus du corps de pompe; dégagez le pignon D de l'intérieur de la crémaillère E (planche XXII, page 148) en tirant l'arbre par la manivelle, et vous n'aurez plus qu'à retirer cette tige crémaillère formant piston; en enlevant l'écrou H vous pourrez visiter toutes les parties qui composent ce piston (§ 161) et retailler légèrement ou changer au besoin le cuir embouti.

RACCORDS, JOINTS, BOULONS.

256. — Nous avons évité autant que possible l'emploi des raccords, des joints et des boulons. Dans notre système de joints il se forme très-rarement des fuites, il est du reste, si on en constate, très-facile d'y remédier, tous les serrages et réunions des pièces étant à vis et se faisant à l'aide d'une clef. Les seules parties soumises à l'usure sont les rondelles formant les joints hermétiques, qui se compriment à la longue; on les remplace sans peine et presque sans frais. Pour les poser avec plus de facilité on peut tremper ces cuirs dans l'eau tiède; mais il faut se garder de trop les ramollir ou de les déformer, et éviter surtout de les graisser.

ÉTAMAGE.

257. — Après de très-longs services, dont la durée peut être de plus ou moins d'années, suivant la nature des eaux et les soins apportés, l'usure a dévoré lentement l'étain ou le plomb qui double

l'intérieur des appareils. Pour plus de sûreté on doit alors confier l'étamage aux constructeurs eux-mêmes, quelques parties de cette opération exigeant des soins particuliers et ne pouvant être bien faites que par des ouvriers spéciaux. Si cependant, pour éviter des transports, on la confie à des personnes étrangères à la construction des appareils, on doit veiller à ce qu'on n'emploie que de l'étain fin et qu'on en dépose une couche suffisante et d'égale épaisseur sur tous les points.

OUTILS, PIÈCES DE RECHANGE.

258. — Le fabricant doit avoir toujours dans ses ateliers, les outils nécessaires au montage et au démontage des appareils, et des pièces de rechange dont nous donnons plus loin la nomenclature.

Les principales pièces de rechange sont les cuirs emboutis, les rondelles en cuir et en caoutchouc pour toutes les parties où il se trouve des raccords, des écrous, des tuyaux, des tubes en verre pour le niveau d'eau. En s'adressant aux constructeurs et en envoyant la désignation des pièces qui manquent et le numéro de l'appareil, on n'aura qu'à mettre en place celles qu'on recevra. Ces cas de rechange, sauf pour quelques rondelles en cuir et en caoutchouc, sont du reste excessivement rares ; beaucoup de nos appareils fonctionnent depuis cinq ans sans avoir eu besoin de la moindre réparation.

CHAPITRE XI

EAU DE SELTZ

Composition, matières premières, fabrication.

COMPOSITION.

259. — On désigne sous le nom d'eau de Seltz l'eau potable ordinaire chargée de cinq fois son volume de gaz acide carbonique, si l'on suit strictement les prescriptions du codex, en plus forte proportion si l'on fabrique industriellement. Nulle autre substance que l'eau et le gaz, l'un et l'autre à l'état le plus pur possible, ne doivent entrer dans sa composition. Si l'on y mêle des sels alcalins ou minéraux, on ne fabrique plus de l'eau de Seltz, pouvant servir aux usages ordinaires, et entrer comme véhicule dans la composition des boissons gazeuses sucrées, limonades, grogs ou sodas, mais bien une eau minérale quelconque, qui ne saurait entrer dans le régime journalier des populations. Les détails que nous avons donnés (§ 67 et § 104) sur les effets physiologiques de

ces eaux composées, doivent faire assez comprendre l'importance de cette recommandation. Même dans la mesure de la liberté laissée par les règlements officiels à l'industrie ordinaire, les fabricants ne doivent pas se livrer, sans motif spécial, à ces sortes de préparations. Ce sera donc de la fabrication de l'eau de Seltz ou eau gazeuse, que nous traiterons exclusivement dans ce chapitre.

260. — L'introduction artificielle du gaz acide carbonique dans l'eau s'opère à l'aide des appareils mécaniques que nous avons décrits et dont nous avons expliqué minutieusement la charge et la manœuvre. Le lecteur qui nous suit attentivement depuis le commencement de ce volume, n'aura donc pas de peine à comprendre les phénomènes physico-chimiques qui s'accomplissent pendant cette fabrication et dans l'explication desquels nous n'aurons plus à entrer qu'autant qu'ils pourront nous fournir quelque éclaircissement nouveau utile dans la pratique. Les instructions que nous allons donner seront donc très-courtes ; elles découlent entièrement de ce que nous avons dit, et ne font que formuler et résumer les enseignements contenus dans l'exposé que nous avons fai de la marche qu'à suivie l'industrie et des progrès qu'elle a accomplis.

261. — Très-simple par elle-même, surtout en théorie, la préparation de l'eau de Seltz est cependant très-délicate et demande des soins attentifs et éclairés. De la perfection des appareils et du choix des matières premières dépend en partie la qualité du produit qu'on obtient ; mais la manière dont est conduite l'opération exerce sur lui une immense influence. On ne devra donc négliger aucune des recommandations que nous allons faire, en supposant que la fabrication s'opère dans un atelier pourvu de l'outillage le plus complet et le plus perfectionné.

262. — Les matières premières qui entrent dans la fabrication de l'eau de Seltz, sont au nombre de trois : l'eau, l'acide et le carbonate. On trouvera dans le chapitre XVI, consacré spécialement à

l'étude des matières premières, tout ce qu'il est nécessaire au fabricant de connaître sur la composition, la nature et les qualités de ces différents produits ; il devra guider son choix d'après les renseignements qu'il y puisera.

263. — L'eau doit réunir toutes les qualités et les caractères qui distinguent l'eau potable la meilleure (§ 491). Elle doit être filtrée quelle que soit sa provenance (§§ 486 et 487), et employée à la plus basse température (§§ 6 et 328), afin que la dissolution du gaz soit plus facile et plus rapide. Si une de ces conditions lui manque, non-seulement la qualité du produit, mais encore la marche de la fabrication s'en ressentiront. Les eaux crues (§ 489), chargées de sels minéraux et de principes organiques exercent sur la santé une influence funeste dont la responsabilité peut remonter jusqu'au fabricant. Les eaux qui ne sont pas d'une limpidité parfaite tiennent en suspension des substances de diverses natures, qui donnent mauvais goût au produit et, s'interposant entre les soupapes ou dans les clapets de la pompe, occasionnent de fréquents dérangements. Elle doit toujours arriver abondante et fraîche dans le filtre ; la soupape flotteur doit là tenir constamment à la même hauteur dans le bassin d'alimentation (§ 142).

264. — La température de l'atelier ne doit pas dépasser autant que possible $+ 8°$. On parvient à l'entretenir facilement, à ce degré de fraîcheur, si l'aération y est convenable, par de fréquents lavages et par l'évaporation des eaux vanes, qui agiront alors constamment comme réfrigérants. Si ces moyens naturels ne suffisent pas, on doit, dans les localités où cela est possible sans trop de dépense, mettre de la glace dans le bassin d'alimentation. Ou, si l'on ne peut user de ce moyen, entourer ce bassin soit d'un mélange réfrigérant, soit de simples linges imbibés d'eau, qui s'emparera en s'évaporant d'une partie du calorique et abaissera ainsi sa température. Ce dernier moyen est le plus facile et le moins coûteux ; on peut revêtir ainsi d'une enveloppe mouillée

tous les conduits dans lesquels circule l'eau et le gaz, le corps de pompe et les chambres des clapets, qui alors ne s'échaufferont jamais

265. — L'acide sulfurique à 66° degrés et pur le plus possible, doit être seul employé (§§ 510 et 511). La craie ou blanc doit avoir subi des lavages suffisants pour la débarrasser de toutes les matières terreuses qu'elle pourrait contenir (§ 500) et qui donnent un goût marécageux à l'eau de Seltz. Généralement, on emploie ces deux matières telles que les livre le commerce, sans essai préalable ; c'est un tort. On paye cette négligence par la mauvaise qualité du produit et par la dépense plus grande en matières premières. La charge du producteur faite comme nous l'avons expliqué (§ 193). Le dégagement de l'acide carbonique s'opérant avec la plus grande régularité (§ 212) par la réaction de l'acide sulfurique sur là craie, le gaz va se purifier dans les trois compartiments de l'épurateur et s'emmagasiner dans le gazomètre où il achève de se refroidir. Le mélange de l'acide sulfurique avec l'eau a occasionné, en effet, dans le décompositeur un dégagement notable de chaleur augmenté encore par la réaction de l'acide sur le carbonate (§ 509). L'acide carbonique est donc en arrivant dans les laveurs à une température relativement élevée, et c'est une des raisons qui doivent faire le mieux comprendre au fabricant la nécessité de tenir ceux-ci constamment garnis d'eau et de maintenir dans l'atelier la plus basse température possible. Il est donc très-avantageux que l'acide carbonique ait à séjourner quelque temps dans le gazomètre, ce qui arrive naturellement lorsque celui-ci étant suffisamment garni, le dégagement du gaz, la saturation de l'eau et les tirages marchent tous d'une manière régulière et normale.

266. — L'acide carbonique aspiré par la pompe dans le gazomètre arrive en même temps que l'eau au robinet régulateur et est refoulé avec elle dans le saturateur (§ 140). Le premier effet de son contact avec l'eau est de chasser tout l'air que le liquide peut

contenir; ce n'est qu'après que cette expulsion est complète que le
mélange de l'eau et de l'acide carbonique s'opère d'une manière
intime, et que le liquide devient susceptible de cette forte imprégnation qui caractérise les eaux gazeuses artificielles. C'est un fait
important dont le fabricant doit toujours tenir compte, soit en
faisant la purge de l'appareil (§ 200), soit en opérant le dégorgement
des bouteilles ou des siphons. Si une certaine·quantité d'air reste
dans le liquide, la dissolution du gaz ne s'opère plus aussi cómpléte-
ment, et la pression qui s'exerce dans la chambre où s'accumule
l'air refoulé n'est plus proportionnelle à la quantité de gaz dissoute
elle est plus grande, on n'est plus certain du degré de saturation
du produit obtenu. Cette observation faite d'abord par Dalton,
dans les ateliers de Paul, et confirmée depuis, explique pourquoi
la moindre introduction d'air dans l'appareil derange si prompp-
tement la marche de la pompe, et donne à l'eau saturée une apparence laiteuse d'un aspect particulier qui dénonce une prise d'air
par la pompe au fabricant expérimenté.

267. — Le jeu de l'agitateur en brisant l'eau dans la sphère la
pulvérisant presque, met en contact tous ces molécules avec ceux
du gaz et sous l'action de la pression, la dissolution de l'acide carbonique s'opère rapidement; il faut cependant un temps normal
pour que l'imprégnation de l'eau soit intime. Aussi faut-il ne pas
exagérer le jeu de la pompe et le maintenir toujours à la moyenne
de quarante-cinq coups de piston par minute. L'agitateur marche
deux fois plus rapidement à cause des proportions du rayon des
roues d'engrenage, et fouette quatre fois l'eau pendant que le
piston accomplit une évolution. La pression doit être maintenue
d'une manière constante à huit atmosphères pour le tirage des
bouteilles, à douze pour celui des siphons. La hauteur de l'eau,
comme nous l'avons indiqué au regard de l'armature du niveau
d'eau qui correspond à la moitié de la sphère (§ 147). L'eau saturée
perd une partie de son gaz par le dégorgement, les bouteilles en

contiennent encore de cinq à six fois leur volume et les siphons de
huit à neuf. Sous cette pression l'imprégnation se continue dans le
vase. Il s'établit une sorte d'adhésion intime entre les molécules
liquides et les molécules gazeuses ; si le fabricant à le soin de ne
les livrer qu'un jour après le tirage, et de les maintenir pendant
ce temps dans un endroit frais, l'eau aura acquis une saveur
franche, et un piquant plus agréable ; elle restera aussi longtemps
petillante dans le verre que l'eau minérale naturelle le plus riche
en principes gazeux.

268. — Les bouteilles et les siphons dans lesquels on opère le
tirage doivent être parfaitement propres et hermétiquement bou-
chés. La moindre fuite par le bouchon ou l'armature siphoïde
s'opérant sous une pression aussi forte a bientôt donné issue à des
quantités considérable d'acide, et l'eau perd alors ses propriétés
gazeuses. Aussi doit-on s'assurer de la bonne qualité des bouchons
qu'on emploie et essayer le mécanisme de chaque siphon qu'on
veut remplir. Pour cela un ouvrier introduit une petite quantité
d'eau fortement saturée dans le siphon et après avoir un peu agité
ce vase il donne libre jeu à la soupape. Il a obtenu ainsi un double
résultat, il s'est assuré du bon état du mécanisme, et a fait subir
au vase un utile lavage. Si l'on doit tenir compte de l'eau saturée
ainsi dépensée on ne doit pas la regarder comme occasionnant une
perte sèche, outre le service qu'elle a rendu, cette eau jaillissant
avec force du siphon se pulvérise et s'évaporant presque instantanément contribue puissamment à maintenir la fraîcheur dans
l'atelier.

269. — Le débit de l'eau de Seltz s'opère en bouteilles (§§ 203
à 209) ou en siphons (§ 210), mais le système qu'on emploie est loin
d'être indifférent pour le fabricant et pour le consommateur.
En bouteille, l'eau est moins chargée d'acide carbonique, et si elle
reste en vidange, elle perd très-rapidement tous ses principes
gazeux. La bouteille ne coûte, il est vrai, au fabricant, que quel-

ques sous d'achat et contient moins d'eau saturée que le siphon, mais elle exige l'emploi d'un bouchon d'une petite quantité de ficelle, et une manœuvre plus longue pour le tirage. Il faut la maintenir couchée, elle perd bien souvent dans le transport. L'eau contenue dans le siphon est beaucoup plus chargée d'acide carbonique et le dernier verre qui en jaillit est aussi saturé que le premier. Le vase peut rester impunément en vidange pendant un temps indéterminé ; le consommateur n'a à se préoccuper ni de le boucher, ni de le coucher. Le siphon coûte un peu cher comme achat, mais le fabricant a bientôt recouvré cette dépense et le dépôt des siphons marqués de son nom chez les débitants lui fait de la propagande et assure sa clientèle. Le consommateur et le fabricant ont donc également intérêt à ce que l'eau de Seltz soit débitée en siphons et non en bouteille.

270. — De l'eau fraiche, limpide et très-pure ; de l'acide carbonique parfaitement épuré et refroidi ; la marche la plus régulière dans le fonctionnement des appareils ; l'expulsion complète de l'air de l'intérieur des appareils et du liquide ; une température moyenne de huit degrés dans l'atelier et une propreté extrême telles sont les conditions qu'il faut réaliser pour obtenir de l'eau de Seltz possédant toutes les qualités désirables. Toutes ces conditions dépendent en grande partie, lorsqu'on possède un outillage perfectionné, de la surveillance qu'exerce le fabricant.

Nous traiterons plus loin la tenue des ateliers.

Aujourd'hui beaucoup d'établissements d'eaux minérales naturelles se servent des appareils de fabrication d'eau de Seltz pour charger l'eau de leurs sources d'une quantité plus grande de gaz acide carbonique que celle qu'elles contiennent naturellement. Cette gazéification artificielle les rend plus agréables, plus digestives et les fait plus facilement accepter comme eaux de table. Nous n'avons pas à apprécier ici ce procédé au point de vue hygiénique, ces établissements étant sous la direction spéciale de savants médecins qui ont pu mieux que nous se rendre compte de ses résultats, et étudier l'action particulière des sels contenus en dissolution dans ces eaux sur l'étain ou même l'argent qui revêt à l'intérieur les appareils. Nous devons nous borner à dire que tout ce que nous avons écrit sur la fabrication de l'eau de Seltz proprement dite s'applique à la gazéification des eaux minérales naturelles ; on n'a, pour cette opération, qu'à suivre textuellement les instructions contenues dans ce chapitre et dans celui de la manœuvre des appareils.

La fabrication des eaux minérales factices doit encore moins nous occuper. Nous avons franchement exprimé notre opinion à ce sujet ; la fabrication des eaux gazeuses artificiellement minéralisées doit être laissée au pharmacien. Si cependant le simple industriel croit devoir fabriquer les soda-waters dont nous avons donné les formules § 96, il doit se servir de préférence de bouteilles dans lesquelles il mettra à l'avance la dose convenable de bicarbonate de soude ou de potasse. Pour la fabrication des autres eaux minérales artificielles, il devra s'en rapporter au Codex ou aux médecins pour les formules, et suivre pour leur fabrication les explications sommaires que nous avons données § 95.

CHAPITRE XII

BOISSONS GAZEUSES SUCRÉES

Limonades. — Orangeades. — Grenadines. — Sirops. — Préparation. — Bassine
à double fond. — Arome. — Compositio des alcoolats ou esprits. — Pompe
à sirops. — Dosage des bouteilles. — Dosage des siphons. — Boissons gazeuses alcoolisées. — Sodas. — Conserves et sirop de groseilles. — Dernières
observations.

OBSERVATIONS PRÉLIMINAIRE.

271. — La fabrication des limonades est une des branches les
plus considérables et les plus fructueuses de l'industrie des boissons gazeuses, les fabricants doivent fonder sur elle les plus légi-
times espérances ; en donnant à leur préparation le soin qu'elle
mérite, ils seront toujours assurés de voir grandir le chiffre de
leur vente. Qu'ils ne confient jamais à des maisons étrangères le
soin de faire leurs sirops, et qu'ils s'assurent par des essais de
la bonne qualité des alcoolats et des aromes qu'ils n'auraient pu

préparer eux-mêmes. Qu'ils se gardent surtout de ces sophistications qui déshonorent le commerce et qui préparent la ruine en produisant un bénéfice passager ; elles ne peuvent longtemps échapper à la vigilance administrative et la déconsidération suit toujours la juste condamnation qu'elles attirent. Nous donnons ici toutes les instructions nécessaires pour fabriquer les limonades, nous indiquons les formules et la préparation des sirops, des alcoolats, des aromes ordinairement employés; en suivant ces instructions et ces formules avec soin, les fabricants produiront d'excellentes limonades d'un goût et d'une limpidité parfaite, d'une conservation certaine; ils verront le goût s'en répandre de plus en plus autour d'eux et leurs bénéfices augmenter d'autant.

272. — La première et la plus importante des prescriptions que nous ferons, c'est d'apporter dans toutes les manipulations une propreté extrême, les robinets de tirage, les pompes à sirops, les vases, les bassines, les bouteilles, les terrines, tous les appareils, outils ou ustensiles qui servent à ces préparations doivent avoir subi de minutieux lavages et être complétement secs quand on les emploie. Nous ne saurions trop insister sur cette recommandation : — de la propreté, des soins qu'on prend dépendent en grande partie les qualités des boissons gazeuses, sucrées et aromatisées qu'on livre à la consommation.

COMPOSITION DES LIMONADES.

273. — La limonade gazeuse ordinaire est d'ailleurs comme formule d'une fabrication fort simple. On met : dit le Codex, 65 grammes de sirop de limon dans chaque bouteille de la contenance de 625 grammes, et on l'emplit ensuite d'eau chargée de cinq vo-

lumes de gaz acide carbonique. La recette la plus usuelle de l'industrie, c'est d'introduire dans chaque bouteille d'une contenance de 675 grammes, 75 grammes de sirop de limon et de tirer l'eau gazeuse par-dessus, sous la pression de 8 atmosphères. Lorsque la bouteille est bouchée, on l'agite pour opérer le mélange. C'est une recette très-simple en apparence et en qui se résument tous les renseignements que nous allons donner ; mais, dans la pratique, l'accomplissement de cette formule exige des manipulations très-délicates, un choix extrême des matières premières, et de là viennent ces grandes différences qu'on remarque entre les limonades des divers fabricants qui, cependant, appliquent tous la même recette.

PROPRIÉTÉS HYGIÉNIQUES.

274. — Le sirop et les aromes, mêlés à l'eau gazeuse, loin de lui faire perdre ses qualités purement hygiéniques, en la rendant plus agréable au goût, y ajoutent les qualités toniques et les propriétés thérapeutiques qui leur sont propres. Le suc du limon et de citron, mélangé avec de l'eau sucrée et de l'eau gazeuse, donne une boisson acidulée rafraîchissante des plus agréables. Elle est surtout bienfaisante dans les grandes chaleurs, lorsque, comme dans la fabrication industrielle, on emploie à sa préparation avec la pulpe, l'écorce du fruit qui contient une notable quantité d'huile essentielle, amère et aromatique que la science prescrit comme tonique. Cette limonade est très usitée en médecine, elle possède de précieux avantages contre les affections scorbutiques, contribue à guérir les aphtes, les inflammations, les fièvres angineuses, bilieuses, adynamiques, est ordonnée dans les différentes phlegmasies, etc.

275.— L'arome du citron n'est pas le seul d'ailleurs qui entre dans la préparation des eaux gazeuses : ceux de l'orange, de la vanille, de la framboise, tous ceux qui donnent leurs parfums et leurs propriétés aux sorbets, aux liqueurs, aux produits de la confiserie, peuvent se marier à l'eau pétillante avec le plus grand agrément pour le palais et un avantage réel pour l'organisme. C'est au goût exercé du fabricant à le guider dans la composition du bouquet qu'il donne à ses produits ; qu'il songe seulement qu'en obéissant à toutes les fantaisies du goût, il doit respecter avant tout la santé du consommateur et laisser au médecin et au pharmacien l'emploi des substances qui ont sur elle une action médicinale trop directe.

SIROPS, COMPOSITIONS DIVERSES

276. — Les sirops sont formés par la dissolution concentrée du sucre dans l'eau pure ou dans l'eau chargée de diverses substances. Ce sont des liquides de consistance visqueuse qui doivent se conserver limpides, sans jamais présenter de traces de fermentation ou de cristallisation. On distingue les sirops simples et les sirops composés, employés les uns et les autres dans la fabrication des boissons gazeuses. Les sirops simples ne contiennent que de l'eau pure et de sucre. Des aromes, des sels, des sucs, ou d'autres substances se joignant au sucre et à l'eau forment les sirops composés.

Dans l'industrie, on divise les sirops simples en sirops de *sucre raffiné* ou *blanc* et en sirops de *sucre brut* ou *coloré* auxquels on joint les sirops de *raisin* et les sirops de *glucose* ou *glucosés* ; ces deux dernières variétés, qui ne devraient jamais entrer dans la maison d'un fabricant de boissons gazeuses, édulcorent cependant au grand préjudice de l'industrie et du consommateur, la plupart des limonades dont elles dénaturent le goût et amoindrissent la qualité.

Un fabricant désireux de bien faire, doit préparer ses sirops lui-même; sans cela, quelque soin qu'il prenne à quelque vérification qu'il se livre, il n'est jamais sûr de la composition de ceux qu'il emploie, il trouve d'ailleurs en agissant ainsi une économie notable qui l'indemnise amplement des quelques soins que lui prend cette préparation, et il assure la qualité de ses produits.

CHOIX DU SUCRE.

277. — Le choix du sucre est très-important, on ne doit se servir que du sucre de canne blanc et parfaitement raffiné. Les sucres de canne et de betterave paraissent au chimiste, lorsqu'ils sont purs, identiquement les mêmes ; lorsqu'ils sont employés en sirops et mélangés aux liqueurs et aux boissons, un palais exercé les reconnaît facilement. Les fabricants de vins de champagne ne s'y trompent jamais : les premiers donnent une saveur aromatique délicieuse, qui ajoute au bouquet des vins ; les seconds retrouvent un goût *sui generis* qui leur vient de la plante. Le meilleur moyen de les reconnaître, quand on a un peu de pratique, c'est d'en faire dissoudre un ou deux morceaux dans un verre d'eau pure, et au bout d'une demi-heure de déguster ; l'odorat et le palais décideront alors s'ils proviennent de la racine vulgaire ou du roseau indien. Il faut rejeter tous les sucres bruts ou tachés, qui ne doivent leur coloration qu'à des matières impures laissées par un mauvais raffinage ou au développement d'une végétation mi-croscopique, qui les colore en rouge ou en grès brunâtre. Les si-rops fabriqués avec ces qualités auraient mauvais goût et ne se

conserveraient pas. Quant aux sucres bruts, aux cassonades, aux résidus décolorés, leur emploi peut, dans certain cas, être considéré avec raison pour une falsification (§§ 524 à 530).

PRÉPARATION DU SIROP DE SUCRE. — BASSINE A DOUBLE FOND (planche L).

278. — La préparation du sirop de sucre pour limonades et boissons gazeuses est des plus simples et des plus faciles. On se sert ordinairement pour cette fabrication d'une bassine demi-sphérique en cuivre rouge, non étamée mais polie et nettoyée avec soin. Elle est chauffée à feu nu sur un fourneau bien ardent ce qui peut donner facilement lieu à des coups de feu et à d'autres inconvénients qu'on évite en employant une bassine à double fond, chauffée par la vapeur. Ces bassines sont essayées et timbrées par l'administration. La dépense en plus comme achat est peu considérable et elle est plus que compensée par l'économie de combustibles, la rapidité de l'opération et les pertes qu'elle épargne.

279. — Cette bassine se compose d'un bassin cylindrique A (planche L) d'une capacité plus ou moins grande en cuivre rouge battu et poli, ayant un fond demi-sphérique B sur lequel s'adapte un double fond aussi demi-sphérique C ; deux cercles en fer E forment le joint et réunissent les trois parties de cuivre ensemble au moyen de boulons, trois pieds recourbés en fonte FFF formant trépied supportent la bassine. La vapeur arrive dans le double fond d'un générateur quelconque, — de la chaudière de la machine, si la vapeur dessert l'atelier, — elle y pénètre par le robinet G et s'écoule après s'être refroidie ou condensée par un second robinet H. Un troisième robinet L adapté à un conduit qui

réunit au centre les deux fonds, sert à vider le contenu de la bas-

Bassine à double fond.

sine. Le sirop n'est ainsi chauffé qu'au degré voulu, on fait arriver la vapeur quand on veut et on l'arrête instantanément, aussitôt qu'on le désire. L'opération marche de la manière la plus ré-

gulière; on n'a jamais à craindre qu'un bouillonnement subit, jetant le sirop par-dessus le bord, occasionne une perte considérable. Le chauffage marchant toujours d'une manière graduée, il n'est pas besoin, pour abattre le sucre en ébulition, d'ajouter une quantité d'eau qui doit se perdre par l'évaporation, ce qui prolonge la fabrication des sirops et l'expose à des coups de feu — presque inévitables dès qu'on agit sur un foyer dont le feu doit être poussé vivement — et qui occasionnent la coloration et, par conséquent, la perte du sirop.

280. — Quelle que soit d'ailleurs la bassine dont on se sert, — chauffée à la vapeur ou à feu nu, — la composition du sirop est la même. Mettez dans la bassine 50 kilogrammes de sucre blanc cassé en morceaux de moyenne grosseur, mouillez avec 26 litres d'eau pure bien filtrée; — faites fondre sur un feu ardent, si vous vous servez de la bassine ordinaire, ou faites arriver la vapeur à plein jet, si vous employez la bassine à double fond ; — au premier bouillonnement, versez dans ce sirop 300 grammes d'acide tartrique; ou mieux, 200 grammes d'acide tartrique (§ 519) et 100 grammes d'acide citrique (§ 521) que vous avez fait dissoudre préalablement dans un demi-litre d'eau tiède; mélangez vivement avec une spatule en bois et arrêtez immédiatement votre vapeur ou enlevez votre bassine de dessus le fourneau (1). Il ne faut pas que l'ébullition dure plus d'une ou deux minutes. Passez instantanément votre sirop à travers un tamis en soie ou une chausse en feutre réservé pour cet usage, et laissez un peu refroidir dans des terrines ou des pots en terre couverts et placés dans un endroit frais.

(1) L'emploi de l'albumine (blanc d'œuf), du noir animal ou de toute autre substance clarifiante ne doit pas être conseillé; une certaine quantité reste toujours mêlée au sirop, et, faisant office de ferment, amène sa corruption. Il vaudrait mieux opérer un filtrage à la pâte de papier sans colle qu'on mêle au sirop sur le feu et qui reste dans la chausse. En choisissant bien son sucre, tous ces expédients sont inutiles, et c'est le mieux.

CONSERVATION DES SIROPS.

281. — La conservation d'un sirop dépend en partie de sa pureté, en partie de son degré de condensation ou de cuisson. Le sirop qui n'est pas assez cuit ne tarde pas à fermenter, comme quand il n'est pas entièrement pur; trop cuit, il laisse déposer des cristaux qui vont tapisser le fond des bouteilles. La pratique fait reconnaître le degré de cuisson à première vue; on peut s'en assurer par la balance, et mieux avec un aréomètre nommé pèse-sirop dont l'emploi est plus facile et qui donne des indications très-précises. Le sirop simple, — sucre et eau, — doit marquer bouillant 32 degrés, et froid 34 degrés en hiver, 35 en été de l'aréomètre Baumé. On le conserve dans des vases en terre ou dans des bouteilles hermétiquement fermées et mises dans un endroit frais. Pour plus de facilité, on peut les embouteiller quand ils sont tièdes; il ne faut en aucun cas les laisser refroidir à l'air libre dans des vases découverts, il se formerait de petits cristaux qui aideraient à la formation des candis.

SIROP DE GLUCOSE A REJETER.

282. — Quant au sirop de *glucose* ou *glucosé*, l'administration ne tolère son emploi qu'autant qu'il est annoncé par l'étiquette de la bouteille. Cet emploi peut occasionner de sérieux embarras, il ne peut être que difficilement préparé dans un atelier de fabrication d'eaux gazeuses, et est très-susceptible de falsification. On

l'obtient dans l'industrie en traitant la fécule de pomme de terre par l'acide sulfurique étendu d'eau qu'on sature avec de la craie ; on l'épure ensuite avec du sang de bœuf et on filtre avec du noir animal. Souvent la craie ou l'acide sulfurique sont en excès, d'autres fois la fécule est mal décomposée et la clarification imparfaite ; il est d'ailleurs presque toujours d'un goût peu agréable, sucre deux fois et demi moins que le sirop de sucre ordinaire et est trois fois moins soluble dans l'eau. Un seul de ces motifs devrait suffire pour le faire rejeter ; nous ne les avons rapportés tous que pour mieux convaincre les fabricants de la nécessité de le proscrire de leurs produits. Le bon marché, le seul motif qui puisse justifier son emploi, est illusoire ; il ne rachète aucun des désagréments qu'il occasionne.

283. — Il est d'ailleurs très-facile de reconnaître le sirop de glucose étendu d'eau et les limonades qui en contiennent. Porté à l'ébullition avec de la potasse, il noircit et exhale une odeur de caramel, et rougit par l'addition de quelques gouttes d'iodure iodurée ; ce dernier moyen le fait surtout facilement reconnaître ; il blanchit et précipite par plusieurs fois son volume d'alcool.

ACIDE TARTRIQUE ET CITRIQUE.

284. — L'acide tartrique (§ 519) et l'acide citrique (§ 521) sont employés séparément ou ensemble pour aciduler les sirops et les limonades. Leurs qualités, quoique à peu près les mêmes, ne sont pas complétement identiques. Il est bon de les mêler ensemble, ils se complètent alors l'un l'autre. L'acide citrique est plus fin, d'une saveur très-acide, mais franche et singulièrement agréable quand il est étendu d'eau ; l'acide tartrique est moins cher et con--

serve mieux les sirops et les limonades. L'un et l'autre sont souvent falsifiés dans le commerce (§§ 520-524). La préparation de ces deux acides n'étant guère possible dans un atelier de fabrication de boissons gazeuses, il faut s'adresser pour ces achats à une maison dont l'honorabilité soit une garantie, en ayant toutefois la précaution de le soumettre, lorsque les produits qu'ils donnent laissent à désirer, aux investigations d'un chimiste ou d'un pharmacien.

AROMES, ALCOOLATS, ESPRITS.

285. — L'AROME, ESPRIT OU ALCOOLAT se mêle au sirop, soit au moment de le mettre en bouteilles lorsqu'il est refroidi, soit au moment de s'en servir. On peut varier à l'infini le goût des limonades, en joignant au sirop et aux acides les divers aromes dont on fait usage dans les liqueurs. On aromatise le sirop dans la proportion de 10 à 15 grammes d'arome pour un litre de sirop. La plupart des esprits dont on fait usage sont d'une préparation très-simple ; voici leurs recettes.

286.—ESPRIT DE CITRON. Prenez les zestes de 40 citrons sans parcelles de pulpes, en n'enlevant de dessus l'écorce que l'épiderme dans laquelle est renfermée l'essence ou arome dans de petits globules, faites macérer dans 6 litres d'alcool très-pur, à 85° exempt de toute odeur de marc, d'empyreume ou autres. Après deux ou trois jours de macération, distillez au bain-marie jusqu'à siccité, rectifiez en ajoutant 2 litres d'eau et obtenez 5 litres de bon produit.

287. — ESPRIT D'ORANGES, DE CÉDRATS ET DE BIGARRADES. Même préparation que pour l'esprit de citron.

288.—ESPRIT DE FLEURS D'ORANGERS, ROSES D'ŒILLETS. Prenez les fleurs fraîches et mondées de leur calice (12 kil. 500 grammes

pour l'oranger et les œillets, 25 pour les roses; mettez-les dans
52 litres d'alcool à 80 degrés et faites infuser dans le bain-marie,
en vase clos, pendant vingt-quatre heures ; ajoutez 23 litres d'eau
au moment de distiller. Retirez 51 litres de bons produit, rectifiez en ajoutant 25 litres d'eau pour retirer 40 litres d'esprit parfumés.

289. — Pour les autres esprits, opérez de la même manière en
employant les doses suivantes des substances aromatiques pour la
même quantité d'alcool : HYSOPE, MÉLISSE, MENTHE, ABSINTHE,
12 kil. 500 grammes. — ANGÉLIQUE, ANIS, CARVI, CORIANDRE,
FENOUILLE, GENIÈVRE, AMBRETTE (semences), 6 kil. 500 grammes.
— CASCARILLE, ANGÉLIQUE, SANTAL, GINGEMBRE, CALAMUS (bois ou
racine) 6 kil. 250 grammes. — SANTAL, CACHOU, BENJOIN, CARDA-
MOME, CANNELLE (bois ou écorce) 3 kilogrammes.

290. — ESPRIT DE FRAMBOISES OU DE FRAISES, 25 kil. fraiches et
mondées. Alcool, 52 litres, opérer comme ci-dessus pour obtenir
50 litres chargés chacun de 500 grammes.

291. — Généralement pour les aromes ou esprits, il vaut mieux,
quand on n'a pas un peu de pratique et l'outillage nécessaire, les
tirer d'une maison spéciale, connue pour sa bonne préparation.
L'esprit concentré paraît avoir par lui-même peu d'arome mais son
parfum se développe aussitôt qu'il est étendu ; c'est ce qui explique,
pourquoi il en faut à peine quelques atomes dans une bouteille de
limonade pour qu'elle soit suffisamment aromatisée ; plus, serait
trop.

292.—Beaucoup de fabricants préparent eux-mêmes les esprits de
citron et d'orange ou de bigarrade, mais par infusion ou macération, en employant *de suite* ces extraits à la fabrication des limonades ou orangeades. La préparation de ces alcoolats est des plus
simples :

Prenez les zestes de 20 citrons ou de 20 oranges enlevés avec
beaucoup de soin ; faites macérer pendant 8 ou 10 jours dans deux

litre d'alcool très-pur sans odeur ni goût, à 56° degrés Cartier; passez au filtre de papier et aromatisez votre sirop à raison de 15
à 20 grammes d'alcoolat parfumé par litre de sirop, l'arome étant
par cette méthode moins concentré que par distillation,

293.— Les alcoolats se conservent dans des bouteilles bien bouchées, en un lieu d'une température ordinaire et s'améliorent en
vieillissant.

COMPOSITION DES SIROPS AROMATISÉS POUR LIMONADES
ORANGEADES, GRENADINES, ETC.

294.—Les trois boissons gazeuses sucrées les plus généralement
préparées sont : la limonade, l'orangeade, la grenadine et la limonade à la vanille. Pour ·la limonade on met dans un litre de sirop
préparé comme nous avons dit § 280 de 10 à 15 grammes d'alcoolat
de citron et, pour l'orangeade de 10 à 15 grammes d'alcoolat d'o-
range ; pour la grenadine, blanche ou colorée en rose, on met
moitié alcoolat de citron, moitié alcoolat d'orange pour un litre de
sirop, pour la limonade à la vanille on aromatise tout simplement
le sirop avec 15 grammes d'alcoolat de vanille.

DOSAGE DES LIMONADES. — POMPE A SIROPS.

295. — Les sirops aromatisés ainsi obtenus, il ne reste plus
qu'à les mélanger avec l'eau gazeuse. La quantité des sirops mise
par bouteille ou le dosage varie suivant les localités : il est habituellement à Paris de 50 à 120 grammes, jamais moins de 50. En pro-

vince il varie de 40 à 80 grammes. La dose convenable est de
60 à 80 grammes; au-dessus la limonade est trop sucrée, au-dessous elle ne l'est pas assez.

296. — On se contentait autrefois, et on se contente encore aujourd'hui dans les fabriques peu achalandées ou négligemment
tenues, de verser le sirop dans les bouteilles à l'aide d'une mesure
en fer-blanc ou en étain avec laquelle on le puise dans le vase à
large ouverture ou la terrine qui le contient. La dose n'est ainsi
jamais exacte, souvent elle est moindre, parfois plus forte. Certaines bouteilles sont dès lors très-bonnes, d'autres n'ont que le
goût d'eau de Seltz. Ces différences choquent souverainement le
consommateur.

297. — Il est en outre difficile de conserver dans ces différentes
manipulations la propreté qu'exige une opération si délicate. Il
faut doser une certaine quantité de bouteilles avant que de les
remplir; le sirop reste exposé à l'air libre, retenant les corpuscules,
les animacules qui y foisonnent et attirent les mouches et les
moucherons; de plus, il est bien difficile de ne pas en répandre
une partie en le puisant ou en le versant dans la bouteille. La pompe
à sirops (§ 160 et 161) remédie à tous ces inconvénients, elle fait le
dosage avec une précision mathématique et rapidité et fait pénétrer
le sirop dans la bouteille, ou même dans le siphon, sans perte et
sans difficulté aucune.

DOSAGE DES BOUTEILLES A LA POMPE (planche LI).

298. — Pour le dosage des bouteilles on soulève le couvercle et
l'on met dans le vase en cristal A, — préalablement bien nettoyé
ainsi que toute la pompe avec de l'eau tiède qu'on verse dans le
vase, et qu'on fait jaillir par le robinet G en faisant fonctionner la

pompe. — Le réservoir ainsi garni, on remplit d'eau la cage du

PLANCHE LI.

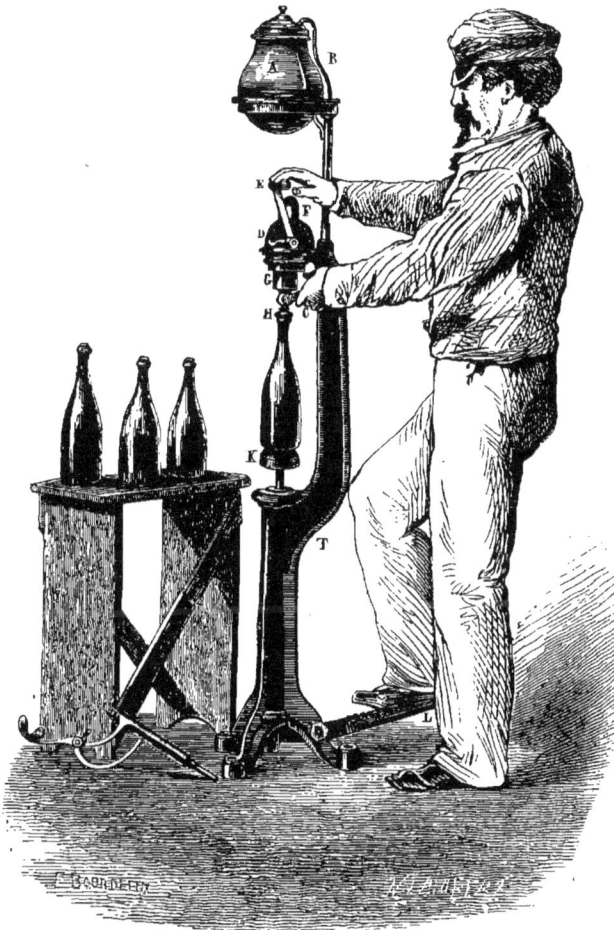

Dosage des bouteilles.

piston F pour entretenir la fraîcheur et la précision de la pompe et on a soin de changer cette eau toutes les fois qu'elle s'échauffe, chaque fois par exemple qu'on garnit de sirop le réservoir. Cela, fait, la pompe à doser le sirop est prête à fonctionner. Réglez en plaçant le bouton O dans le trou du cadran qui conviendra, la marche du piston et, par conséquent, la quantité du sirop qu'il aspirera et refoulera dans la bouteille. Posez la bouteille bien propre et bien sèche sur le bloquet K et tenez-la avec la main, jusqu'à ce que l'action du pied droit sur la pédale L ait engagé le goulot dans le baguin H du robinet de la pompe G et l'y maintienne dans l'emboîtage formé par les rebords du baguin, et le bec du robinet qui pénètre dans l'orifice du goulot.

299.—Prenez avec la main droite le levier E du piston F et avec la gauche la poignée C du robinet régulateur d'aspiration et d'écoulement. Tirez sur vous le levier E, le piston mû par la crémaillère F aspirera par le tube B la dose du sirop que vous aurez fixée, et l'amènera dans le corps de la pompe G.

Ouvrez alors, en baissant le levier C, le robinet régulateur de l'écoulement et repoussez de la main droite le levier E du piston F qui refoulera la dose du sirop dans la bouteille sans perte aucune. Fermez le robinet en relevant le levier et passez à une autre bouteille. Il a fallu quelques secondes pour faire l'opération que nous venons de décrire.

DOSAGE DES SIPHONS A LA POMPE (planche LII).

300. — Le dosage des siphons se fait aussi facilement. On enlève le bloquet de sur la tige mobile, on y pose l'armature à levier qui doit maintenir le siphon ; et dévissant l'écrou ou baguin du tirage à bouteille, on le remplace par le baguin H du tirage à siphon

(planche XXII, fig. 5, page 148) ; la manœuvre de la pompe s'opère

Dosage des siphons.

exactement comme pour le dosage des bouteilles, que nous venons de décrire.

EMPLISSAGE, BOUCHAGE.

301. — Au fur et à mesure que les bouteilles ou les siphons
sont dosés, on les passe aux tireurs qui emplissent (§ 203) les
bouteilles d'eau gazeuse sous une pression de 6 à 7 atmosphères,
et les siphons (§ 210) sous une pression de 8 à 10, en ayant soin
d'agiter le vase aussitôt qu'il est plein et bouché, pour faciliter le
mélange.

303. — Les bouteilles sont ficelées et bouchées comme nous
l'avons décrit pour les *eaux de Seltz* (§ 208), et l'on recouvre le
bouchon, qui doit être bien choisi, et une partie du col par une
feuille d'étain, comme pour les vins de Champagne (§ 362).

304. — Pour des motifs qui ne sont pas encore bien expliqués, les
limonades en bouteilles sont toujours meilleures que les limonades
en siphons, aussi les fabricants, pour plaire au public, renoncent-
ils à l'avantage qu'ils trouveraient à débiter des boissons gazeuses
sucrées en siphon.

BOISSONS GAZEUSES ALCOOLISÉES.

305. — On peut aussi facilement fabriquer des boissons gazeuses
alcoolisées que des boissons sucrées et aromatisées. On mélange
tout simplement au sirop (§ 280), une quantité proportionnée de
la liqueur dont on veut donner à l'eau le goût et les propriétés.
Si, par exemple, on veut préparer un grog mousseux, on met dans
chaque bouteille d'eau gazeuse 10 centilitres de sirop de limonade

et 5 centilitres d'eau-de-vie de Cognac, on charge la saturation à
six atmosphères et l'on opère comme à l'ordinaire.

306. — Pour faire une boisson mousseuses au punch on prend :

Sirop de sucre simple.	5 kilogrammes.
Eau-de-vie, rhum ou kirsch.	2 litres.
Esprit de citron.	1 centilitre
Acide citrique	4 grammes.

On mêle ensemble à chaud, dans un vase à large ouverture, en
porcelaine ou en argent, et on n'ajoute l'esprit de citron et l'acide
citrique qu'on a eu soin de faire dissoudre dans un peu d'eau,
qu'en dernier. On remue vivement le mélange qu'on laisse refroidir en couvrant hermétiquement le vase qui le contient. On fait
ensuite un demi-litre de thé très-fort et on le mêle au sirop au
moment de s'en servir. Au lieu de ce punch, on peut se servir
d'extraits de punch, ou punch par extraits, tels que : le punch de
Darolle, de Grassot, etc. La méthode de fabrication reste la même.

307. — Les boissons gazeuses alcoolisées peuvent être indifféremment préparées dans la bouteille comme les limonades ou dans le
verre du consommateur comme les sodas. L'absinthe se prépare
ordinairement dans le verre ; il vaudrait mieux, sous beaucoup de
rapports, qu'elle le fût dans la bouteille ou en siphon. M. Dupleix,
l'habile liquoriste, prit, il y a une dizaine d'années, un brevet pour
cette préparation. D'abord l'extrait d'absinthe employé serait moins
sophistiqué que l'absinthe qu'on sert ordinairement, il serait plus
mitigé et aussi agréable au goût. Le mélange instantané de l'absinthe et de l'eau produit un dégagement de chaleur qu'on peut évaluer à 6° centigrades, et une âcreté, un mordant désagréables qui
persistent pendant plusieurs heures ; ces inconvénients disparaissent par la préparation de l'absinthe gazeuse. Au lieu d'absinthe,
on pourrait se servir de l'extrait de toute autre liqueur apéritive
aussi agréable et moins nuisible, d'une couleur séduisante et don-

nant le même précipité;l'usage s'en répandant, ce serait non–seulement une affaire fructueuse, mais un service rendu à la santé publique.

SODAS, SIROPS ET CONSERVES DE GROSEILLE.

308. — Le soda se fait le plus ordinairement dans le verre du consommateur qui opère en remuant avec une cuillère le mélange du sirop et de l'eau gazeuse qu'il fait jaillir d'un siphon. Le sirop se compose de deux parties de sirop simple et d'une partie de conserve de groseilles framboisée. C'est là la formule la meilleure, la plus simple et la plus délicate.

Mais le consommateur vulgaire n'apprécie, dit-on, la qualité de son soda que d'après sa coloration plus ou moins foncée. Les fabricants, pour flatter son goût, ont pris la funeste habitude d'ajouter au sirop une certaine dose de cudbear ou une décoction de baies de sureau. On doit, si la couleur du sirop est trop pâle, la foncer avec du sirop de merise ou du vin noir très-coloré, et ne jamais employer le cudbear ni la teinture d'hièble ou de sureau.

309. — Les sirops de groseille, comme la plupart des sirops de fruits, se font avec des conserves, et il importe de préparer celles-ci avec beaucoup de soin pour les trouver en parfait état de conservation quand on voudra s'en servir. Il faut choisir les groseilles très-mûres, y mêler une certaine quantité de framboises qui marient si agréablement leur arome à la saveur de la groseille et du sucre, des cerises aigres qui agissent comme clarifiant et, si l'on peut s'en procurer, quelques merises qui donnent au sirop une couleur plus intense et plus riche. On met ordinairement un kil. de framboises par 10 kilogrammes de groseilles et 1 kil. et demi de chaque sorte de cerises.

On écrase les quatre fruits ensemble et par parties dans une terrine de grès. Après avoir passé le jus dans un tamis de crin, on
presse le marc, on réunit le suc qu'il abandonne à celui déjà obtenu et on laisse fermenter le tout dans un baquet ou un tonneau
qu'il faut toujours tenir très-propre. L'écrasement des fruits, le
tamisage et le pressage doivent se faire assez rapidement pour que
la fermentation s'établisse en même temps dans la masse entière
du jus.

310.—La fermentation (§ 323) a pour but de décomposer le suc de
raisin, le mucilage et la gelée contenue dans le suc des fruits, et de les
convertir en liquides vineux ou alcooliques ; elle détruit ou expulse
toutes les matières qui troublent la transparence des conserves. On
place les tonneaux défoncés dans une température de 15 à 20 degrés ; le liquide s'échauffe et laisse dégager en abondance du gaz
acide carbonique qui boursoufle le dépôt qui se forme au-dessus
du liquide et le soulève en une masse semi-sphérique qu'on nomme
le *chapeau*. Lorsque l'effervescence diminue, le *chapeau* s'affaisse
et le jus s'éclaircit.

311.—Quand la croûte qui recouvre le suc commence à se fendre,
que le liquide est parfaitement clair sans être sucré, que les moucherons, ne redoutant plus les émanations carboniques, voltigent
au-dessus du *chapeau*, l'opération est terminée.

On décante avec soin la conserve dans les vases qui doivent la
recevoir, on bouche hermétiquement et on ficelle. Puis l'on soumet
ces vases à une ébullition au bain-marie pour les priver complète-
ment d'air.

Dans les années où les principes sucrés abondent dans les fruits,
où le principe gélatineux, connu sous le nom de pectine, est très-
développé, il arrive souvent qu'au lieu de devenir limpide, le jus
de la groseille se prend en une seule masse ; il faut alors ajouter
une certaine quantité d'acide tartrique ou mettre la masse compacte dans des tamis en crin ; elle ne tarde pas à fondre, le plus

liquide passe, et les principes mucilagineux qui le coagulaient restent sur les tamis.

312. — Pour faire le sirop de groseille ou soda, on décante et filtre la conserve ; on met deux kilos de sucre cassé pour un kilo de conserves dans la bassine à sirops, l'on chauffe rapidement en remuant et écrasant même le sucre avec une spatule. Aussitôt le premier bouillon, supprimez la vapeur ou enlevez de sur le feu et laissez reposer un instant pour que l'écume s'affaisse. Lorsque cette écume est devenue un peu compacte, enlevez-la soigneusement avec l'écumoire ; passez ensuite le sirop, qui devra peser 32 degrés, à travers un blanchet ou une chausse, sans filtrer. La clarification s'opère d'elle-même ; on observe seulement de ne pas l'agiter quelques instants avant le bouillement, pour ne pas entraver celui-ci et nuire par cela à la limpidité du sirop.

DERNIÈRES OBSERVATIONS.

313. — Nous nous sommes étendus sur la fabrication des limonades, parce que c'est une des plus grandes ressources que puisse exploiter un fabricant intelligent. Nous avons groupé dans ce chapitre tous les renseignements qui peuvent lui aider à développer cette branche du commerce en variant ses produits, nous ajouterons quelques observations. Le fabricant ne doit préparer les boissons gazeuses sucrées ou olcoolisées qu'au fur et à mesure de ses besoins.

S'il expédie les limonades au loin, et si le débitant est obligé de les conserver longtemps, il faut les muter, en introduisant dans chaque bouteille, avant de la remplir d'eau, une dissolution contenant 5 centigrammes de sulfate de soude. On pourra alors les garder au moins une année sans qu'elles se troublent ou

prennent le moindre goût. Quelques jours suffisent pour faire
disparaître la saveur du sulfate de soude mis d'ailleurs à dose homéopathique.

Les boissons gazeuses contenant un liquide spiritueux ne doivent
pas être aussi chargées de gaz que celles qui n'en contiennent pas,
la réaction de l'alcool et du sucre en développent toujours une
certaine quantité, comme nous l'expliquons en traitant des vins
mousseux (§ 347).

Pour que le bouchon soit chassé avec force sans que la limonade
soit rejetée instantanément hors du goulot, il faut laisser un espace
vide de 5 à 6 centimètres entre le liége et le liquide.

Nos dernières recommandations, en terminant, seront les mêmes
sur lesquelles nous insistions au commencement de ce chapitre :
d'apporter des soins et une propreté extrêmes dans les manipulations ; de préparer soi-même ses sirops, et le plus possible toutes les
matières qui entrent dans la fabrication ; de ne s'adresser, pour se
procurer les autres, qu'aux maisons dont l'honorabilité est la
mieux garantie, et de ne pas chercher dans le bon marché des
produits des économies malentendues, ruineuses par leurs conséquences.

PLANCHE LIII.

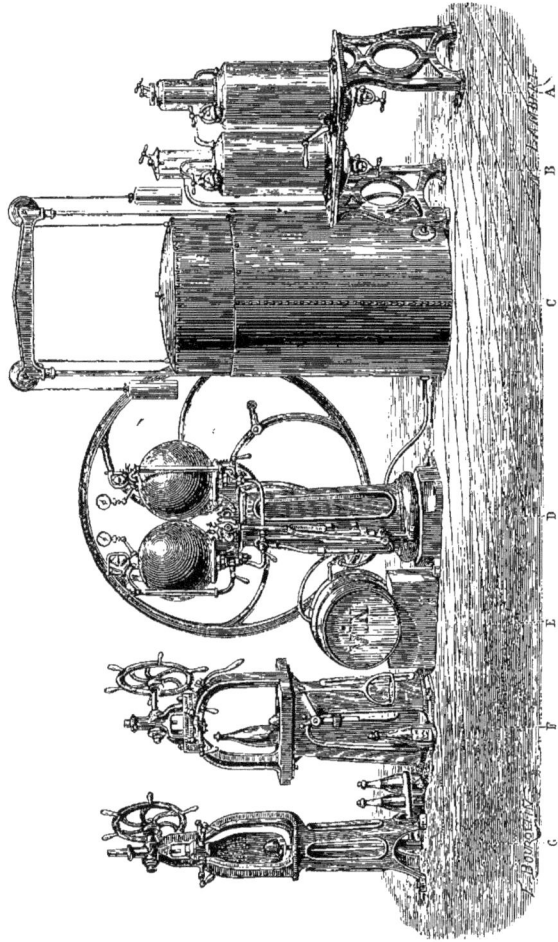

Appareil complet pour la fabrication des vins mousseux.

CHAPITRE XIII

FABRICATION DES VINS MOUSSEUX

Vins naturels et vins factices. — Distribution nominale. — Identité réelle. — Vinification. — Formation de la mousse. — Méthode champenoise. — Vins mousseux de tous les crûs. — Fabrication par les appareils Hermann-Lachapelle et Charles Glover.

DES VINS MOUSSEUX.

314. — La consommation des vins mousseux prend tous les jours des développements plus grands ; leur préparation se généralise à tous les crûs ; c'est le progrès le plus réel, le plus remarquable qui ait été accompli dans ces derniers temps par l'industrie vinicole. La France a eu jusqu'ici l'heureux privilége de les produire et d'en fournir le reste du monde, et ce privilége, qu'elle doit à son sol, à son climat, au goût et au savoir des vignerons champenois, ne pourra jamais lui être sérieusement disputé. Le champagne est plus qu'une de nos richesses nationales, c'est une de nos gloires. Les poëtes retrouvent en lui la vieille gaîté gauloise pleine de verve, d'imprévu, de générosité, de bon sens, d'ironie. Il coule à

plein bord dans la prose de Voltaire et dans les chansons de Béranger et plaide avec chaleur la cause de la France devant tous les peuples dont il remplit le verre.

Sa saveur charmante, ses propriétés aimables, qui excitent la gaieté et prédisposent l'esprit aux pensées riantes, rendent son attrait irrésistible. Il n'est pas de boissons dont on use avec plus de plaisir sans soif, aucune n'excite mieux sans besoin d'excitation. Il ranime, réjouit, stimule les fonctions du cerveau, aussi l'adopte-t-on de préférence comme vin de dessert. Cependant de fins amateurs, à l'exemple des Anglais et des Russes, en commencent l'usage avec le potage ; pris alors, il excite la digestion ; son parfum se fait mieux sentir, et, sous son heureuse influence, la conversation devient plus joyeuse, plus animée, plus féconde. Tout en lui a un air de fête ; son explosion est attendue avec l'anxiété impatiente d'une émotion enfantine, les rires l'accompagnent et le regard s'anime en le voyant pétiller dans le verre ; il caresse le palais et émoustille l'esprit ; ce sera toujours le vin favori des femmes et des délicats. D'autres crûs peuvent avoir des qualités plus grandes et plus sérieuses, aucun n'en possède d'aussi agréables, c'est le vin par excellence de la civilisation raffinée et élégante.

Pour le vigneron et l'industriel, le bouquet et le pétillement du champagne ont une autre qualité non moins précieuse : c'est celle de décupler la valeur vénale des vins rendus mousseux par les manipulations spéciales qu'ils subissent. C'est cette plus-value qui fait la richesse proverbiale des fabricants de champagne, et qu'avec un peu d'initiative, d'intelligence et quelques faciles expériences, on peut étendre aux vins de tous les crûs, en appliquant à leur gazéification les procédés de fabrication et les appareils perfectionnés que la science et l'industrie mettent aujourd'hui à la disposition de la viniculture.

VINS MOUSSEUX NATURELS ET VINS MOUSSEUX FACTICES.
IDENTITÉ.

315. — Les vins mousseux ne diffèrent en effet des vins ordinaires que par la présence d'une grande quantité du gaz acide carbonique maintenu dans la bouteille par un bouchage hermétique,
et qui s'échappe en les rendant mousseux et petillants lorsque
cesse la compression qui l'emprisonne. Lorsque le dégagement du
gaz acide carbonique se produit lentement par la fermentation alcoolique qui s'opère dans la bouteille, les vins mousseux sont dits
naturels; lorsqu'au contraire le gaz acide carbonique est introduit
artificiellement dans des vins où la fermentation alcoolique est depuis longtemps terminée, les vins sont dits *vins mousseux factices*.
Ce sont ces deux sortes de préparations, surtout la dernière, que
nous allons suivre dans leurs détails.

316. — Il ne faudrait cependant pas se méprendre sur la portée
de ces dénominations, *vins naturels* et *vins factices*, nous ne nous
en servons que pour désigner les vins préparés d'après les deux
différentes méthodes. En réalité, les vins mousseux artificiellement
gazéifiés sont tout aussi naturels que les vins de Champagne de provenance la plus certaine. L'acide carbonique qui les rend mousseux
et petillants, qu'il provienne de la fermentation alcoolique ou d'une
source artificielle, est toujours identiquement le même, et le palais
des gourmets les plus exercés a de la peine à distinguer les vins
d'origines si différentes en apparence, lorsque le bouquet ajouté
artificiellement, d'ailleurs, dans les uns et dans les autres, a été
aussi savamment composé. Nous insistons vivement sur cette identité de l'acide carbonique dégagé par deux méthodes différentes,
parce que sur elle repose toute l'industrie que crée en ce moment

la fabrication des vins mousseux ; on doit se rappeler ce que nous avons dit (§ 24) en traitant de ce gaz d'une manière spéciale.

SOURCE DE L'ACIDE CARBONIQUE DANS TOUS LES VINS.

317. — La composition du raisin est très-complexe, comme celle de tous les fruits, et variable suivant les espèces, les crûs et les récoltes. Nous nous bornerons à citer ici les trois principales substances qui les composent : le sucre, la matière albuminoïde qui contient le germe du ferment, et l'eau. Sous l'influence de l'air et de la chaleur, ces trois substances donnent lieu à la formation de l'alcool et au dégagement de l'acide carbonique. Les autres substances exercent bien leur influence sur la vinification ou sur la qualité et la conservation du vin, mais n'ayant à traiter ici que de la fabrication des vins mousseux, nous n'entrerons, sur les phénomènes qui s'accomplissent pendant la vinification, que dans des détails qui ont un rapport direct avec la production de la mousse ou plutôt de l'acide carbonique.

SUCRE DE RAISIN.

318. — Le sucre de raisin ou glucose (du grec γλυκος, doux) diffère beaucoup du sucre de canne et de betterave : il n'est pas cristallisable, il sucre trois fois moins, est moins soluble dans l'eau et plus dans l'alcool; leur composition chimique est représentée par :

Sucre de raisin.				Sucre de canne.		
Carbone	C^{12}	900	. . . .	C^{12}	900
Hydrogène	H^{12}	150	. . . .	H^{11}	137
Oxygène	O^{12}	1200	. . . .	O^{11}	110
		2250			1147

Le sucre de canne peut produire de l'alcool, mais il doit d'abord passer à l'état du glucose, en prenant l'équivalent d'hydrogène et l'équivalent d'oxygène qui lui manquent. Le sucre de raisin paraît en outre composé de deux parties : l'une solide qui se concrète à la surface des raisins secs, et qu'on désigne sous le nom de glucose et l'autre qui reste toujours liquide et qu'on nomme chylariose. Les différents éléments qui composent le sucre de raisin sont très-mobiles, les plus légers changements dans la nature des corps propres à le mettre en fermentation suffisent pour en obtenir des produits très-variés. C'est ce qui arrive dans la vinification, surtout lorsque la fermentation alcoolique ne s'accomplit pas dans des conditions normales et favorables.

FERMENT

349. — Le ferment est un être organisé, presque *vivant*, ont dit les chimistes, dont le germe contenu dans certaines substances, dans la matière albuminoïde des fruits, par exemple, se développe et entre en action aussitôt qu'il trouve réunies les conditions de son existence, c'est-à-dire : une température voulue, de l'air et une matière organisée et organisable à décomposer pour s'assimiler ces éléments qui conviennent à sa propre nourriture. Il accomplit ainsi tous les actes réguliers qui caractérisent les phénomènes de la vie. Son œuvre et son essence sont encore mystérieuses, quoique

les travaux accomplis dans ces derniers temps aient jeté un grand
jour sur cette partie si intéressante de la chimie organique.

320. — Sous la douce influence de la chaleur et au contact de
l'oxygène de l'air, le *ferment* entre en action et détruit l'harmonie
ou l'équilibre existant entre les différents atomes constitutifs de la
matière qui le contient. Les liquides alors se troublent. Il s'y forme
une infinité de petits points noirs isolés, auxquels succèdent
des globules très-pâles, qui grossissent rapidement; puis, à
leur surface, apparaît un renflement comme un bourgeon ou une
hernie, qui atteint bientôt son entier développement et donne naissance à d'autres générations de globules qui continuent de vivre
et de se développer jusqu'à ce qu'elles aient épuisé tous les principes qui pouvaient servir à leur constitution, en les transformant
en grande partie en des composés autres que ceux qui existaient
primitivement (1).

FERMENTATION ALCOOLIQUE.

321. — L'air, ou plutôt l'oxygène de l'air, est nécessaire à la fermentation, comme à la germination, comme à tout phénomène
vital. Tant que le suc du raisin reste enfermé dans son enveloppe

(1) Comme tous les liquides de la vie animale présentent les conditions nécessaires à l'action du ferment, les effets résultant de cette action pendant la vie
ou après la mort sont immenses. « Combien de maladies, dit monsieur Dumas,
qui résultent de l'introduction fortuite d'un ferment dans le sang! » On comprend sans peine l'épouvantable désordre qui doit résulter pour l'économie de
l'envahissement soudain d'un liquide si important, par des myriades d'êtres microscopiques se multipliant à l'infini aux dépens de la matière animale qu'ils
décomposent. Aussi le consommateur qui repousse avec dégoût une liqueur
trouble ou un mets quelconque dont l'odeur ou la vue annoncent un commencement de fermentation ou de putréfaction, obéit-il moins à un sensualisme

épidermique, les éléments qui le composent se conservent à leur
état naturel ; aussitôt que, par l'égrappage ou par toute autre circonstance, cette peau est déchirée, au contact de l'air le jus entre
en fermentation avec plus ou moins de rapidité, suivant sa composition et l'état atmosphérique. Mais si le ferment a besoin, pour
commencer son action, ou peut-être pour l'éclosion de son germe,
d'une certaine quantité d'oxygène, comme l'a prouvé la belle expérience de M. Gay-Lussac, plusieurs fois répétée depuis, il ne l'est
pas pour continuer l'opération ; la fermentation alcoolique com-
mencée à l'air libre peut se terminer d'une manière plus ou moins
complète, en vase clos, et c'est ce qui a lieu dans la préparation
du champagne. Elle marche alors d'une manière plus lente et le
ferment emprunte l'oxygène dont il a besoin, soit à l'air que le liquide tient en dissolution, soit aux matières sur lesquelles il agit,
peut-être à l'eau elle-même.

322. — Il faut une chaleur modérée pour que la fermentation
s'établisse comme il le faut pour l'accomplissement de tous les
phénomènes de la vie. Au-dessous de zéro, toute espèce de fermentation cesse; aussi, à ce degré, la conservation des matières organiques est-elle indéfinie, et on peut sans étonnement trouver
aujourd'hui des cadavres monstrueux de mammouth enfermés
dans des blocs de glaces plusieurs milliers d'années avant que
l'homme parût sur la terre. Au-dessus de 100 degrés cette fermentation s'arrête aussi, la dessiccation ou la désorganisation s'opèrent
alors. La température moyenne de 20 à 30 degrés est la plus favorable à la marche normale de l'opération; en deçà et au delà de cette

raffiné qu'à l'instinct de sa conservation qui fait repousser par les sens révoltés
le poison, le ferment qui, introduit dans l'organisme, attaquerait la vie dans
ses sources les plus intimes. Dans une boisson alcoolique, la plus légère quantité de ferment présente pour la santé des dangers réels, et sous ce rapport les
vins mousseux factices sont préférables aux vins mousseux naturels dont le
développement de la mousse exige toujours la présence d'une certaine quantité
de matière décomposable et de ferment dans le liquide.

moyenne, la fermentation n'a pas été étudiée avec assez de soin, seulement il est constant que la transformation alcoolique s'effectue moins bien.

DÉCOMPOSITION DU SUCRE EN ALCOOL ET ACIDE CARBONIQUE.

323. — Lorsque le raisin égrappé ou foulé a été mis dans les cuves ou tonneaux, en présence de l'oxygène de l'air et sous l'influence de la chaleur, le ferment agit sur le sucre de raisin ou glucose, et le dédouble ou le transforme en alcool et en acide carbonique et en une certaine quantité de composés spéciaux dont les expériences de M. Pasteur ont déterminé d'une manière fort nette la quantité et la nature. Sur 100 parties de sucre, 5 à 6 échappent ainsi à la transformation alcoolique ou gazeuse pour former d'autres composés, le surplus est de l'alcool et de l'acide carbonique. L'équation $C^{12} H^{12} O^{12} = 2 (C^4 H^6 O^2) + 4 (C O^2) + X$ (cet inconnu désignant la petite partie du sucre converti en acide succinique glycérine, cellulose, etc.), représente exactement l'opération chimique qui s'accomplit. On peut donc dire en rectifiant et complétant par les expériences de M. Pasteur les formules de Lavoisier et Gay-Lussac, que dans la fermentation alcoolique, la somme des poids de l'alcool et de l'acide carbonique est égale, à un vingtième près, au poids du sucre mis en fermentation.

324. — En sachant la quantité de sucre que contient le moût, on pourra donc calculer la quantité d'alcool et d'acide carbonique que fournira la fermentation vineuse (1).

(1) Ainsi, par exemple, 100 kilogrammes de sucre en fermentation dans le moût, donneront $48^k,455$ d'alcool pur, et $46^k,545$ de gaz d'acide carbonique. 1 kilogramme de sucre de raisin donne donc en moyenne 385 grammes d'alcool, soit une quantité suffisante pour faire 4 litres de bon vin à 12 pour 100 et 465 grammes de gaz sec ou environ 370 litres de gaz acide carbonique.

C'est là un fait scientifique important dont la pratique tire aujourd'hui dans la fabrication des vins et spécialement dans celle du Champagne les plus heureuses applications. Pour que la vinification du moût soit parfaitement accomplie, il faut qu'après la fermentation il ne reste dans la liqueur ni sucre ni ferment. Sans cela, dans des conditions données et qui se présentent fréquemment, il se produit de nouvelles fermentations qui peuvent révolutionner et gâter le précieux liquide. Or, dans certains vins, et presque dans tous, les années pluvieuses et froides, le sucre est en petite quantité dans le raisin, et le vin contient, par conséquent, peu d'alcool et d'acide carbonique. On peut suppléer à ce défaut en ajoutant une quantité proportionnelle de sucre de canne qui, passant à l'état de glucose, se conduira en présence du ferment comme le vin. D'autres fois au contraire, mais le cas est plus rare et ses effets moins désastreux, les raisins sont trop mûrs et trop sucrés, on y ajoute alors le ferment qui leur manque, en mélangeant des raisins qui n'aient pas atteint complétement leur maturité, au raisin mûr, ou par d'autres procédés dont l'explication nous entraînerait loin de notre cadre.

ROLE DE L'ALCOOL ET DE L'ACIDE CARBONIQUE
DANS LES VINS

325. — Des deux composés, produits principaux de la fermentation vineuse, l'alcool reste, comme était le sucre, mêlé au liquide dont il provient, et dont il devient le principe actif; le gaz acide carbonique s'élève à la surface et s'enfuit par la moindre issue qu'il trouve, le vin n'en retient naturellement que la quantité qu'il peut dissoudre sous la pression atmosphérique ordinaire, et qui lui est nécessaire pour sa conservation et sa saveur. Mais si, au lieu de lais-

ser le vin accomplir sa période de fermentation dans un tonneau plus ou moins mal bouché, on le met en bouteilles avant que le ferment ait entièrement épuisé son action sur le sucre, et qu'on le bouche hermétiquement, la fermentation de l'alcool et le dégagement de l'acide carbonique se continuent en vase clos. Le gaz, ne pouvant plus s'échapper, s'ajoute partiellement à l'air contenu dans l'espace qui se trouve entre le bouchon et le liquide, et conformément à la loi de Mariotte (§ 7), il ajoute à la pression qui s'exerce sur le liquide proportionnellement au volume qui s'y accumule, et comme le volume du gaz dissous par un liquide sous une certaine pression est proportionnel à cette pression, il en résulte que si la tension du gaz est de 6 atmosphères, le vin contient en dissolution 6 volumes de gaz acide carbonique.

EXPLOSION. PETILLEMENT DES VINS MOUSSEUX, CAUSES QUI LES PRODUISENT ET QUI LES INFLUENCENT.

326. — C'est ce gaz ainsi emprisonné et dissous dans la bouteille, qui produit les différents phénomènes qui nous charment dans le champagne. L'explosion bruyante est due à la dilatation de l'acide carbonique contenu dans la chambre qui chasse vivement le bouchon qu'on vient de débarrasser de ses liens ; la quantité qui restait tenue en dissolution dans le liquide par la pression, s'échappe rapidement et couronne le verre de mousse d'une blancheur éclatante, puis le pétillement continue par la formation plus ou moins abondante et durable des bulles contre les parois du verre et dans la masse du liquide. Ces trois phénomènes produits par le dégagement du gaz constituent un des grands agréments des vins mousseux, et, dans la fabrication, il faut bien se rendre compte des

causes qui les influencent, pour obtenir ce qu'en Champagne on appelle une bonne mousse.

INFLUENCE DE LA PUISSANCE DISSOLVANTE DES VINS SUR L'EXPLOSION ET LE PETILLEMENT.

327. — La principale des causes qui exercent leur action sur le petillement, celle qui doit surtout préoccuper le fabricant, c'est la puissance du pouvoir dissolvant du vin gazéifié. Cette puissance tient à sa composition, à sa qualité; elle peut être calculée d'une manière exacte d'après la quantité d'alcool que contient le liquide et appréciée approximativement d'après le bouquet du vin et sa saveur plus ou moins sucrée. On sait en effet qu'un litre d'eau dissout sous la pression atmosphérique ordinaire et à la température de 15 degrés, 1 litre 0020 de gaz acide carbonique ; à la même température, 1 litre d'alcool dissoudra 3,1993 de gaz, de plus les éthers qui forment le bouquet peuvent augmenter ce pouvoir.

On peut donc établir en principe que la puissance dissolvante d'un vin est proportionnelle à sa richesse en alcool et en aromes ; en supposant qu'une bouteille de vin mousseux contienne, chiffres ronds, 100 centilitres d'alcool ou d'éthers œnéontiques, ces 100 centilitres dissoudront naturellement 319 cent. 93 de gaz, le reste du liquide en dissoudra 650 cent., ce qui donnera 1,574 cent. 93 de gaz, c'est-à-dire plus de deux volumes et demi que retiendra le vin, lorsque tout le gaz que maintenait en dissolution la pression exercée dans l'intérieur de la bouteille sera partie avec l'explosion et la première mousse. A cette quantité déjà considérable, il faut joindre celle que retiendra l'espèce de cohésion ou d'adhésion qu'un long et intime contact établit entre les mollécules liquides et

les mollécules gazeuses et qu'il faut une certaine force pour vaincre.
On peut donc affirmer que le vin versé d'une bouteille de
vin mousseux de bonne qualité, saturé à une pression convenable de 6 à 8 atmosphères, retiendra dans le verre 3 ou
4 fois son volume de gaz acide carbonique, lequel se dégagera lentement par un petillement incessant, si une force quelconque, comme un choc imprimé au verre, un biscuit ou tout autre
corps plongé et agité dans la liqueur ne vient le couronner de
mousse une seconde et une troisième fois. On comprend aussi que
tel vin faisant bruyamment explosion et lançant bien loin le bouchon, ne contienne pas plus de gaz et soit de bien moindre qualité
que tel autre qui, n'ayant qu'une explosion modeste, continuera
longtemps dans le verre son charmant petillement.

INFLUENCE DU BOUCHAGE, DE LA TEMPÉRATURE ET DE LA FORME DES VERRES SUR LE PETILLEMENT.

328. — Deux autres causes accidentelles et indépendantes du fabricant influencent l'explosion et le petillement: ce sont la température du vin et la forme de la coupe qui le reçoit. On pourrait, en
effet, en prenant pour moyenne le pouvoir dissolvant de l'eau et
de l'alcool à 15 degrés, établir que ce pouvoir augmente et diminue
en sens contraire de la température; à zéro degré, il est pour l'eau
de 1,7961, près de deux volumes, et pour l'alcool de 4,3295, près
de 4 volumes et demi; à 30 degrés, il n'est pour l'eau que de
0,8370 et pour l'alcool de 2,670; il peut donc y avoir une différence de près de moitié dans le pouvoir dissolvant ou la mousse
du même champagne bu en hiver ou bu en été. C'est un fait très-
notable qui explique au consommateur bien des intermittences

dans la qualité de son vin, et dont le fabricant doit tenir le plus grand compte pour arriver à une bonne saturation et prévoir la casse.

329.—Quant à la forme du verre, tout ce qui, comme les pointes, les rainures, tendra à détruire l'adhésion qui s'établit entre les molécules gazeuses et les molécules liquides, facilitera le dégagement de l'acide carbonique et, par conséquent, le petillement du vin. Dans un verre bien arrondi et parfaitement poli, le vin restera calme et tranquille ; dans un verre à champagne se terminant en pointe, dont on aura un peu éraillé le fond, le mouvement sera incessant par la formation continue des bulles aux endroits ou agissent les pointes.

230. — Un bon bouchage domine toutes ces causes. Il faut qu'il soit assez hermétique pour qu'il ne laisse jamais perdre la moindre parcelle du gaz, qu'il résiste à toute la tension interieure et appuie avec force contre les parois du goulot, en remplissant les cavités qui peuvent se présenter à mesure qu'il s'élève, jusqu'à ce qu'il en soit complétement chassé. Si, avant d'atteindre les bords, il laissait un espace appréciable entre la bouteille et lui, le gaz s'échapperait avec un léger sifflement par cette ouverture, et l'explosion ne pourrait avoir lieu. En aidant le mouvement ascensionel du bouchon par un coup de pouce, on le fait glisser un peu plus vite, il s'échappe brusquement, l'explosion est plus franche et plus vive. Nous reviendrons du reste avec détail sur cette condition qui est un des points les plus importants de la fabrication.

VINS LES PLUS PROPRES A PRENDRE LA MOUSSE.

331. — La source de l'acide carbonique existant dans tous les

vins, tous peuvent être rendus mousseux naturellement ou artificiellement; mais la présence d'un excès de gaz ne leur est pas à
tous également favorable, et tous ne se prêtent pas indifféremment
ou avec une égale complaisance aux deux différentes méthodes de
gazéification. En général, les vins doux et secs ne se trouvent pas
aussi bien de la mousse; les vins sucrés et fermes, même un peu
verts, sont ceux qui la reçoivent avec le plus d'avantage. Lorsqu'à
la générosité et à l'alcool se joint le bouquet et le moelleux du liquide, les vins sont parfaits. Les vins un peu corsés sont préférables aux vins légers, surtout pour la gazéification artificielle. Il
nous reste à examiner quelle méthode il convient le mieux d'appliquer, soit au point de vue de la nature du vin, soit au point de vue
industriel. On comprendra mieux la différence qui existe entre les
deux méthodes après avoir suivi toutes les phases que subit la fabrication du vin, telle qu'elle s'opère traditionnellement dans les
caves de la Champagne.

CHAMPAGNE.

332. — « De tous les vins, dit M. Maumené, celui de la Cham-
» pagne est bien évidemment le mieux fait pour recevoir la mousse.
» Le bouquet particulier dont nos terres ont l'heureux privilége
» d'enrichir certains cépages, l'admirable équilibre observé dans
» les bonnes années entre les divers éléments du vin, tout concourt
» à lui donner les qualités dont la mousse est le complément par
» excellence et dont l'ensemble a valu dans le monde entier, d'un
» accord unanime, la première place aux *vins mousseux de Cham-*
» *pagne.* »
Ce que dit ce savant œnologue est parfaitement juste; cependant

il ne faudrait pas le prendre dans un sens trop absolu, et croire
que la Champagne puisse seule produire des vins complétement
aptes à recevoir la mousse. Le bouquet du vin de Champagne a
pour base l'esprit de cognac et différents aromes dont la savante
combinaison fait la réputation des grandes marques de la fabrication champenoise et si, par leur nature, les raisins des coteaux de
Reims, d'Epernay, de Chalons, etc., sont très-propres au développement de la mousse et à recevoir, avec le bouquet, une addition
notable d'alcool, leur jus n'entre pas seul dans les caves des fabricants : les vins du Bordelais, de l'Anjou, de la Bourgogne y abondent, et d'habiles coupages marient dans un ensemble harmonieux
et convenable les qualités des différents crûs. Nous ne commettrons
pas même une indiscrétion en disant que la gazéification artificielle
y est largement pratiquée dans les meilleures maisons, concurrem-
ment ou comme complément de la vieille méthode, et que les produits n'ont eu qu'à gagner à ces innovations. L'ouvrage de M. Maumené est la meilleure preuve de ce que nous avançons.

MÉTHODE CHAMPENOISE. VINIFICATION.

333. — La plupart des vins mousseux de Champagne se préparent avec des raisins noirs dont le jus est en général plus sucré
que celui du raisin blanc; le pineau est l'espèce qu'on préfère. On
attend avec soin la maturité du raisin et on vendange par un temps
sec ou humide, suivant les indications données par l'expérience
dans les différents crûs. Les vignerons-cultivateurs font rarement
eux-mêmes les vins mousseux ; ils vendent leur vendange aux fabricants et, s'ils la pressent, ils ne gardent guère le vin que jusqu'au
moment du tirage ; ils le livrent alors ou à l'acheteur ou à des propriétaires de caves qui le mettent en mousse pour eux.

CHOIX DU RAISIN.

334. — Le fabricant industriel achète les raisins sur pied pour pouvoir faire dans le pressoir même les mélanges des différents crûs qu'il lui convient de marier ensemble. Son chef de cave se rend aux vignes; les vendangeurs vident leurs paniers dans son tablier de cuir ou sur une table triangulaire; avec un coup d'œil et une promptitude merveilleux il fait le triage des grappes, repousse les vertes et celles qui sont endommagées, mettant chacune dans les tonneaux ou bannes qui doivent servir au transport. Les plus belles et les plus mûres serviront à la fabrication des vins mousseux, les autres à celle des vins ordinaires.

ÉGRAPPAGE.

335. — Portés au cellier, les raisins sont soumis à l'égrappage, opération presque toujours utile, souvent nécessaire, qu'on ne doit jamais faire avec des ustensiles en métal. La grappe est très-chargée d'acide tannique, cet acide a le goût très-âpre ; son action est fatigante pour le tube digestif. La quantité nécessaire au vin pour précipiter les principes albumineux trop abondants peut être fournie par les pépins et les pellicules qui cèdent aisément celui qu'ils contiennent. L'égrappage se fait dans des casiers placés horizontalement, à l'intérieur desquels existe un treillis en bois sur lequel sont roulées les grappes pour en détacher les grains, ou au moyen d'un cylindre à claire-voie tenu horizontalement sur la cuve, et à l'intérieur duquel des palettes fixées sur un axe horizontal, secouent

le raisin que laisse couler une trémie placée au-dessus du cylindre.
Les graines tombent dans le pressoir à travers les baguettes, elles
sont enlevées par une porte disposée dans la base du cylindre.
L'égrappage doit s'opérer rapidement, en évitant le plus possible
d'endommager les grains.

PRESSURAGE.

336. — Pour éviter la dissolution de la matière colorante, entièrement contenue dans le tissu herbacé de l'enveloppe épidermique, le raisin n'est pas foulé, et le moût seul, sans les rafles, est
soumis au cuvage ou, suivant l'expression propre consacrée en
Champagne, au DÉBOURDAGE. Les grains sont mis dans des pres-
soirs, et les hommes qui tournent les manivelles pour faire jouer
la vis, opèrent lentement pour que la pression soit uniforme, et
que les pépins ne soient point écrasés. On doit, dans cette opération, chercher à mettre le jus, au moment de sa fermentation, en
contact le plus possible avec l'air, afin qu'il s'en imprègne et que
la fermentation marche mieux et plus rapidement. Une atmosphère
humide et chaude est la plus favorable au pressurage. Par une première pression on extrait le liquide ou surmoût, qui donne le vin
blanc; puis le marc étant coupé, taillé et soumis à une pression
nouvelle, on obtient un jus légèrement rosé, qu'on peut ajouter au
premier, ou mettre à part pour obtenir le vin rosé. Une troisième
et parfois une quatrième pression épuisent le raisin, mais ces derniers produits doivent se mêler aux vins rouges.

FERMENTATION TUMULTUEUSE OU DÉBOURDAGE.

337. — Au sortir du pressoir, le jus est introduit dans des pipes ou foudres où s'établit la fermentation tumultueuse. On le laisse *débourder* de 24 à 36 heures. Le vin se débarrasse, soit par le dépôt, soit par les écumes d'une partie de son ferment, et lorsque la fermentation active ou le *débourdage* a cessé, on remplit entièrement le foudre et on le ferme avec une bonde peu serrée, ou mieux, avec une bonde hydraulique.

SOUTIRAGE, COLLAGE, OUILLAGE, FERMENTATION INSENSIBLE.

338. — Au bout d'un mois, on met le vin en tonneau et on fait un premier collage ; un mois après, on soutire et on colle encore. L'ouillage des tonneaux doit s'opérer fréquemment, et on apporte un soin extrême dans le soutirage et le collage. On se sert généralement pour le collage, de blancs d'œufs ou de poudre Jullien. Pendant ce séjour en tonneau, la fermentation insensible succède à la fermentation chaude ; les éthers et les acides vineux se forment avec l'alcool ; le dépôt des matières tartriques se fait ; le vin se clarifie, perd une grande partie de son ferment et de sa verdeur. Vers le mois d'avril il est prêt à être tiré ou mis en bouteilles.

SUCRAGE OU PREMIÈRE MISE DES LIQUEURS. ÉTUDE DU VIN,
DÉTERMINATION DE SA COMPOSITION, GLUCO-ŒNOMÈTRES.

339. — Alors ont lieu deux opérations excessivement délicates,
d'où dépendra le succès de la campagne : celle du coupage et celle
du sucrage. Elles doivent être dirigées par la dégustation et par
l'essai préalable qu'on a fait des vins et qui a permis de déterminer :
1° la quantité d'alcool qu'ils contiennent, 2° celle du sucre, 3° celle
des acides.

340. — La détermination de la quantité d'alcool se fait par les
moyens ordinaires ; elle indique quelle sera la puissance dissolvante
du vin et, par conséquent, quelle quantité d'acide pourront ren-
fermer les bouteilles à une température moyenne sans craindre la
casse.

341. —, La quantité de sucre indique la quantité de gaz qui doit
se produire sous l'action de la fermentation insensible. C'est à
M. François, dont les travaux ont fait faire tant de progrès à la
fabrication des vins, qu'on doit la détermination des quantités de
sucres contenus dans le vin et du degré de sucrage qu'il doit subir
pour donner une bonne mousse. Il avait d'abord donné un procédé
assez compliqué, mais un pauvre colporteur le simplifia et le rendit
plus exact ; il est aujourd'hui employé, ainsi que nous allons l'indiquer, dans toute la Champagne. On plonge un petit instrument
nommé gluco-œnomètre, composé d'un tube flotteur en verre,
gradué comme l'alcoomètre Baumé, dans le vin, et on ajoute au vin,
en le mesurant, la quantité de sirop de sucre qu'il faut pour faire
flotter l'instrument au zéro. On a ainsi à la fois la quantité de sucre
que contient le vin, donnée par le premier degré de flottage et
celle qu'on devra ajouter à ce vin pour obtenir une bonne mousse,

par la quantité de sirop qu'on a été obligé de mettre pour que le flotteur arrive au zéro. La détermination des acides peut être faite approximativement par le papier de tournesol. Elle est moins importante. M. Maumené donne pour type d'un vin qui présente le plus de qualités pour le bouquet et la mousse au moment du tirage, la composition suivante par bouteille :

1° 16 à 18 grammes de sucre ;

2° 11 à 12 centièmes en volume d'alcool ;

3° Assez d'acides libres pour équivaloir 0ᵍ,305.

COMPOSITION DES CUVÉES, COUPAGES.

342. — C'est par les coupages qu'on cherche d'abord à ramener le vin à ce type. Le champagne mousseux n'est jamais du vin d'un seul crû, c'est toujours un mélange et rarement, aujourd'hui, il est formé avec le produit des seuls raisins venus sur le terrain crayeux de la Champagne. Il y a beaucoup de préjugés difficiles à vaincre contre ces coupages, mais lorsqu'ils sont habilement dirigés, ils ne produisent que de grandes améliorations. Ainsi des vins de Bordeaux, riches en tannin, et ceux de la Marne, riches en matières azotées, se dépouillent réciproquement, formant un dépôt quelquefois très-considérable et, au bout de quelque temps, deviennent très-beaux. Il faut avoir une grande connaissance et une grande habitude des vins pour faire ces coupages ; les éthers et les sels qu'ils contiennent peuvent jouer un grand rôle dans les variations de goût ou de limpidité de coloration qui se produiront dans les cuvées. On doit savoir prévoir les changements qui seront avantageux et ceux qui deviendront désagréables. L'expérience, le palais, quelques essais faciles guident bientôt d'une manière

sûre. Ces mélanges doivent être faits en cuve, en ayant bien soin
que le vin soit le moins possible en contact avec l'air; rien ne peut
désormais lui être plus funeste, le développement de la fermentation acétique qu'empêche seule la présence de l'acide carbonique
se faisant presque instantanément au contact de l'air atmosphérique. Après quelques jours de repos dans les cuves ou les tonneaux, on met les cuvées en pièces et on colle.

SUCRAGE OU 1re MISE EN LIQUEUR.

343. — Huit jours avant le tirage, on fait l'opération du *sucrage*
en mêlant la liqueur au vin en quantité proportionnée aux indications données par le *gluco-œnomètre*. Cette liqueur se compose en
ajoutant au vin autant de livres de sucre candi que l'on veut faire
de bouteilles de liqueur, ou plutôt d'un sirop composé par parties
égales de sucre candi et de vin. Le choix du sucre a une importance extrême (§ 277); il faut bien s'assurer que les candis ont pour
origine la canne et non la betterave, le sucre de canne, même brut,
ne contient rien de nuisible au vin; il n'en est pas de même de
celui de betterave même purifié. Les tonneaux contenant le vin
ainsi préparé sont montés au cellier pour la mise en bouteille.

MISE EN BOUTEILLE.

344. — La rapidité des tirages est une des conditions essentielles;
l'époque où on les fait, au printemps, est on ne peut plus propre
à la fermentation, et, sous l'action de l'air qui pénètre toujours

dans le tonneau et se met en contact avec le vin à son entrée dans
la bouteille, un jour peut suffire pour produire des changements
notables dans le vin d'une même cuvée. Une excellente précaution
à prendre chez les fabricants qui possèdent un de nos appareils,
serait de remplir les bouteilles d'acide carbonique avant le tirage,
ce qui empêcherait tout contact avec l'air extérieur; pour donner
à l'opération toute la rapidité désirable, on y ajuste un robinet à
deux becs dont la clef, servant aux deux becs à la fois, rompt la communication de l'un d'eux lorsqu'elle l'ouvre avec l'autre, de sorte que
l'ouvrier peut tenir deux bouteilles à la fois au robinet : l'une qui
s'emplit, l'autre qu'il tend au bouchage et qu'il remplace par une
vide.

BOUCHAGE PROVISOIRE OU DE DÉGORGEMENT

345. — Le bouchage s'opère à l'aide de machines dont nous
avons déjà parlé (§ 82) et que nous décrivons avec détails (§ 380),
avec des bouchons en liége de 5 à 6 millimètres de hauteur sur 30
de diamètre. Le choix de ces bouchons est d'une importance extrême,
nous en traiterons avec détail (§ 531). On fixe ces bouchons à l'aide
d'une bride ou griffe en fer doux qui passe au-dessus et vient s'agra-
fer sur le rebord du goulot ; de tous les systèmes connus, c'est le
plus rapide et le meilleur; ces griffes sont assez fortes et s'agrafent
assez solidement pour résister à l'oxydation et à la tension intérieure.

FORMATION DE LA MOUSSE, FERMENTATION INSENSIBLE.
TAS ET TREILLES

346. — Les bouteilles ainsi remplies et bouchées sont descendues dans les caves et mises en tas très-habilement construits. On fait d'abord une petite pile de 5 lattes à l'arrière du tas et on établit une première rangée de bouteilles dont les cols reposent sur les lattes ; pour empêcher les bouteilles extrêmes de s'écarter, on les maintient avec une petite cale formée d'un fragment de latte ou de la moitié d'un bouchon coupé en biais ; on laisse entre chaque bouteille l'espace suffisant pour loger le col d'une autre bouteille, environ 5 centimètres. On pose alors une latte sur le corps des premières bouteilles et on fait une seconde rangée de bouteilles dont le corps repose sur la première pile de lattes, et le goulot sur la latte qu'on a posée sur le corps de la première rangée. On continue ainsi les rangées en calant avec un morceau de liége les bouteilles qui se trouvent aux extrémités et on arrive à des hauteurs de 20 à 25 rangées sur 10 ou 11 rangs de bouteilles de profondeur. C'est un curieux spectacle de parcourir ces longues caves de Champagne, en marchant entre des *treilles* de bouteilles à hauteur d'homme qui reçoivent, par suite des détonnations, des secousses à faire pencher le haut des tas de 5 à 10 centimètres sans les renverser. On peut, dans ces tas, prendre toutes les bouteilles pour les examiner à volonté sans produire le moindre dérangement.

FORMATION DE LA MOUSSE, CASSE ORDINAIRE.

347. — Les bouteilles ainsi remplies devront passer encore de

deux à trois ans en cave pour prendre mousse et exigeront une
surveillance et des soins constants. La fermentation insensible qui,
en s'établissant, convertira tout le sucre en alcool et en acide carbonique et détruira le ferment de manière à permettre, par la
suite, au vin de subir les plus lointains transports et d'affronter
toutes les latitudes, marche parfois très-lentement, parfois par
soubresauts imprévus, devient tumultueuse, faisant éclater les bouteilles, remplissant la cave de ces détonations, ébranlant les
treilles, occasionnant en quelques heures une perte de 20 à 30 pour
cent. La température a la plus grande influence sur la marche de
cette fermentation; toutes les précautions sont prises pour
pouvoir faire régner dans les caves celle qui paraît lui être la plus
favorable. La construction de ces caves est toute en vue de ce résultat et mérite une description particulière.

DES CAVES DE LA CHAMPAGNE.

348. — Elles sont creusées dans le banc de craie qui forme le
sous sol des plaines et s'élève en collines dans la Champagne et
ont le plus ordinairement trois étages superposés, plus le cellier. Ces trois étages, — divisés en longs corridors qui ont parfois plusieurs kilomètres d'étendue, dans lesquels le nombre
de bouteilles se compte par centaines de mille et par millions,
— communiquent entre eux par des *essors* placés dans des
lignes verticales pour laisser descendre et monter les tonneaux,
les bouteilles vides, etc. Des treuils desservis, dans les grandes
maisons, par la vapeur sont chargés de ce service. Ces essors sont
pourvus de grilles en fer et de volets qui permettent de les fermer
à volonté et hermétiquement, les escaliers taillés dans la craie sont

fermés à chaque étage. Tous les caveaux peuvent être ainsi aérés,
et éclairés ou clos à la volonté du fabricant. La température est
généralement dans ces caves de 15 degrés à 4 ou 5 au-dessus de
zéro. On laisse d'abord les bouteilles en treilles dans les celliers ou
dans la cave la plus chaude pour faire bien partir la mousse, et lorsqu'après un certain temps, un commencement de fermentation est
nettement accusé par la formation d'un dépôt plus ou moins abondant, et les bulles persistantes qu'on aperçoit en retournant brusquement les bouteilles, le vin est descendu dans les cavaux infé-
rieurs, sauf à les remonter si la mousse *ne marche* pas assez vite.

CASSE. — FIÈVRE CHAUDE.

349. — Tant que la fermentation marche d'une manière lente et
régulière, et que la tension intérieure n'atteignant pas brusquement de trop grandes limites, n'amène pas la casse des bouteilles,
la température des caves peut facilement être maintenue à un degré
convenable. Mais lorsque la casse multiplie ses explosions, le vin
qui se répand sur les bouteilles, recevant l'action de l'air sur de
grandes surfaces, entre en fermentation acétique, remplit les caves
de torrents d'acide carbonique, et d'une odeur aigre et pénétrante.
Un grand dégagement de chaleur accompagne ces réactions chimiques, la température des caves atteint alors rapidement 18 ou
20 degrés. Cette température augmente le mal; si l'atmosphère est
orageux, une sorte de fièvre s'empare du vin, les débris d'une bouteille lancés avec violence brisent des fois cinq ou six de ses voisines. Les vibrations de l'air, les secousses imprimées aux treilles,
font éclater d'autres bouteilles qui auraient encore résisté à la tension intérieure. Le désastre prend alors des proportions fort

grandes, il est allé parfois jusqu'à 86 pour cent. On ne recule en ce cas devant aucune dépense, devant aucun moyen pour y mettre un terme. On arrose les treilles avec une grande quantité d'eau fraîche, on inonde les caves qui sont pourvues, à cet effet, de rigoles d'écoulement. On emploie la glace, soit pour en couvrir les tas, soit pour refroidir l'eau avec laquelle on les lave. Ou, si on le peut, on transporte les bouteilles dans une cave beaucoup plus froide ; mais ce dernier moyen n'est pas toujours facile et offre quelque danger, si l'on opère le transport au moment où le vin est en pleine fièvre. Au moyen d'un instrument fort ingénieux et très-simple dont M. Maumené a indiqué l'usage, on peut facilement suivre la marche de la fermentation, et prévoir le jour et l'heure à laquelle la tension intérieure ayant acquis 8 atmosphères, l'œuvre de destruction commencera. Cet appareil a été nommé *aphro-mètre*; il consiste tout simplement en un manomètre Bourdon monté sur une tige creuse à vis qu'on enfonce dans le bouchon et qui met le ressort du manomètre en communication avec la chambre de la bouteille où s'accumule le gaz dont on peut suivre ainsi minute par minute, si l'on veut, le dégagement.

DURÉE DE LA FORMATION DE LA MOUSSE.

350. — La formation insensible a enfin parcouru, après deux ans et demi et parfois trois ans de cave, toutes ses périodes, le vin est en mousse, tout ferment est détruit, mais il ne peut pas encore être expédié au loin ni livré à la consommation, il faut d'abord débarrasser le vin de son dépôt ou DÉGORGER les bouteilles.

DU DÉPOT.

351. — Il s'est, en effet, formé pendant la fermentation un dépôt dont toutes les causes ne sont pas bien connues, et de consistance variable, tantôt pulvérulent et grenu, tantôt floconneux et visqueux ; parfois il se compose d'une pellicule plus ou moins épaisse et adhérente appelée *masque* lorsqu'elle est unie, et *griffe* quand elle présente des palmures et des plis divergents de l'un des points du goulot. Ce dépôt, ou levure, doit être expulsé, sa présence rendrait le vin âcre, le troublerait et lui donnerait des propriétés nuisibles. Le dégorgement est plus ou moins facile suivant la forme qu'il a affectée, si c'est celle du masque, tout le travail fait pour mettre le vin en bouteille est perdu ; le dépôt ne peut être détaché de la bouteille, le liquide qu'elle contient doit être remis dans le tonneau, subir des collages et servir à composer de nouvelles cuvées. On évite la formation du masque adhérent par l'emploi du tannin et de l'alun ; mais l'emploi de ces deux substances n'est pas sans inconvénients pour le vin, ni parfaitement inoffensif pour le consommateur. Le dépôt pulvérulent est le plus facile à expulser.

MISE SUR POINTES DES BOUTEILLES.

352. — Pour préparer le dégorgement des vins, on met les bouteilles sur *pointe* ; c'est-à-dire qu'on les place renversées dans les trous d'un pupitre formé par deux tables de 1^m, 60 de hauteur sur 0^m, 90 de largeur, assemblées par de fortes charnières, s'écar-

tant sur le sol à peu près de 80 centimètres. Chacune de ces tables
est percée de 10 rangées de six trous chacune ; ces trous sont
ovales, leur grand diamètre est de 10 centimètres et le plus petit
de 9 ; ils sont taillés obliquement, de manière à présenter leur partie
déclive à l'intérieur du pupitre où leur bord sépérieur est à 4
centimètres en contre-bas de celui du dehors. La forme de ces
trous permet d'y maintenir les bouteilles sous plusieurs angles. Les
bouteilles sont placées d'abord d'une manière horizontale ; puis
chaque jour l'ouvrier, se plaçant devant les pupitres, prend une
bouteille de la main droite, une autre de la main gauche, et, sans
les sortir de leurs trous, il leur donne une brusque secousse qu'on
appelle le coup de poignet, et, en les quittant, les pose tantôt un
peu à droite, tantôt un peu à gauche, en les ramenant petit à petit
vers la position verticale. Parfois, pour mieux détacher le dépôt,
il électrise les bouteilles en les frappant avec le crochet. Chaque
jour un ouvrier habile remue ainsi trente mille bouteilles. Cela
dure en moyenne trois mois, au bout de ce temps la bouteille est
placée dans le pupitre d'une manière tout à fait verticale ; le dépôt,
complétement détaché des parois, est descendu sur le bouchon où
on l'aperçoit ayant parfois une épaisseur de plusieurs centimètres ;
on procède alors au *dégorgement*.

DÉGORGEMENT.

353. — Cette opération très-simple et très-délicate est faite avec
une habileté extrême par les ouvriers champenois. Les bouteilles
sont portées sur *pointe*, c'est-à-dire le goulot en bas. Le dégorgeur
prend une bouteille dans le panier et la tient renversé sur son
avant-bras gauche, avec une des poignées de la pince à dégorger,

ou *patte de homard ;* il enlève le crochet en fer qui retient le bouchon, qui commence aussitôt à céder à la tension intérieur, il le maintient avec l'index de la main gauche, et le saisissant avec la pince qu'il tient de la main droite, il appuie contre sa poitrine le fond de la bouteille qu'il tient toujours sur le poignet gauche incliné devant lui, et on dirige le bouchon, qu'il tire vivement, dans un tonneau à degorger incliné devant lui et sur les flancs duquel on a pratiqué une large ouverture. La force du vin qui fait explosion, chasse devant lui complétement le dépôt ; quand il est d'une espèce bien pulvérulente, l'explosion faite, l'ouvrier dégorgeur relève un peu la bouteille qu'il ne cesse de tourner dans ses mains pour activer la formation de la mousse passant le doigt sur le goulot et au milieu même de la mousse, pour détacher les impuretés qui peuvent encore adhérer au goulot après l'explosion, et qui sont alors chassés entièrement par le vin. Cette opération, qui a pris moitié moins de temps qu'on en a mis à lire ces lignes, terminée, il ferme la bouteille avec un vieux bouchon, et la passe à l'ouvrier chargé d'y mettre la liqueur.

DOSAGE OU DEUXIÈME MISE EN LIQUEUR. BOUQUET DES VINS
DE DIFFÉRENTES MARQUES.

354. — Le dégorgement a occasionné en moyenne la perte de six centilitres de vin et d'une grande quantité de gaz, il faut remplir le vide que cette partie a faite dans la bouteille. De plus, quoique le vin ait acquis toute sa limpidité et qu'il soit riche en mousse, il ne pourrait être ainsi livré au consommateur ; il est beaucoup trop acide, et même âpre, dans beaucoup de cas, il faut, pour le rendre agréable, l'adoucir en y ajoutant du sucre, lui donner du bouquet, c'est ce qu'on fait par le *dosage* ou la *mise en liqueur.*

Autrefois, dit-on, le dosage n'était pas pratiqué, c'était alors dans des temps assez lointains, car le *bouquet* qui a fait la réputation des premières marques, a été toujours donné par l'introduction d'une liqueur factice ; il est vrai de dire que le dosage n'a jamais été pratiqué dans de plus larges proportions qu'aujourd'hui : dans une bouteille contenant 80 centilitres, on fait entrer jusqu'à 24 et 26 centilitres de liqueurs, presque le tiers du volume du vin. Que devient la saveur naturelle des vins du crû, noyée, pour ainsi dire, dans cette abondante addition de sucre, d'alcool et d'aromes étrangers?

COMPOSITION DE LA LIQUEUR.

355. — Les fabricants apportent le plus grand soin dans la composition de leur liqueur. Chaque maison, chaque chef de cave a sa recette particulière, ayant plus ou moins de valeur réelle. Nous donnons ici la recette générale de quelques-unes des formules les plus appréciées. Chacun pourra les varier suivant son goût, ou la nature des vins qu'il veut traiter.

356. — La liqueur ordinaire est presque généralement composée : 1° de 150 kilog. de sucre candi blanc, provenant de la canne d'une manière certaine ; — le seul qui puisse être mêlé au vin dans des proportions notables sans en diminuer le parfum et le bon goût, — de 125 litres de vin qu'on choisit vieux, et avec le plus de soin possible, et de 10 litres esprit fin de Cognac. '

On prépare ces liqueurs à chaud ou à froid, presque indifféremment ; pour les préparer à froid, on introduit le sucre candi et le vin dans un tonneau très-fort et soigneusement construit. On roule de temps en temps ce tonneau pour aider la dissolution du

sucre et son mélange avec le vin. Quand tout le sucre est bien
fondu, on ajoute l'esprit. Lorsqu'on opère à chaud, on fait fondre
le sucre dans le vin au bain-marie, sans trop chauffer, et on attend
le refroidissement presque complet avant d'ajouter l'esprit. Une
fois le mélange opéré, on filtre en faisant tomber le liquide dans
une grande chausse double, la poche extérieur en flanelle, l'intérieur en calicot; entre les deux parties, on a appliqué de la pâte de
papier bien pure, broyée avec une massue en bois. La liqueur filtrée
est conservée en bouteilles ou dans un tonneau uniquement destiné
à cet usage. Au moment de s'en servir, on y ajoute ordinairement
par pièce, environ deux litres du mélange suivant.

Eau	60 litres.
Solution d'alun	20 »
» d'acide tartrique.	40 »
» de tannin	80 »
Total.	200 litres.

357. — Il y a beaucoup à dire sur ce mélange. M. Maumené en
proscrit l'alun comme formant avec le champagne un accouple-
ment monstrueux, et il a raison ; l'alun est aussi nuisible au vin
qu'à la santé publique. Le mélange de tartre et de sel ordinaire, produirait les effets qu'on lui demande, sans avoir ses inconvénients.
Le tannin et l'acide tartrique devraient avoir le raisin pour origine.
Le tannin devrait être toujours ajouté à la liqueur après le filtrage
et vieillir avec elle pour qu'il eût le temps d'exercer son action sur
les matières azotées qu'elle peut contenir.

358. — Pour les vins d'expédition, ceux qu'on envoie en Angleterre, en Russie, par exemple, on cherche des liqueurs plus
compliquées : voici deux formules :

19

Sirop de sucre simple.	30 litres.
Vin de Champagne à la cuvée.	20 »
Vin de Porto.	20 »
Esprit de Cognac.	10 »
Eau-de-vie ordinaire de Cognac.	20 »
Eau-de-vie brune de Cognac.	8 »
Teinte de fisme.	2 »
Kirsch.	1 »
Alcool framboisé	0 10
Total.	200 litres.

Autre formule :

Vin de Porto.	30 litres.
Liqueur de Champagne (§ 356).	20 »
Vin de Madère.	8 »
Vin blanc ordinaire de Champagne.	10 »
Esprit de Cognac	12 »
Eau-de-vie de Cognac ordinaire.	12 »
Eau-de-vie de Cognac fine	6 »
Teinte de fisme.	2 »
Liqueur de Champagne cuite.	100 »
Total.	200 »

50 kilos de sucre candi fondu dans 50 litres de vin blanc, auxquels on ajoute, après dissolution complète, 5 litres d'esprit de Cognac et 50 grammes de teinture de vanille, donnent une liqueur appréciée pour les vins consommés en France. On se sert aussi, pour donner le bouquet, de différentes préparations, dites crèmes de *Sillery*, crème *d'Aï*, etc. ; il faut se méfier de ces produits commerciaux.

DOSAGE.

359. — Le dosage varie de 10 à 26 centilitres de liqueur, en gé-

néral, ce sont les vins expédiés en Angleterre et en Russie, qui sont les plus dosés. Comme le dégorgement n'a laissé, en moyenne, qu'un vide de 6 centilitres dans la bouteille, il faut en retirer encore de 4 à 20 centilitres de vin pour faire la place de la liqueur ; mais le hasard seul pourrait faire que cette quantité exacte fût enlevée de la bouteille. Ordinairement, on en verse un peu trop. On fait le dosage et on finit de remplir la bouteille avec le vin de décharge qui a été recueilli dans une bouteille qu'on vide lorsqu'elle est pleine dans un tonneau, pour faire servir le contenu, soit à la préparation des liqueurs, soit à la composition de nouvelles cuvées. Parfois le dosage est fait en deux et trois fois, parce qu'on ne peut pas, avec les procédés généralement employés en Champagne, mettre en une fois la dose de liqueur convenable, dans un vin grand mousseux, ce qui prolonge encore le contact de l'air et du vin.

360. — L'introduction de la liqueur se fait dans presque toute la Champagne avec une mesure semblable à celle dont on se servait avant la pompe à sirop pour doser les limonades : un petit cylindre en fer-blanc, court et muni d'un cylindre du même métal; un bec conique ouvert sur le côté du cylindre, sert à verser la liqueur puisée dans un grand pot en faïence contenant 5 ou 6 litres. Cela a tous les inconvénients que nous avons signalés § 308. Pour remédier à ces défauts, MM. Conneau, Machet, Vacquant et Maumené ont inventé plusieurs appareils dans la description desquels nous n'entrerons pas, notre pompe à sirop (§ 160) les remplaçant avec simplicité et avantage.

BOUCHAGE D'EXPÉDITION.

361. — La liqueur introduite en quantité voulue, et la bouteille

finie de remplir, le doseur la ferme avec un bouchon provisoire et la passe à l'ouvrier chargé de faire le bouchage d'expédition, qui s'opère avec les mêmes machines que celui du dégorgement. Les bouchons d'expédition sont de qualité supérieure, choisis et préparés avec le plus grand soin pour ne pas donner de goût au vin et ne jamais produire de recouleuses. Ils portent le nom et le cachet du fabricant gravés avec un fer chaud, à l'extrémité en contact avec le vin. Le bouchon est fixé par un double nœud, fait avec des ficelles trempées dans l'huile de lin, pour les mettre à l'abri de l'humidité, et formés comme nous l'avons expliqué § 208. Un ouvrier pose ainsi un double nœud à 1,000 ou 1,200 bouteilles par jour. Le ficeleur passe la bouteille au *metteur en fil* assis sur un tabouret, devant lequel on place un calebotin en bois pour recevoir la bouteille. L'ouvrier a dans une boîte les bouts de fils pliés au milieu de leur longueur et tordus de six à huit tours, à quelques centimètres de ce milieu ; il prend un de ces bouts, place le goulot entre les deux branches et le tord en arrière, en serrant bien sous la bague, puis, il relève les parties tordues sur le bouchon au milieu du grand angle des ficelles et les lie en les tordant soigneusement avec une pince de treillageur, qui coupe auprès du pivot. Lorsque les fils sont réunis par la tension il coupe nettement l'excédent et replie le bout sur le bouchon. La tension intérieure se fait aussitôt sentir, le liége retenu par les ficelles se tendent sur les bords du goulot, se replie sur lui-même et forme ce champignon caractéristique du bouchage de champagne.

DERNIÈRE RÉACTION DU VIN ET DE LA LIQUEUR. — TOILETTE
DES BOUTEILLES. — EMBALLAGE.

362. — Le bouchage d'expédition terminé, les bouteilles sont

remises en tas pendant plusieurs semaines, le vin et la liqueur exercent l'un sur l'autre leur action. Le vin mousseux prend son brillant, sa puissance pétillante, le moelleux et le bouquet qui ont fait sa réputation. Il n'y a plus qu'à revêtir le bouchon et le goulot d'une feuille de paillon en étain argenté ou doré, qui lui sert à la fois de protection contre l'humidité, et de parure, ou de le goudronner, d'envelopper chaque bouteille dans une feuille de papier bleu ou rose et de l'expédier dans toutes les parties du monde.

CE QU'ON APPELLE DU CHAMPAGNE ET LES VINS MOUSSEUX DE TOUS LES CRUS.

363. — La fabrication du champagne est donc, comme on le voit, tout à fait industrielle. Le raisin est pris au vigneron aussitôt qu'il a atteint la maturité, et dès lors il subit des manipulations purement industrielles dans les caves qui sont de véritables ateliers de véritables laboratoires chimiques. Les fabricants sont de grands négociants et très-peu viticulteurs; nous ne disions pas très-peu propriétaires, ils possèdent tous des palais et de vastes domaines achetés avec le produit de leurs caves. Nous n'oserions évaluer les quantités de vins blancs du Bordelais ou de la Bourgogne qui entrent dans les cuvées; nous serions taxés d'exagération si nous disions comment se font certains mélanges vendus comme grands vins de Champagne et portant très-dignement cette haute qualification. Dans beaucoup de caves on ne prépare que ces cuvées. Le vin est mis en mousse et vendu sur *pointe* aux maisons en renom qui font le dégorgement, le dosage, y mettent la liqueur leur bouchage d'expédition et leur étiquette. Ce qui, plus que les vignes nourries sur ses coteaux, fait la richesse de la Champagne, ce sont ses caves

et l'habileté, le savoir de ses ouvriers. Portez ces deux éléments dans tout autre crû et les mêmes méthodes appliquées avec le même soin, vous donneront les mêmes produits.

364. — Angers et Saumur champagnisent aujourd'hui leurs vins en suivant les procédés que nous venons de décrire. On choisit des mouts dont la densité est à peu près la même que celle donnée par les raisins de Champagne, légers et sans goût de terroir. Si les vins sont verts et plats, on ajoute de l'alcool qui masque la verdeur et précipite une partie du ferment. On fait subir plusieurs collages et la mousse se forme ensuite en bouteille comme dans la Champagne. Après le dégorgement, on met le sirop, dont la confection et l'emploi sont ceux que nous avons décrits ; ces vins tiennent très-bien la mousse. Des essais faits avec des vins d'Anjou dans des caves d'Eparnay ont donné des champagnes préférés par les marchands et connaisseurs aux vins d'Aï. La Bourgogne a ses vins grands mousseux ; les Saint-Péray, récoltés sur les côtes du Rhône, sont en réputation ; la blanquette de Limoux est populaire dans le Midi, et partout on prépare plus ou moins bien des vins fous qui acquièrent des qualités remarquables lorsque, sur cent bouteilles ou cruches, on en conserve une.

REPROCHES ADRESSÉS A LA MÉTHODE CHAMPENOISE.

365. — Cependant que de défauts dans ces procédés tous trouvés par un empirisme, merveilleux sans doute dans sa sagacité, mais en somme primitif, aveugle et imparfait comme tout ce qui vient simplement de la pratique et de la routine, avant que la science ne l'éclaire. Quelle perte par la casse ! 30 pour 100 si on compte simplement la moyenne, 70 pour 100, la ruine dans les années

désastreuses. Quatre années de longues et coûteuses manipulations ; perte en moyenne de plus d'un dixième par le dégorgement ; capital énorme enfoui et constamment hasardé. Telles sont les conditions, désastreuses pour toute autre entreprise, sur lesquelles roule cette industrie, et qui explique bien les hauts prix auxquels la Champagne vend ses vins mousseux.

VINS MOUSSEUX FACTICES.

366. — On comprend que dans ces derniers temps surtout, où la science a fait tant de progrès, bien des tentatives ont dû être faites pour chercher une méthode de fabrication moins défectueuse et qu'on ait mainte fois tenté de vaincre l'attachement de la routine pour une manière dont les résultats faisaient oublier l'imperfection. Les travaux de MM. Rousseau, François, Maumené, très-justement appréciés en Champagne, ont apporté de notables améliorations dans les vieilles pratiques. M. Maumené a construit un ensemble complet d'appareils de fabrication, d'après les principes appliqués à la préparation des eaux gazeuses, et ses appareils fonctionnent au moins dans une des grandes maisons de Reims qui en retire d'excellents résultats. Malheureusement, savant éminent avant tout et dominé par ses expériences de laboratoire, M. Maumené, en cherchant à satisfaire toutes les conditions imposées par la théorie ou les essais de cabinet, est arrivé à une complication extrême et à un prix assez élevé pour faire reculer la plupart des fabricants devant une pareille installation.

367. — Avant M. Maumené, des tentatives sérieuses avaient été faites pour appliquer les appareils pour la fabrication des eaux gazeuses à la préparation des vins mousseux. M. Savaresse a publié

une instruction pour faire servir ses cylindres oscillants à cet emploi. M. Mialhe, actuellement pharmacien de l'Empereur, voulut, vers 1837, y appliquer l'appareil Bramah, et, le premier, indiqua comme condition essentielle de doubler l'intérieur en argent. En 1842, il s'ouvrit, dans les environs de Paris, un établissement pour la fabrication de ces vins; aucune de ces tentatives ne donna des résultats satisfaisants. Plusieurs raisons péremptoires expliquent cet insuccès. La fabrication des vins de Champagne naturels, qui doit servir de type et de guide à la fabrication des vins factices, était moins connue, moins étudiée; le rôle des ferments, du sucre, la formation de la mousse, les rapports de l'acide carbonique avec le vin presque ignorés. Les appareils qu'on employait étaient défectueux, impropres aux fonctions qu'on leur demandait. Aucune des précautions nécessaires pour produire un gaz parfaitement pur n'était prise; le vin se trouvait dans ces manipulations en contact presque continu avec l'air, qui, bien souvent, se mélangeait au gaz. Il y avait, dans l'embouteillage, perte de l'acide carbonique, perte de liquide et surtout de mousse et par conséquent d'arome qui, par le travail auquel est soumis le vin, semble se concentrer à un moment donné dans la mousse. Le vin s'y trouvait en contact avec des métaux qui le décomposaient, le chargeaient de sels insolubles, dénaturaient son goût et sa couleur, jamais l'argenture n'était complète. Pour y suppléer, on employait le caoutchouc, la gutta-percha, matières aussi nuisibles que l'étain et le plomb, sujettes à des décompositions subites donnant aux vins un goût infect et auxquelles, dit M. Païen, on devrait renoncer à tout jamais, quand il s'agit de construire un vase destiné à contenir une boisson quelconque.

368. — En construisant nos appareils, notre premier soin a été d'étudier la méthode de préparation employée en Champagne et ses effets; de recueillir les divers explications fournies par la science des phénomènes qui se passaient sous nos yeux; de voir ce qu'avait

été fait avant nous, et de nous rendre bien compte de la cause
des inconvénients qu'avait signalés l'expérience dans les différents appareils que l'industrie a cherché plus ou moins sérieusement à utiliser. Trouvant ainsi un enseignement dans les faits
expliqués par la science, une critique éclairée dans l'expérience
faite et les tentatives échouées, nous sommes arrivés à construire
un ensemble d'appareils de fabrication apportant dans les diverses
opérations la plus grande facilité et toute la perfection possible,
et qui peuvent s'appliquer aussi bien aux vins rendus naturellement mousseux qu'à la gazéification des vins déjà faits dans lesquels il ne reste ni ferment ni sucre. Ces appareils fonctionnent
aujourd'hui dans les caves de la Champagne, dans presque toutes
les provinces et à l'étranger ; c'est donc en nous appuyant sur
les résultats donnés par une longue expérience que nous garan-
tissons le succès aux fabricants intelligents qui les emploieront.

Dans la fabrication des vins mousseux factices, l'on doit toujours
avoir pour guide la fabrication des vins naturels et bien se pénétrer des principes qui guident les chefs des caves champenoises
dans leurs manipulations ; c'est pour cela que nous sommes entrés
ici, sur la méthode champenoise, dans des détails qu'on pourrait
considérer comme trop étendus ou oiseux dans ce livre, si on n'en
comprenait toute l'importance.

CHOIX DES VINS QU'ON VEUT RENDRE MOUSSEUX.

369. — Le choix des vins qu'on veut rendre mousseux doit être
fait avec discernement ; il faut éviter les goûts de terroir trop pro-
noncés ; préférer les vins un peu corsés, sans être forts, — à 11 ou
12 degrés d'alcool, que la mise de la liqueur portera de 13 à 14 ;—

qu'ils soient francs de goût, plutôt verts que doux, la liqueur
corrigeant facilement la verdeur, et tiennent bien le blanc. Pour
la formation des cuvées, il faut bien apprécier les résultats qu'amèneront les coupages d'après la nature de chaque vin, et donner au
mélange le temps de réagir et de s'effacer. On doit le soutirer et
coller avant de mettre en bouteille. Les vins doivent être assez
riches en tannin, pour que le dépôt se forme vite et soit de consistance grenue, sans cependant que la présence de cet acide puisse
jamais être en excès. On l'introduit avec le blanc d'œuf au moment
du collage en ajoutant une dose convenable de sel de cuisine au mélange. Il serait, du reste, préférable de se servir, pour cette opération de collage, des poudres préparées par M. Julien, et qui ont
des propriétés et une efficacité réelles et qu'on peut employer en
toute confiance.

FABRICATION DES VINS MOUSSEUX PAR LES APPAREILS HERMANN-LACHAPELLE ET CH. GLOVER.

370. — Dans les vins factices, il n'y a pas à développer une fermentation insensible qui, pendant deux ans, s'opère lentement
dans la bouteille, demandant des soins, des manipulations coûteuses, une serveillance constante et occasionnant, par la casse, des
pertes qui sont, en moyenne, de 20 à 30 pour 100 et peuvent s'élever à 70 et 80. On emploie des vins faits, et la manipulation commence par l'introduction artificielle de l'acide carbonique dans le
vin sans aucun sucrage préalable.

371. — Les différentes opérations que nous allons décrire doivent s'accomplir dans un cellier bien aéré et éclairé. La température a, on le sait, une grande influence sur le pouvoir dissolvant

du vin (§ 328), elle ne doit pas y être élevée au-dessus de 8 ou 10 degrés; il faudrait, si cette fraicheur n'y régnait pas naturellement, l'obtenir par des moyens artificiels. Quant au choix des bouteilles, des bouchons, au rinçage, etc., on doit s'en rapporter aux renseignements que nous donnons dans les divers paragraphes qui traitent spécialement de ces différents sujets.

DESCRIPTION DES APPAREILS.

372. — L'ensemble des appareils pour la FABRICATION DES VINS MOUSSEUX (planche LIII, page 258) se compose :

1° Du générateur et de l'épurateur d'acide carbonique A B;

2° Du gazomètre C;

3° D'un saturateur à double sphère et à un seul corps de pompe D; .

4° D'un appareil de tirage avec mécanisme pour le bouchage provisoire G;

5° De la pomps à sirop pour le dosage (planche XXI, page 147);

6° D'un appareil de bouchage d'expédition avec robinet de tirage et robinet de retour au saturateur E;

7° D'un calebotin mécanique et différents accessoires (§ 208).

373. — L'installation et le montage des appareils sont les mêmes que pour les appareils de fabrication des eaux gazeuses (chap. VIII); il n'y a plus qu'à placer sur leur axe les roues à poignée EE (planches LVI, LVII) des colonnes de bouchage provisoire et d'expédition et à serrer les écrous qui les assujettissent.

374. — Pour l'assemblage, il suffit aussi de serrer, comme nous l'avons dit, un certain nombre de raccords, en ayant bien soin de garnir chacun d'eux de leur rondelle de cuir (§ 185 à 189). Mais

comme la circulation du liquide saturé est complète, — c'est-à-
dire qu'après être sorti des sphères SS' (fig. A, planche L), par les
robinets DE, et s'être rendu aux robinets H et K des tirages BC,
il peut faire son retour aux sphères par les robinets ILM et les

PLANCHE LIV.

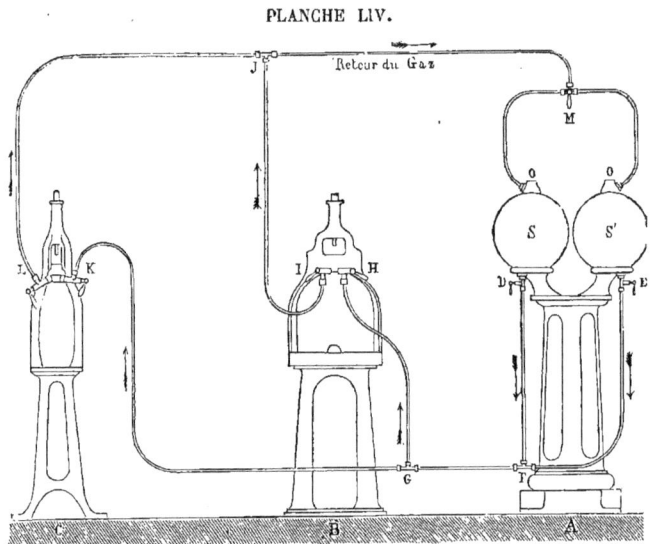

Assemblage du saturateur à double sphère et des appareils de tirage et de
    bouchage pour la fabrication des vins mousseux avec tuyaux et robinet de
    retour.

bases demi-sphériques OO (§ 145), servant de support aux soupapes
et aux manomètres, — on doit, outre l'assemblage des raccords
ordinaires 1, 2, 3, 4, 5 (planche XXX, page 160), poser un certain
nombre de tuyaux et les assembler par leurs raccords dans l'ordre
suivant :

On serre d'abord les raccords des robinets de sortie D et E, ceux
du robinet H du premier tirage B; puis celui du robinet K du second

tirage C, et enfin ceux des tenons mobiles à triple raccord F et G.

Tous les assemblages pour l'arrivée du gaz à la pompe et la sortie du liquide saturé sont alors terminés ; il ne reste plus qu'à faire l'assemblage des tuyaux de retour.

On serre les raccords des robinets I du premier tirage B et celui du robinet L du second tirage C ; on visse les raccords des deux tuyaux de retour de ces robinets dans l'écrou à triple raccord J ; on serre sur le troisième raccord le tuyau qui doit se raccorder sur le robinet à trois courants M, dont les deux tuyaux latéraux en cuivre argenté ont été vissés préalablement sur les écrous d'attente (§ 145) de la base des soupapes OO.

Tous ces raccords doivent être faits et serrés avec beaucoup de soin. On doit d'autant mieux veiller à ce qu'ils ne puissent donner lieu à aucune fuite, à aucune prise d'air, que le produit qu'on prépare est plus précieux.

375. — Cette circulation complète du liquide saturé, — dans laquelle les tuyaux d'arrivée aux robinets de tirages figurent assez bien le rôle des artères dans l'organisation animale, et celui des tuyaux de retour le rôle des veines, — est excessivement importante ; c'est grâce à elle qu'il n'y a pas dans la fabrication des vins mousseux ni tirage tumultueux, ni perte de gaz, ni perte de liquide, ni perte d'arome.

PRODUCTEUR, ÉPURATEUR A ALCOOL, GAZOMÈTRE.

376. — Le gaz est fourni par notre producteur ordinaire A (planche LIII, page 258, § 123). Il est bon de remplacer, pour la fabrication des vins mousseux, les bases calcaires par le bicarbonate de soude (§ 502 à 508), et de n'employer que de l'acide

sulfurique à 66 degrés rectifié (§ 511). L'acide carbonique qui se
dégagera sera ainsi très-pur. L'acide sulfurique formera, avec
la base sodique du sulfate de soude ou sel de Glauber dont la vente
fera plus que de dédommager de la faible dépense occasionnée par
l'emploi du bicarbonate. Si l'on emploie la craie ou le marbre
blanc pulvérisé ; il faut leur faire préalablement subir des lavages
qui les débarrassent des substances terreuses que ces carbonates
peuvent contenir (§ 500).

377. — Au sortir du producteur, le gaz traverse l'épurateur B,
garni au premier compartiment d'eau alcaline au second, d'eau
fraiche très-pure (§194), il sera bon de charger le laveur indicateur
d'alcool *bon goût*. De cette manière, on sera assuré que l'acide carbonique arrivera au saturateur, sans goût ni odeur étrangère quelconque, et déjà imprégné de principes alcooliques, il faut avoir
soin que l'eau du gazomètre G soit toujours fraiche et que la cuve
soit garnie d'une couche de charbon G (§ 192).

SATURATEUR (planche LV).

378.— Le saturateur est composé de deux sphères HH d'une contenance de 20 litres chacune, placées à côté l'une de l'autre, sur la
même colonne, fonctionnant simultanément ou séparément à volonté et desservies par un seul corps de pompe U. Chacune de ces
sphères est pourvue à l'intérieur et à l'extérieur de tous les organes
que nous avons décrits dans les saturateurs destinés à fabriquer de
l'eau de Seltz (§ 143 à 149). Elles communiquent ensemble à l'aide
de deux tuyaux vissés sur les raccords d'attente ll, — placés à la
base des soupapes du côté opposé au niveau d'eau LL, — et se
raccordant sur le col du robinet à trois courants M (pl. L), qui sert

PLANCHE LV.

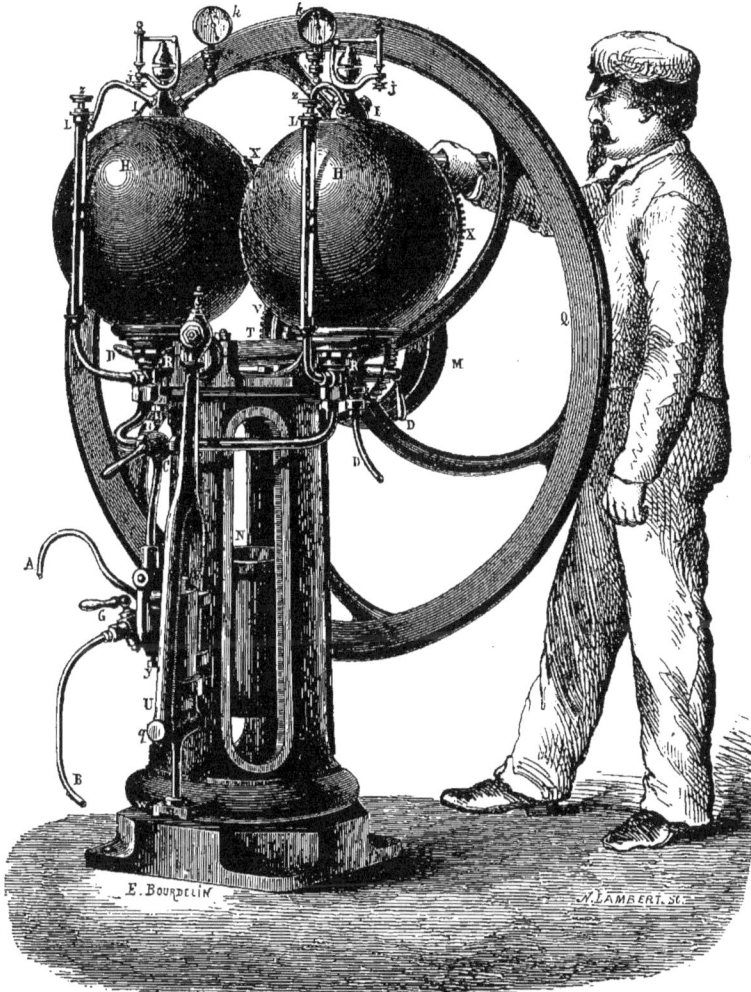

Saturateur à double sphère doublée d'argent pour la fabrication des vins mousseux.

à mettre en rapport et à isoler les deux saturateurs et à régler le retour du gaz dans celui où il doit arriver. Un seul volant en fonte et à manivelle Q communique le mouvement à l'aide de deux roues d'engrenage XX à leurs agitateurs, et met en jeu par la manivelle de l'arbre T la bielle F, la pompe U, qui dessert simultanément ou séparément à volonté les deux sphères. Un robinet à trois courants C en cuivre rouge argenté, règle le jeu de la pompe en lui permettant de travailler sur l'une ou l'autre des deux sphères, ou sur les deux à la fois. Cette pompe est la même que celle des appareils ordinaires (§ 37). Le robinet G (§ 140), y règle, comme chez ces derniers, l'aspiration du gaz et du liquide, elle puise le vin dans un réservoir d'alimentation N, et tous ces différents organes sont groupés sur une même colonne-bâti.

ARGENTURE.

379. — Les parois intérieures des sphères, de la pompe, des tuyaux, des robinets de tirage, du bassin d'alimentation, toutes les parties, en un mot, qui sont en contact avec le liquide sont fortement argentées. Les raccords sont tous à emboîtage de bronze argenté avec des rondelles de cuir *dégraissé* par prudence, placées au fond de l'emboîtage ; ces rondelles ne sont qu'au nombre de cinq ayant à peu près un centimètre de surface, le cuir qui fait la fermeture du piston de la pompe (§ 138) est recouvert d'une calotte en argent de même forme que lui, pour empêcher tout contact avec le liquide. Toutes les précautions ont été prises, on le voit, pour que, pendant son séjour dans l'appareil rien ne puisse altérer la nature du vin ni lui donner le moindre goût (1).

(1) Le bois, le verre, la porcelaine *non vernie* et l'argent seuls peuvent être mis sans inconvénients en contact avec le vin. Toutes autres matières, comme

PLANCHE LVI.

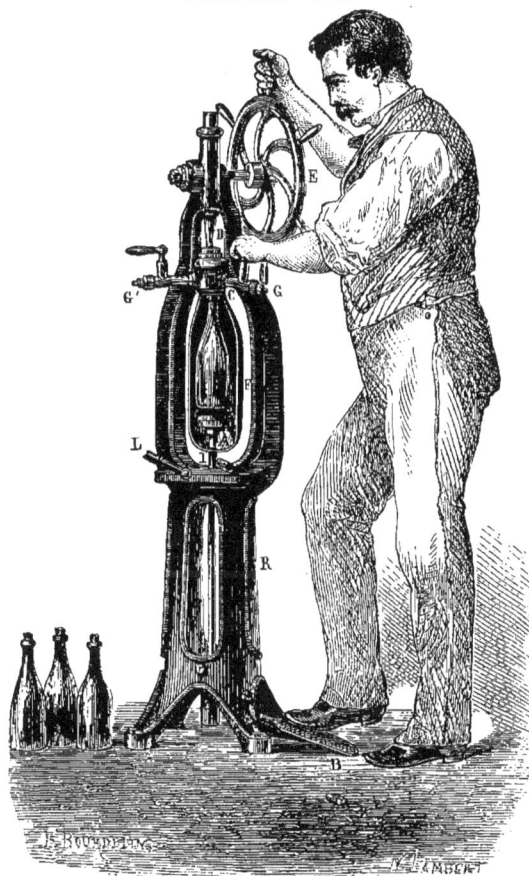

Colonnes de tirage avec bouchage provisoire.

l'étain, le caoutchouc, le troublent, l'altèrent, le décomposent. La gutta-percha et l'étain lui sont surtout particulièrement nuisibles. La première étant sujette

380. — L'appareil d'embouteillage et de bouchage provisoire avant le dégorgement se compose d'une colonne-bâti en fonte R dans laquelle fonctionne une tige mobile I mue par une pédale-levier B et surmontée d'un bloquet en bois A sur lequel on pose la bouteille. Une cuirasse F pivotant autour de la tige I et du cône C garantit l'opérateur. Une crémaillère mobile dans laquelle vient s'engrener la partie dentée de la pédale est adaptée à l'extrémité de la tige I, et permet de faire varier sa hauteur et par conséquent, celle du bloquet qui supporte la bouteille. Au-dessus de l'entablement de la colonne, le bâti se divise en deux branches L formant une arcade terminée par un cône creux. Dans la partie inférieure de cette arcade se trouve la cuirasse F, dans laquelle se pose la bouteille et se meut le bloquet A ; à sa partie supérieure, au point où les deux branches se recourbent pour se rapprocher, se trouve le baguin du tirage C, dans lequel vient se placer le goulot de la bouteille. Le robinet d'arrivée du liquide G et le robinet du retour de gaz vers le saturateur G' viennent s'y ouvrir. Au-dessus du baguin et entre les deux côtés du bâti formant chambre, se trouve l'entrée du cône destiné à recevoir le bouchon que chasse dans le goulot la tige à crémaillère D, qui subit l'action d'un pignon fonctionnant à l'intérieur du cône et mis en mouvement par le volant à poignée E.

APPAREILS DE BOUCHAGE D'EXPÉDITION (planche LVII).

381. — L'appareil pour le bouchage d'expédition avec robinet de tirage et retour de gaz, le tout réuni sur un même bâti, est

à des décompositions subites, le second se dissolvant dans le vin, le troublent et forment des composés fétides avec les acides qu'il contient.

plus remarquable. Dans la colonne-bâti R, d'un assez grand diamètre

PLANCHE LVII.

Bouchage d'expédition.

et terminée par un large entablement, se trouve la tige mobile I,
portant le bloquet A, prêt à recevoir la bouteille. Cette tige fonc-

tionne dans des guides et est gouvernée par un levier à engrenage B', mû par un étrier B, sur lequel se pose le pied de l'opérateur. Au-dessus du baguin de tirage C, qui reçoit le robinet d'arrivée du liquide G, et le robinet du retour du gaz G' se trouve un emboîtage ayant dans ses ajustages intérieurs un jeu de coussinets et de coins mobiles formant la chambre du bouchon et se serrant ensemble sous l'action d'une came mue par le levier H, de manière à comprimer le liége pour qu'il puisse entrer sans difficulté dans le goulot de la bouteille, lorsque l'effort du piston à crémaillère D, mû par la roue ou volant à poignée E, pèsera sur lui. Ces coins et ces coussinets joignent hermétiquement au moyen de pièces en caoutchouc emboîtées de telle sorte qu'elles ne peuvent jamais se déplacer ni être en contact avec le liquide.

382. — La pompe à sirop (§ 160), complétement argentée à l'intérieur, le calebotin ordinaire et le calebotin mécanique (§ 153), le couteau à double tranchant et le trèfle, la pince *patte de homard*, la pince à fil de fer et le crochet, composent avec le tonneau à dégorger les accessoires de la fabrication.

MISE EN MARCHE ET MANŒUVRE DE L'APPAREIL.

383. — On charge et on met en marche le producteur, l'épurateur et le gazomètre, comme nous l'avons indiqué pour les appareils ordinaires (chapitre IX), et lorsque le gazomètre est convenablement garni d'acide carbonique, la pompe est mise en jeu. Pour la première fois, on lui fait aspirer de l'eau tiède pour laver l'appareil et chasser l'air qu'il contient comme nous l'avons décrit § 199, et lorsque cette eau expulsée à son tour par la tension du gaz acide carbonique, s'est écoulée par les robinets de tirage et les robinets

de retour, car tous les tuyaux ont dû en être remplis, on amorce la pompe avec du vin, on règle la soupape à 7 atmosphères, et l'appareil est prêt à fonctionner.

384. — Le tonneau contenant le vin est placé à côté du satura- teur, sur un sommier assez élevé E (planche LIII, page 259) et un siphon argenté à l'intérieur l'amène dans le bassin d'alimentation hermétiquement fermé, sans que jamais il soit exposé à l'air. Le vin subit ainsi un dernier soutirage au clair-fin. On règle d'abord le robinet G, de manière que la pompe ne puisse aspirer que du liquide (§ 140); on ouvre les robinets G, pour lui permettre de travailler à la fois pour les deux sphères, et on établit, en ouvrant le robinet M, la communication entre les deux récipients satura- teurs.

385. — Lorsque les deux sphères sont aux deux tiers pleines de liquide, ce qu'on voit facilement en observant les niveaux d'eau LL, on ramène l'aiguille du robinet régulateur G sur le mot GAZ, et on laisse arriver l'acide carbonique seul jusqu'à ce que le manomètre marque une pression de 5 à 6 atmosphères, suivant le besoin. Si le vin a 12 degrés d'alcool et la température 8 degrés, 5 atmo- sphères sont suffisantes.

EMBOUTEILLAGE.

386. — Aussitôt que la saturation est arrivée au degré conve- nable, l'embouteillage commence. On manœuvre le robinet P de manière à intercepter la communication de la pompe avec la pre- mière sphère S en la laissant complétement libre avec la seconde ; on maintient le robinet M ouvert entre les deux sphères, et on met enfin l'aiguille du régulateur G sur le mot GAZ, la pompe ne

devant plus fonctionner pendant le tirage de la première sphère que pour maintenir la tension intérieure au même degré.

387.—Les bouteilles parfaitement rincées et bien sèches sont placées sur pointes dans un panier, à côté du tireur qui commencera par placer dans le cône creux le bouchon qui servira au bouchage provisoire ou de dégorgement, et ramène au-dessus, de manière à le maintenir, la tige conique D (planche LVI) à l'aide du volant E dont il prend la poignée de la main droite ; il pose alors la bouteille sur le bloquet A, et aussitôt qu'en agissant avec le pied droit sur la pédale B, il a engagé hermétiquement le goulot dans le baguin du robinet G, il ramène devant lui la cuirasse F pour se garantir, et maintenant solidement la bouteille avec le pied droit, sur la pédale et le bouchon, avec la main droite pesant sur la poignée du volant, il ouvre avec la gauche le robinet du gaz G'; l'acide carbonique fait aussitôt irruption dans la bouteille et en chasse l'air auquel un ou deux coups de pouce sur le dégorgeoir, dont le baguin est muni donnent issue, et la bouteille est prête à recevoir le liquide. L'opérateur ouvre alors, en tirant le levier à lui, le robinet d'arrivée du liquide G ; le vin se précipite tumultueusement dans la bouteille et la remplit de mousse, et la pression s'établissant, l'embouteillage s'arrêterait si l'on n'ouvrait en même temps le robinet G'. La mousse se condense aussitôt, le liquide entre alors sans effervescence, et le remplissage s'achève sans la moindre déperdition de gaz, de vin, de mousse ou d'aromes. L'agitation ne se produit pas; l'égalité de pression étant établie par l'ouverture simultanée des deux robinets, le vin coule simplement par son propre poids ; l'on conserve un travail continu, régulier, comme si l'on tirait le vin d'un tonneau à l'air libre

BOUCHAGE DE DÉGORGEMENT.

388. — La bouteille pleine, le bouchon est enfoncé dans le goulot par deux ou trois brusques saccades, en ayant soin de laisser entre lui et le vin un vide assez grand pour servir de chambre au gaz. Il faut ensuite dégager le goulot de la bouteille et le bouchon de l'intérieur du baguin ; on prend le col de la bouteille dans la main gauche, et faisant céder l'action du pied sous celle de la main droite qui ne cesse d'appuyer sur le volant, on amène le haut du bouchon au niveau des bords du baguin, et on attire la bouteille à soi doucement, de manière à engager la moitié du bouchon sous le rebord, tandis que le pouce de la main gauche appuie sur la partie du bouchon qui dépasse les bords du baguin. C'est, on le voit, la manœuvre décrite § 206 au tirage des bouteilles d'eau gazeuse. Amené à ce point, il est facile au tireur lui-même d'assujettir le bouchon avec une agrafe en fer doux ; sans déplacer le pouce gauche, il n'a qu'à poser l'agrafe sur le bouchon avec la main droite en engageant ses crochets sous la bague du goulot ; il dégage alors un peu plus le bouchon des bords du baguin, met bien l'agrafe au milieu, en serre les deux côtés à l'aide d'une pince, et l'opération est terminée. Le ficelage et tous les autres moyens sont moins simples, plus dispendieux, ne donnent pas d'aussi bons résultats et marchent bien moins rapidement que celui que nous indiquons ici ; aussi insistons-nous vivement pour qu'on l'adopte, c'est le seul aujourd'hui dont on fasse usage en Champagne.

389. — Lorsque le liquide contenu dans la première sphère est épuisé, on passe au tirage de la seconde, en réglant les robinets de manière que la pompe ne travaille que pour la première qui s'emplit et se sature, tandis qu'on opère comme nous venons de l'ex-

pliquer l'embouteillage du liquide gazéifié. On doit diriger la marche de l'opération de manière que la pression se maintienne aû même degré dans les deux sphères et ne descende jamais au-dessous de 5 atmosphères, ni ne monte pas au delà de 6. On peut saturer et mettre en bouteille 4 pièces de 200 litres chacune par jour.

FORMATION DU DÉPOT, MISE SUR POINTE, DÉGORGEMENT.

390. — La révolution qu'opère l'introduction du gaz acide car-bonique dans le vin produit la formation rapide d'un dépôt sem-blable à celui que la fermentation insensible forme dans les vins de Champagne. Il faut chasser ce dépôt par le dégorgeage, afin d'obtenir une limpidité aussi grande que dans les vins de Cham-pagne. Si on a eu soin d'ajouter au vin, quelques jours avant la mise en bouteille, une petite quantité de gomme pulvérisée, de tan-nin et d'acide tartrique, en prenant sur le choix de ces matières les précautions désirables, on obtiendra ce double résultat: le dépôt sera pulvérulent et d'une expulsion facile, surtout si on n'a employé que des vins vieux parfaitement dépouillés, et lors-qu'on débouchera les bouteilles, le gaz retenu par la matière gom-meuse ne s'envolera pas tumultueusement comme il le ferait d'une bouteille de limonade. Il faut, toutefois, être très-sage dans l'addi-tion de la gomme et du tannin, et ne l'opérer qu'après des essais qui éclairent sur son effet sur les vins qu'on rend mousseux. Les bouteilles remplies, on les met en tas pendant quinze jours ou un mois, dans des caves fraîches ; le vin se trouble, le dépôt apparaît. On met alors les bouteilles sur pointe dans des pupitres, et tous les jours on leur donne le *coup de poignet*, en imprimant à la bou-

teille un mouvement giratoire et la ramenant de la position horizontale à la position presque verticale, l'opération doit durer environ un mois, le dépôt est alors complétement descendu sur le
bouchon ; on le laisse en repos pendant quelques jours, puis on
opère le dégorgement exactement comme cela se pratique en
Champagne. Le vin est alors parfaitement limpide, bien en
mousse et d'une conservation certaine; il reste à y ajouter la liqueur, qui adoucit et donne le bouquet aux vins de Champagne
naturels; le dégorgeur met un bouchon provisoire à la bouteille et
la passe au doseur.

DOSAGE, BOUCHAGE D'EXPÉDITION.

391. — Le dosage se fait avec la pompe à sirop ordinaire
(§ 161) argentée à l'intérieur. La liqueur doit être la même qu'en
Champagne (§ 353); c'est au fabricant à déterminer le dosage, et
le bouquet qui convient le mieux au vin qu'il gazéifie. On en garnit
le réservoir en cristal, et l'on met le bouchon régulateur de la
pompe dans le trou du cadran qui correspond à la quantité de
liqueur que doit recevoir chaque bouteille. Le dégorgeur n'ayant
pas fait un vide assez grand dans la bouteille, on enlève, comme
cela se pratique en Champagne, approximativement la quantité
voulue, et cela n'occasionne nulle perte, ce vin étant versé dans
le tonneau qui alimente l'appareil saturateur, l'opération de dosage
se fait comme nous l'avons décrit pour les limonades (§ 298) ; mais
il faut avoir soin que le goulot de la bouteille soit bien engagé
dans le baguin de la pompe, de manière à former bouchage hermétique et l'y maintenir fortement par l'action du pied sur la pédale. La tension du gaz dans la chambre de la bouteille étant de

cinq atmosphères, l'effort du piston devra vaincre cette résistance pour faire pénétrer le sirop.

392. —´Le dosage opéré, la bouteille est retirée du baguin de la pompe, et on la pose instantanément sur le bloquet de l'appareil destiné à faire le bouchage d'expédition (planche LVII, page 307) dans les coussinets duquel on a mis le bouchon choisi qui doit servir au bouchage définitif, et que la main droite maintient en place en agissant sur la tige conique D au moyen du volant E, tandis que le pied gauche, appuyé sur l'étrier B, soulève la tige mobile L et engage hermétiquement le goulot de la bouteille dans le baguin C. Amenés par le premier jeu du volant, les coussinets et le bouchon empêchent complétement toute communication de vin contenu dans la bouteille, de la liqueur qui lui arrive de la pompe, et du liquide saturé qui arrive par le robinet du tirage, avec l'air extérieur et épargnent toute déperdition de gaz.

On ouvre le robinet du gaz G' et le robinet du liquide G qui mettent le bec du tirage en communication avec la sphère saturée à 9 ou 10 atmosphères, et on remplace ainsi, sans effervescence et sans perte aucune, le gaz et le liquide que la bouteille a pu perdre par le dégorgeage. Le robinet G et le robinet G' sont fermés; on a empli la bouteille de manière qu'il restera un espace pour former la chambre du gaz entre le vin et le bouchon; on n'a plus qu'à enfoncer celui-ci.

393. — On serre les coussinets en abaissant le levier H; un second tour du volant E, en agissant sur le piston à crémaillère, enfonce dans le goulot de la bouteille le bouchon à une profondeur déterminée; la dilatation du liége la ferme aussitôt hermétiquement. On desserre les coussinets en relevant le levier H avec une main, tandis que la droite maintient toujours le volant; on saisit ensuite le col de la bouteille de la main gauche, et l'on dégage le goulot et le bouchon du baguin en opérant comme nous l'avons expliqué § 206, l'ouvrier n'a plus qu'à ficeler et à placer le fil de

fer (§ 208) en formant, avec l'habileté de main que donne la pratique, le champignon à la manière de Champagne.

394. — La champagnisation des vins est ainsi terminée ; on laisse dans les caves pendant quelques jours, mieux quelques semaines, pour donner au vin et à la liqueur le temps de se bien fondre ensemble, et aux molécules gazeuses d'établir leur adhésion avec le liquide. Le vin prend le brillant, le moelleux, le pétillant des vrais champagnes, il peut être expédié partout et défier la sagacité des plus fins gourmets. On a, bien entendu, le soin de faire à son goulot la toilette obligée, et de lui donner une étiquette convenable.

DURÉE DES DIFFÉRENTES OPÉRATIONS DÉCRITES. — RÉSULTATS OBTENUS.

395. — Les différentes opérations que nous venons de décrire, ont pris de deux mois à deux mois et demi au lieu de trois ans qu'elles demandent en Champagne, et on peut opérer en bien moins de temps ; on a employé des vins faits de tous les crûs, il n'y a pas eu de casse ni d'autres pertes que celles du dégorgeage. On peut donc hardiment poser en principe qu'on a économisé sur la vieille méthode champenoise, en perte, en main-d'œuvre, en intérêts de capital enfouis au moins 80 pour cent, et avec quelques soins et la connaissance des vins, on est arrivé aux mêmes résultats. C'est certes un progrès assez notable pour mériter d'attirer l'attention de tous les œnophiles, de tous ceux qui, dans un intérêt quelconque, s'occupent du travail des vins, et de l'avenir de notre industrie viticole.

SATURATION DES VINS QU'ON VEUT CONSOMMER DE SUITE.

396. — On veut parfois rendre mousseux des vins pour les consommer immédiatement. On doit alors choisir des vins faits, bien
dépouillés, un peu vieux. On les sature par la simple compression
sans faire jouer l'agitateur à l'intérieur des sphères, ce qui est
facile en enlevant les roues d'engrenage, et on les tire dans des
bouteilles qui ont reçu d'avance une dose de sirop convenable
comme pour les limonades. On ne doit pas espérer de ces vins,
le moelleux, la finesse ni le petillement des vins dégorgés, et
dans lesquels le gaz et le liquide auront eu le temps d'entrer ensemble dans une sorte d'affinité.

Qu'on sature artificiellement le vin d'acide carbonique, ou
qu'employant la méthode champenoise, on retienne dans des bouteilles celui qui s'y est formé par une fermentation insensible, les
appareils que nous venons de décrire sont d'un emploi également
utile. Le saturateur servant de réservoir au gaz et au liquide peut
seul remplacer sans perte le liquide saturé ou l'acide carbonique
perdu par le dégorgement, la pompe à doser et l'appareil de bouchage sont d'un emploi trop simple et trop rationnel pour qu'ils
ne trouvent pas leur place dans toutes les caves où se fabriquent
des vins mousseux. Quelle que soit la force de la routine et la
puissance du préjugé, l'une et l'autre cèdent toujours à l'évidence
qui leur démontre une économie notable, la facilité du travail avec
l'amélioration du produit.

CHAPITRE XIV

BIÈRE

De la gazéification artificielle des bières. — Composition de la bière. — Consommation. — Matières premières. — Maltage. — Brassage. — Rôle de l'acide carbonique. — Fermentation acide. — Bières françaises et étrangères. — Saturation artificielle. — Description et manœuvre des appareils. — Bières mousseuses. — Saturation des tonneaux. — Bonde à soupape hermétique. — Robinet à tige-levier. — Pompe à air et pompe à acide carbonique. — Conclusion.

DE LA GAZÉIFICATION ARTIFICIELLE

397. — Dans la première édition de cet ouvrage nous nous sommes bornés à mentionner quelques-uns des avantages que retirerait la brasserie de la gazéification artificielle des bières et à indiquer, comme une amélioration urgente à accomplir, l'emploi de l'acide carbonique au lieu de l'air comprimé pour le débit des bières dans les cafés-brasseries. Ces idées, dont nous ne réclamons certes par l'invention, ont fait, depuis, leur chemin ; nos appareils saturateurs fonctionnent dans un grand nombre de bras-

series, et nous avons dû en construire de nouveaux spécialement
appropriés à la saturation artificielle des bières en tonneaux et à
leur débit. On reconnaît aujourd'hui, suivant l'expression d'un
des hommes les plus compétents en pareille matière, « que tout
l'avenir des brasseries françaises est dans l'application du gaz
acide carbonique, à la fabrication, à l'amélioration et la conservation des bières. »

Un brasseur, qui a acquis dans l'industrie une réputation bien
méritée, par son habileté consciencieuse et son amour du progrès,
M. Stier, a bien voulu joindre ses efforts aux nôtres et nous aider
de tout son concours et de ses connaissances spéciales. Les expériences commencées dans son établissement de Batignolles y sont
devenues des pratiques journalières; elles entrent aujourd'hui
dans sa méthode de fabrication, et ses confrères, à qui il ouvre
avec le plus obligeant empressement sa brasserie, peuvent à peine
croire, en voyant les résultats, à la simplicité des moyens qu'il
emploie et qu'il leur explique. Plus incrédules que saint Thomas,
beaucoup d'entre eux doutent encore. Les appareils sous les yeux et
la choppe en main. Leur routine se révolte, elle ne peut concevoir
que pour rendre élégamment mousseuse, limpide, brillante à l'œil,
savoureuse, moelleuse et agréablement aromatique au palais, une
bière un instant auparavant louche, trouble, à la fois aigre et plate,
presque *tuée*, il ait suffit de faire arriver un courant d'acide carbonique dans le tonneau qui la contient. Leur imagination en travail
cherche à découvrir des stratagèmes, des tours de mains, des procédés impossibles, et ils laissent à d'autres, plus clairvoyants et
plus actifs, le soin de faire fortune en traitant, par le procédé
nouveau, le brassin, dont la perte occasionne leur ruine. Grâce à
ces procédés si simples, M. Stier peut, cependant, mettre ses bières
en concurrence avec les meilleures qui nous arrivent à si grands
frais de l'Allemagne, et réaliser de magnifiques bénéfices en faisant débiter, à Paris, ses excellentes bières au prix qu'on les paye

dans les brasseries d'Alsace. Il est vrai que les nombreux consommateurs qui se pressent pour profiter de l'occasion disent chaque jour : — Hâtons-nous de boire, ceci ne tiendra pas, c'est un fou qui se ruine. — Le fou riant en bon homme et sous cape des propos qu'il entend, pelote sa fortune avec les gros sous qui pleuvent au comptoir.

INVENTION DE QUELQUES BIÈRES MOUSSEUSES. — BOC-BIER.

398. — Ce n'est pas pour le seul plaisir de raconter une anecdote que nous relatons ce fait. L'industriel à qui on vante un procédé nouveau, une amélioration à faire, veut qu'on lui cite le résultat obtenu. Il se méfie avec raison de l'expérience à faire ; elle est presque toujours coûteuse et peu fructueuse pour celui qui, le premier, affronte ses tâtonnements. Mais ici, aujourd'hui rien de pareil, l'expérience date de loin et, si l'on doit s'étonner, c'est de ce que la saturation artificielle des bières par l'acide carbonique, après les résultats qu'elle a constamment donnés, ne soit pas entrée dans la pratique générale.

Priestley l'avait indiquée dès l'origine. Nous ne remonterons pas si loin, il est des faits concluants plus près de nous et d'une vérification facile. Il y a une trentaine d'années, alors que la fabrication des boissons gazeuses était encore dans l'enfance, un brasseur de Caen eut l'heureuse idée de se servir de l'appareil à eau de Selz pour gazéifier artificiellement ses bières. Il les mettait en bouteilles à la sortie du saturateur et les livrait au commerce sous le nom séduisant de bière-champagne. C'était une boisson légère, pétillante, agréablement aromatique et piquante, humectant moelleusement le palais et désaltérant bien mieux que la bière ordinaire et les boissons sucrées. Son succès fut immense, une fortune rapide et considérable récompensa l'heureuse idée du brasseur normand.

399. — En 1844 M. Barrault imagina à Chalon-sur-Saône de clarifier la bière au moyen de copeaux de bois de noisetier ou de hêtre et de la soumettre ensuite à la gazéification artificielle. Ce fut un progrès réel. En 1854 un brasseur de Bourges, pour sauver ses brassins troublés, mates et perdus, appliqua l'idée que lui suggéra un savant chimiste de les saturer artificiellement d'acide carbonique. Ce qui devait être pour lui une cause de ruine devint dès lors la source de produits considérables, il n'eut qu'à donner pour passe-port à la bière ainsi ranimée le nom un peu exotique de **Bock-Bier** et à prendre brevet. Les cafés de premier ordre l'adoptèrent et les consommateurs ne crurent pas trop payer, en doublant le prix ordinaire les qualités nouvelles que le bock-bier avait acquises d'une manière si facile mais qu'on avait grand soin de tenir secrète.

Nous n'osons pas dire que le bock-bier soit aujourd'hui puisé aux mêmes sources; cette spéculation fut passagère et après un heureux coup de filet jeté en bière trouble on aura très-certainement tenu compte de l'empressement avec lequel le consommateur paye le prix qu'il convient de lui demander de sa boisson favorite : on lui offre des brassins mieux réussis. Quoi qu'il en soit, ces quelques citations, que nous pourrions multiplier à l'infini en donnant pour exemple les brasseurs qui possèdent aujourd'hui nos appareils, suffisent pour démontrer quels services l'intervention artificielle de l'acide carbonique peut rendre aux bières et aux brasseurs.

COMPOSITION DE LA BIÈRE, SA CONSOMMATION.

400. — Pour faire mieux comprendre le rôle de l'acide carbonique dans la bière et l'importance de la gazéification artificielle
nous donnerons ici les détails nécessaires sur la composition et la
fabrication de cette liqueur fermentée, sans toutefois entrer dans
des développements qui ne conviendraient pas à ce traité.

La bière est, on le sait, une liqueur fermentée qui a pour base
l'orge germée ou tout autre grain et le houblon. Son usage ou
celui des liquides analogues remonte à la plus haute antiquité. Les
anciens égyptiens connaissaient la manière de les préparer, on les
trouve dans l'alimentation de presque tous les peuples.

C'était le breuvage national des Gaulois et des Germains: ils lui
donnèrent le nom de *cervoise* qui paraît dériver de Cérès, déesse
de l'agriculture et des céréales à laquelle on attribuait son invention. De là, le nom de *cervoisiers* donné à ceux qui la fabriquaient
et qu'on trouve dans les règlements et les statuts des anciennes
corporations.

401. — C'est surtout dans le nord de la France et dans les contrées septentrionales qui ne produisent pas de vin et qui récoltent
peu de fruits à cidre, que la bière constitue la boisson principale
et la plus ordinaire des repas. Dans ces contrées la culture du houblon remplace celle de la vigne et les mêmes réjouissances qui
égayent les vendanges accompagnent sa récolte. Les quantités de
bières qui se consomment en Allemagne et dans l'Europe septen-
trionale sont incalculables; on évalue à plus de vingt-cinq millions
d'hectolitres la consommation de l'Angleterre, Londres seul en
boit quatre cent millions de litres par an, Paris n'atteint que vingt
millions.

Dans le Midi, pays de vignobles, l'usage de la bière presque inconnu ou fort restreint naguère, commence aujourd'hui à se
répandre, comme boisson rafraîchissante, en dehors des repas.
Elle est très en faveur dans la Bourgogne et sur les bords du
Rhône où assurément le vin ne manque pas. La gazéification artificielle, lui permettant de supporter, sans subir d'altération, les
chaleurs méridionales, en développera l'usage dans ces climats.
Au point de vue de l'hygiène on doit s'en applaudir.

PROPRIÉTÉS PHYSIOLOGIQUES.

402. — Légèrement alcoolique, offrant une odeur aromatique,
sa saveur participe de ces deux propriétés à la fois, elle est en
outre mucilagineuse, douce et développe une amertume prononcée
et plaisante; la sensation aigrelette et piquante due à l'acide carbonique s'y mêle toujours et la rend singulièrement agréable. Si, en
raison peut-être de l'odeur vireuse du houblon, la bière ne semble
pas douée de propriétés stimulantes aussi agréables que celles
des bons vins de France, ni capable d'inspirer des idées aussi
vives, aussi gaies que les vins mousseux aux aromes si doux et si
variés, elle est plus rafraîchissante, peut être bue en plus grande
quantité particulièrement dans les grandes chaleurs et possède des
propriétés réparatives que n'a pas le vin. Elle contient en effet
48 grammes par litre de matières solides composées de substances
azotées ou non, semblables à celles contenues dans le pain et par
conséquent nutritives comme elles. La présence de l'acide carbonique tient ces matières en dissolution et assure leur conservation.
La bière réunit donc toutes les qualités pour devenir la boisson
hygiénique la plus agréable dans les contrées méridionales, lorsque
la saturation artificielle lui aura permis de supporter ces climats.

FABRICATION DE LA BIÈRE, MATIÈRES PREMIÈRES.

403. — La bière résulte de la saccharification des matières amylacées fournies par les fruits des céréales et de la transformation
partielle du sucre ainsi formé en alcool et en acide carbonique
après une addition des principes aromatiques et amers du houblon.
Comme dans le vin, c'est le ferment qui au contact de l'air et de
l'eau, et sous l'action de la chaleur, joue le plus grand rôle dans
ses transformations.

GRAINS.

404. — Parmi les grains on choisit de préférence l'orge, qui se
prête le mieux au maltage. Pour certaines bières, on emploie avec
l'orge germée, du blé et de l'avoine moulus et non germés dits
grains crus. L'avoine renferme un principe aromatique qui donne
à la bière un goût agréable et particulier, qui caractérise en partie
la bière de Louvain. Le froment communique aux bières de luxe
une saveur délicieuse, malheureusement on l'emploie peu à cause
de l'élévation de son prix ; il demande d'ailleurs à être traité avec
une extrême délicatesse dans les opérations du maltage. Dans le
Nord et surtout en Angleterre, on ajoute avec raison la plus grande
importance au choix des céréales qui doivent se transformer par
la fermentation.

405. — Quelques savants ont eu le tort de conseiller aux brasseurs
de mêler aux bières, pour plus de facilité de fabrication et moins de

dépenses, des matières sucrées telles que la mélasse, le sucre brut, la glucose fabriquée avec les fécules de pommes de terre. On réalise ainsi, en effet, une économie notable, le brassage est plus facile et la bière, ne contenant que peu de ferment et de principes azotés, se conserve mieux. Ces avantages sont loin de compenser les qualités sacrifiées. Les bières fabriquées avec le sucre seul ou même avec du sucre mêlé au grain, n'ont plus le même arome, ne sont pas aussi nutritives, ont l'énorme désagrément d'être sèches à la bouche et désaltèrent peu. L'acide carbonique pourrait seul les rendre agréables et limpides en dissolvant et précipitant les composés calcaires qu'y introduit l'emploi des glucoses et des mélasses; malheureusement la source du gaz dans ces bières n'est pas féconde et elles en contiennent rarement en quantité suffisante pour leur saveur et leur conservation.

Celles, au contraire, qu'on fabrique exclusivement avec des grains, humectent agréablement le palais, ce qui est dû aux principes solubles qui rendent le liquide mucilagineux et qui se trouvent en grande proportion dans l'orge après le maltage et les trempes; ce sont ces principes que la présence de l'acide carbonique conserve et maintient limpides en même temps qu'elle aide au développement de l'arome et de la franchise de la saveur.

HOUBLON.

406. — L'odeur aromatique de la bière est due au houblon, dont la matière utile, dans cette circonstance, est une sécrétion glanduleuse, aromatique, jaune ou orangée, qui se trouve, sous forme de nombreux granules, à la base de chacune des folioles qui composent le cône du houblon. L'odeur, plus ou moins agréa-

ble, plus ou moins forte, qui se développe lorsqu'on froisse ces cônes dans l'intérieur de la main, indique la qualité et l'abondance des granules. La puissance, la quantité et la qualité des principes aromatiques varie, dans le houblon, suivant la température moyenne des localités où il végète, l'époque de la récolte, le temps écoulé depuis son emmagasinage et son état de conservation. Comme toutes les plantes aromatiques, il est plus riche en principes odorants lorsqu'il croît dans les climats chauds ; mais ses principes sont plus suaves dans les pays tempérés. Les cônes d'un jaune verdâtre récoltés avant la maturité des graines ou lorsque celles-ci sont avortées, offrent des sécrétions douées des aromes à la fois les plus riches et les plus suaves. En vieillissant, le houblon perd ses qualités ; on le conserve en le desséchant rapidement et en le comprimant le plus possible.

La partie glanduleuse forme, à la base des folioles, une sorte de poussière jaune ; elle contient, outre la cellulose, de l'eau, une huile essentielle aromatique, de la résine, des matières grasses azotées, un principe amer, une substance gommeuse, de l'acétate d'ammoniaque, du soufre, du chlorure de potassium, des phosphates et sulfates de potasse, du carbonate de chaux, de la magnésie, de la silice et des oxydes de fer. A l'exception de la cellulose, toutes ces matières passent en partie dans l'infusion à chaud. C'est encore la présence de l'acide carbonique qui maintient la plus grande partie de ces matières en dissolution dans la bière.

FERMENT OU LEVURE.

407.— Le ferment, dont nous avons tâché d'expliquer la nature et l'action dans la fermentation alcoolique du vin (§ 319 à 322), prend

ordinairement en brasserie le nom de levure. Cette levure est le
produit de la bière elle-même et se garde d'un brassin à l'autre.
Celle qu'on récolte dans les brasseries, qui vient surnager sur les
bières et déborder en écume, est la meilleure pour les bières françaises. La levure qui se dépose au fond des cuves, quoique mêlée
de principes devenus inertes, est préférée pour les bières bavaroises.

ICHTHYOCOLLE.

408. — Toute bière bien préparée se clarifie seule par l'action
de l'acide carbonique et n'a pas besoin de colle. Dans la brasserie
ordinaire, le rôle de cet agent est cependant assez important pour
que quelques auteurs l'aient considéré comme le quatrième élément de la fabrication des bières. Il est à souhaiter que la saturation artificielle par le gaz acide carbonique fasse disparaître, en se
répandant, l'emploi d'un agent complétement étranger, par sa nature, aux éléments qui entrent dans la composition de la bière,
qui la privent toujours, en la clarifiant, d'une partie notable de
ses principes essentiels et peut devenir par sa présence au fond du
tonneau une cause puissante d'altération.

L'ichthyocolle, ou colle de poisson, employée à la clarification,
ou filtrage, pour ainsi dire, de la bière, se compose d'une membrane desséchée prise à la vessie natatoire d'un esturgeon, battue
à coup de marteaux sur une enclume, puis découpée en étroites
lanières. Cette membrane est formée par un grand nombre de fibrilles entre-croisées qui, sous l'influence des acides faibles, se
gonflent au point de centupler de volume, et qui se contractent et
reprennent leur volume primitif au contact de l'alcool et des corps

contenus dans la bière. On plonge ces membranes dans l'eau froide plusieurs fois renouvelée, on les malaxe pour les désagréger en les réduisant à l'état d'une pâte blanchâtre nacrée, et on opère ensuite le gonflement des fibrilles en les délayant dans la bière aigrie. Quatre grammes d'ichthyocolle sèche dans un litre de bière aigre forment une colle liquide qui suffit pour clarifier un hectolitre de bière. Mêlées au liquide, quand celui-ci a été mis en tonneau, les fibrilles se contractent et emprisonnent, en les entraînant avec elles, toutes les matières solides susceptibles de la troubler.

ACIDE CARBONIQUE, CONDIMENT GÉNÉRAL.

409. — Tels sont les éléments qui entrent partout dans la fabrication des bières. D'autres matières y sont parfois introduites, elles ne servent qu'à leur donner un bouquet différent, et le plus souvent qu'à les falsifier. Nous verrons quel immense progrès réalise la gazéification artificielle par l'acide carbonique, qui, n'étant pas produit simplement par la fermentation, mais emprunté, dans la plupart des cas, à des corps étrangers au maltage, peut être considéré comme une matière première, ou plutôt comme le CONDIMENT désormais indispensable pour donner à la bière son aspect, sa saveur agréable et pour assurer sa conservation. Il nous reste à suivre les différents phénomènes qui s'accomplissent dans le maltage et le brassage des bières pour qu'ils nous expliquent l'action de ce dernier condiment.

MALTAGE.

410. — Le maltage est l'opération la plus importante de la fabrication de la bière; elle a pour but de développer et de conserver dans le grain la *diastase*, principe actif qui transformera la fécule en glucose et la rendra, par conséquent, apte à la fermentation alcoolique. Elle se divise en quatre parties : 1° la germination ; 2° la dessiccation; 3° la séparation des radicelles ; 4° la mouture. Ces quatre opérations donnent le produit nommé *malt*, qu'en Angleterre des fabricants particuliers vendent aux brasseurs prêt à être employé, et qu'en France nos brasseurs ont le bon esprit de préparer eux-mêmes.

GERMINATION DIASTASE

411. — Il existe dans les céréales, sous le péricarpe que forme la seconde enveloppe du grain, un rang de cellules de couleur grisâtre sécrétant plusieurs sortes de matières et vers le périsperme, ou à l'endroit où se forme le germe, un principe actif spécial qui a la propriété de changer la fécule en glucose lorsque le germe se développant aura besoin de s'assimiler cette substance. C'est ce principe découvert par M. Mège-Mouriez que MM. Payen et Persoz ont nommé *diastase*, d'un mot grec signifiant séparation.

Le brasseur provoque par la germination du grain le développement ou la sécrétion plus abondante de ce principe, que la nature a placé là pour rendre la fécule emmagasinée sous l'écorce propre à la première nutrition de la plante, comme le lait de la mère à la nourriture de l'enfant. Lorsque le grain en contient une quantité assez considérable pour opérer sur toutes les matières amylacées la transformation qu'il veut obtenir, l'industriel étouffe impitoyablement par la dessiccation, ce germe qu'il a mis d'abord tant de soins à faire éclore, et, par des manipulations artificielles, achève à son profit l'opération que la nature voulait faire au profit de la plante. En tout et toujours notre savoir est un secret volé à la nature dont notre industrie fait une application plus ou moins heureuse à nos besoins. Notre seul mérite est d'observer, de comprendre et d'imiter ; mais, quelque petit qu'il soit, que de peines, que de sagacité, quelle imagination, qu'elle raison ne dénonce-t-il pas chez l'homme, et quelles conséquences heureuses pour son bien-être matériel, son élévation morale, son développement intellectuel, le moindre secret conquis n'a-t-il pas pour lui ! Certes notre civilisation humaine se compose de bien peu de chose, entre le passé que nous ignorons et l'avenir que nous ne voyons pas, mais ce peu de chose est pourtant si grand qu'il peut s'affirmer en face de l'immensité éternelle.

412. — On dispose le grain à germer par une hydratation préalable en le lavant dans des bassins en maçonnerie ou dans de vastes cuves en bois, avec de l'eau fraîche le plus possible, qu'on renouvelle quatre à cinq fois. Ces lavages débarrassent les graines de tous les corps étrangers qui le salissaient et font surnager ceux qui ne sont pas propres à la germination. Lorsque l'eau a uniformément gonflé les grains en les ramollissant assez pour qu'ils se retournent facilement sous la pression de l'ongle, l'hydratation est complète ; on laisse l'eau s'écouler et l'orge est portée au germoir.

Le printemps et l'automne sont les deux saisons les plus favorables au maltage, le printemps surtout, saison naturelle d'éclosion, où tout être organisé qui porte un germe semble travaillé par le

besoin mystérieux de donner vie à une génération nouvelle.
Aussi le malt ou la bière de mars, méritent leur vieille réputation proverbiale. Une température uniforme de 14 à 18 degrés
doit régner aussi constante que possible dans les germoirs, ce sont
des caves ou celliers clos entourés de murs épais et pavés de dalles
unies et imperméables. Le grain d'abord déposé en tas d'environ
20 centimètres de hauteur, reste ainsi jusqu'à ce qu'il se manifeste dans le tas une certaine élévation de température, et que
l'apparition d'une proéminence blanchâtre au radicule annonce
que la germination commence. On étend alors le tas sur les dalles
en diminuant graduellement l'épaisseur de la couche, jusqu'à 4 ou
8 centimètres et plusieurs fois par jour on les remue à la pelle
pour en chasser l'acide carbonique qui se forme, et les mettre bien
en contact avec l'air qui doit fournir au germe l'oxygène dont il
a besoin. On arrose légèrement si la dessiccation se manifeste.

DESSICCATION, MOUTURE.

413. — Sous cette triple influence de l'humidité de la chaleur
et de l'aération, le germe se développe en restant encore abrité
sous l'enveloppe corticale ; lorsqu'il a parcouru toute la longueur
du grain l'opération est à point ; lui laisser percer son enveloppe,
serait lui laisser consommer inutilement à son profit les substances
les plus précieuses que contient le grain. On l'étouffe en étendant
le grain dans des greniers très-secs à l'air libre d'abord, puis pour
obtenir la dessiccation complète du malt, en l'exposant dans les
tourailles à des courants d'air graduellement échauffé, qui ne doivent pas commencer à plus de 55 degrés, ni dépasser 90 degrés,
afin d'éviter de former de l'empois avec les granules d'amidon
contenus dans le grain.

Aussitôt après la dessiccation, on sépare les radicelles devenues cassantes en criblant le grain dans un tarare muni de brosses qui les détachent et d'un ventilateur qui emporte les déchets.

Une seconde opération complémentaire, la mouture, s'accomplit quelques jours seulement avant l'emploi du malt. Les grains sont concassés grossièrement dans des meules ou des cylindres, pour multiplier les surfaces qui doivent être mises en contact avec de l'eau. Les opérations du maltage sont alors terminées, le brassage peut être opéré.

BRASSAGE, SACCHARIFICATION, TREMPES.

414. — On met le malt concassé dans des cuves en bois munies de doubles fonds percés d'un grand nombre de trous. On fait arriver dans la cuve de l'eau à 60°, et l'on *brasse* le mélange à l'aide de fourquets. On laisse reposer et on ajoute de l'eau à 90°, de manière à élever la température du mélange à 70°. La diastase agit alors sur la matière amylacée et la convertit en glucose et en dextrine. On retire le *moût* qui résulte de la dissolution du sucre dans le liquide, et on recommence une seconde trempe, puis une troisième en élevant la température du mélange, de manière à épuiser le malt. Le moût de différentes trempes, comme celui de différentes cuvées dans le vin, sert à la fabrication des bières de qualités différentes. Le résidu du malt sert sous le nom de *drèche* à la nourriture des bestiaux.

415. — La germination a ordinairement produit plus de diastase qu'il ne faut pour convertir en sucre toute la fécule que contient le malt. On utilise ce surplus en ajoutant à l'eau des farines de grain cru, sur lesquelles elle exerce la même réaction que sur les

produits du maltage. C'est ainsi qu'on introduit dans la bière les farines d'avoines, de froment ou de toute autre céréale qui doivent lui donner des qualités particulières ; mais à toutes ces additions on doit préférer celle de la farine de maïs, qui donne à la bière un arome particulier très-apprécié.

FERMENTATION OU DÉCOCTION DU HOUBLON.

116. — La saccharification terminée et le moût marquant de 3 à 9 et jusqu'à 12 degrés au saccharomètre Baumé, suivant la qualité des bières, on le chauffe jusqu'à l'ébullition dans des chaudières à ciel ouvert ou closes suivant la méthode préférée par le brasseur, et on y ajoute alors la décoction du houblon qui doit abandonner à la bière ses aromes, son amertume et la propriété de se conserver plus longtemps. La proportion du houblon dans la bière est très-variable : les bonnes bières doivent en recevoir un kilogramme par hectolitre ; celles de garde 1^k,500 ; les bières ordinaires 0^k,650 ; la petite bière ne reçoit guère que le produit du lavage du houblon qui est entré dans les autres qualités. On fait écouler le moût dans un bac de repos, on décante au bout d'une heure et on filtre. Le moût est ensuite refroidi. Cette opération doit marcher rapidement et sans trop exposer le liquide au contact de l'air qui pourrait développer la fermentation acide ou visqueuse et toutes les altérations contre lesquelles les brasseurs ne sont jamais assez en garde.

FERMENTATION ALCOOLIQUE TUMULTUEUSE DANS LES CUVES.

417. — Il reste à déterminer dans le moût la fermentation alcoolique. On le verse dans des cuves appelées guilloires, fermées par
une bonde hydraulique, et on fait naître la fermentation en mêlant au moût de 2 à 4 kilogrammes de levure (§ 408) par 1,000 litres. L'atelier de fermentation doit être maintenu à une température voisine de 20°. La levûre y produit sur la glucose des grains
la même réaction que le ferment naturel sur celle des raisins (§ 323).
On peut donc régler à l'avance la force alcoolique des bières par
l'opération du sucrage (§§ 324 et 343). Mais comme on emploie
généralement pour la bière que des mélasses ou des sucres de
mauvaise qualité, il vaut mieux, quoi qu'on prétende, éviter de
telles additions (§ 409). La fermentation active dure de vingt-
quatre à quarante-huit heures, et elle produit pendant sa durée
une grande quantité d'écume qui se répand, si on ne la recueille,
autour de la cuve (1). Il se dégage en même temps une quantité
considérable d'acide carbonique qu'il faut emporter à l'aide d'un
courant d'air. Le niveau du liquide est maintenu dans la cuve
malgré ces différentes pertes par des additions successives de
brassin.

(1) La brasserie Barclay, Perkins et Cᵉ, dont M. Hudson, l'un des associés,
vient de mourir en laissant une fortune de plus de 50 millions acquis dans son
industrie, possède les plus grandes caves qui existent. Les cuves de brassage
et de décoction sont au nombre de deux et contiennent chacune 800 barriques.
La vapeur fait mouvoir le moulinet qui brasse le malt; des refroidissoirs, la
bière se précipite dans quatre cuves contenant chacune 50,000 gallons
(227,000 litres) rangées côte à côte. Une galerie en fer court le long de leurs
parois intérieures, de manière à permettre aux ouvriers d'arriver aux ouvertures,
sabords par lesquels l'œil pénètre dans leurs vastes flancs. La fermentation
poursuit son cours pendant un jour et une nuit, volcan effervescent vomissant

418. — La fermentation active ou tumultueuse terminée dans les cuves, les bières doivent subir une fermentation lente d'une durée plus ou moins longue, suivant leur qualité. Cette seconde opération s'opère dans des *foudres* pour les bières de conserve, dans des *quarts* pour les bières ordinaires. On soutire la bière avec soin dans des tonneaux ou dans des quarts qu'on range sur les traverses d'un bâti, en inclinant leur bonde mal formée, de manière que la levure produite par la fermentation qui ne tarde pas à se rétablir, tombe dans les baquets destinés à la recevoir.

Différentes industries emploient cette levure pour développer la fermentation alcoolique. La boulangerie et la distillerie en font une grande consommation. On la met dans des sacs qu'on soumet à la presse, puis on la livre aux *levuriers* qui la vendent après l'avoir séchée et travaillée, à ceux qui l'emploient. La bière en jette six fois plus qu'il n'en faut pour former de nouveaux brassins.

On *ouille* les quarts pendant tout le temps que la bière jette. Lorsque la levure cesse de couler, on les relève et on finit de les remplir avec de la bière claire, précédemment faite. Les pièces restent dans cette position pendant dix ou douze heures, et il en sort alors une mousse blanche et légère qu'on nomme le bouquet. On bondonne les quarts ; la bière est alors livrable au consommateur. Les foudres doivent attendre dans les caves du brasseur le moment du débit.

une immense quantité d'acide carbonique dont les ouvriers constatent la hauteur dans la cuve par la sensation de chaleur que cette vapeur asphyxiante produit sur la main nue. Entraîné par une cheminée d'appel et emmagasiné, cet acide carbonique est utilisé à différentes fabrications industrielles ; une partie serait mieux employée à la saturation artificielle des bières.

FERMENTATION INSENSIBLE.

419. — Cependant toutes ces fermentations n'ont pas complète-
ment dévoré le sucre contenu, il en reste encore une partie qui
suffit d'ordinaire pour donner lieu dans le liquide à une fermentation insensible qui dégage cinq ou six fois son volume d'acide
carbonique. Lorsqu'on met la bière en bouteille, le bouchon em-
prisonnant le gaz, il se développe une tension intérieure de quatre
ou cinq atmosphères, qui produit les mêmes effets que dans les
bouteilles de vin mousseux. Le petillement a moins de durée parce
que la bière est bien moins alcoolique, et la mousse est plus persistante au-dessus du liquide à cause de la substance gommeuse
qui lui donne une certaine viscosité. L'acide carbonique ains
retenu par la mousse, humecte le palais d'une façon spéciale que les
connaisseurs expriment en disant : — que la bière n'est pas sèche,
qu'elle a de la bouche. Si la fermentation trop avancée n'a pas
laissé une quantité suffisante de sucre, les brasseurs sont obligés
d'opérer un sucrage proportionné pour rendre à la bière l'élément
qui, par la fermentation insensible, fournira à la bière la quantité
d'acide carbonique nécessaire :

1° A sa saveur ;

2° A sa limpidité ;

3° A sa conservation.

Bien souvent ce sucrage ne suffit pas, et l'on ajoute alors du
krœusen-bier, addition dispendieuse, qui ne donne pas toujours
les résultats qu'on en attendait. Nous devons expliquer ces trois
effets de l'acide carbonique sur lesquels repose l'économie et la
nécessité de la gazéification artificielle.

ROLE DE L'ACIDE CARBONIQUE DANS LA BIÈRE.

420. — En prenant pour type une bonne bière de Strasbourg,
exclusivement fabriquée avec l'orge et le houblon, on trouve qu'un
litre enferme de 4 à 5 pour 100 d'alcool absolu, environ 49 grammes de substances solides, 81 décigrammes d'azote et 93 décigrammes de substances minérales, et de plus, en dissolution dans
la liqueur, deux à trois volumes d'acide carbonique. En dégustant
cette bière, le palais y reconnaît toutes les qualités que recher-
chent les amateurs : fraîcheur, montant, saveur, amertume légèrement aromatique, moelleux, parfum léger et agréable. La choppe
élevée à l'œil montre le nuage de mousse blanche et légère qui
oscille et s'élève dans la liqueur ambrée, limpide comme le cristal.
Si l'on chauffe au bain-marie jusqu'à 50 degrés seulement, en laissant quelques minutes sur le feu et qu'on déguste après avoir refroidi rapidement, la liqueur est plate, sans montant ni saveur,
elle paraît déjà un peu trouble, le changement est produit par l'é-
vaporation d'acide carbonique ; en le perdant, la bière a perdu sa
saveur et sa limpidité.

421. — C'est l'effet qui se produit naturellement dans les bières
éventées conservées dans des vases ou des tonneaux qui ont laissé
fuir le gaz qu'elles contenaient ; la fermentation insensible ne pouvant pas se produire, elles sont devenues fades, plates et troubles.
Dans les deux cas, l'élement qui donne à la bière son montant et
sa saveur piquante a disparu avec le gaz acide carbonique et son
action dissolvante ne s'exerçant plus sur les substances solides
que contient le liquide, celles-ci se coagulent, se solidifient, restent
en suspension, ou se déposent et troublent la liqueur, dénaturant
son goût au lieu de servir à son bouquet, comme elles faisaient

auparavant. Quant au petillement, à la formation de la mousse, ces phénomènes sont impossibles sans la présence du gaz qui seul les occasionne.

ALTÉRATION DES BIÈRES

422. — Le rôle le plus important de l'acide carbonique dans les tonneaux c'est d'empêcher l'absorption de l'air par la bière, et toutes les conséquences de cette absorption, c'est-à-dire la formation du vinaigre, des acides lactique et butyrique, et de toutes les fermentations qui amènent si vite l'altération et la corruption du liquide, et d'assurer ainsi la conservation de la bière. Quelques mots sur le mode de formation de ces différents acides, les plus grands ennemis de la fortune des brasseurs, expliqueront cette action conservatrice du gaz carbonique sur les bières et toutes les liqueurs alcooliques.

FERMENTATION ACIDE

423. — « L'acide acétique, dit M. Payen, se forme pendant la fermentation de diverses matières organiques provenant des plantes et des animaux. Les vins, les bières, et tous les liquides alcooliques exposés à l'air, donnent lieu, sous l'influence d'un ferment spécial et de différentes matières organiques azotées à ces productions, par une réaction de l'oxygène de l'air qui se combine avec une partie de l'hydrogène, de l'alcool, et oxyde de nouveau ce composé. »

La réaction spéciale qui produit ce changement de l'alcool en vinaigre n'est qu'une sorte de combustion lente ou oxydation qui enlève d'abord deux équivalents d'hydrogène à l'alcool $C^4 H^6 O^2$ en formant de l'eau HO et le transforme ainsi en aldéhyde $C^4 H^4 O^2$ dont l'odeur vive et éthérée trahit d'ordinaire la formation. Bientôt l'aldéhyde attaquée à son tour reçoit 2 équivalents d'oxygène, dont un se combine avec un nouvel équivalent d'hydrogène pour former de l'eau, devient ainsi acide acétique hydraté ($C^4 H^3 O^3 + HO = C^4 H^4 O^4$) et alors l'odeur aigre, propre au vinaigre, dominant les autres, annonce que la transformation est accomplie.

424. — Cette transformation s'opère avec une facilité extrême à la température ordinaire. Il suffit de laisser un peu de bière ou de vin au fond d'une bouteille débouchée ou d'un verre, du jour au lendemain le vinaigre sera tout achevé. Plus le contact de l'air avec le liquide alcoolisé sera étendu, plus l'oxydation ou l'acétation, marchera rapidement. La présence d'une matière organique azotée, telle que celles que contient la bière en quantité si notable, est très-favorable à cette fermentation; celle d'un ferment (la bière en contient toujours, et l'atmosphère des brasseries en est saturée) l'active avec une rapidité extrême. Si une température convenable, celle que nous avons en moyenne dans nos climats, se joint alors à ces causes d'altérations, la fermentation marche avec une rapidité merveilleuse; en peu de temps des quantités considérables ont entièrement tourné à l'aigre.

Aucun liquide alcoolisé n'est, du reste, plus exposé que la bière à cause de sa composition propre à s'aigrir; le vinaigre consommé en Allemagne et en Angleterre ne provient que de la fermentation alcoolique, puis acide du moût de malt.

425. — Deux autres fermentations acides se développent moins abondantes, mais tout aussi nuisibles à côté de la fermentation acétique, ce sont les fermentations lactique et butyrique. Le nom de ces acides vient de celui du lait et du beurre, dans lesquels ils se développent, lorsque la première de ces substances aigrit, et que la seconde rancit. Les chimistes obtiennent l'acide lactique à volonté,

en faisant éprouver au sucre l'action du vieux fromage, et cette
action se prolongeant fait succéder l'acide butyrique à l'acide
lactique.

Ces composés naissent surtout lorsque la transformation acétique marche lentement, et que dans le liquide se trouvent des éléments organiques nombreux presqu'à l'état solide, comme dans
la bière, qui leur fournissent leur ferment spécial. Leur composition est assez simple et se rapproche de celle du vinaigre; elle est ainsi
exprimée $C^8 H^8 O^4$, pour l'acide lactique, et $C^{10} H^{10} O^4$, pour l'acide
butyrique. L'odeur et le goût de l'un et de l'autre, violent et
infect, suffit pour gâter complétement les bières qui en contiennent
la plus faible quantité. La formation de ces acides n'a besoin de la
présence de l'air que pour pour prendre naissance, la fermentation
trouve ensuite à s'alimenter dans le liquide lui-même, ce qui la
rend bien plus désastreuse.

ACTION DE L'AIR SUR LA BIÈRE.

426. — Tout le monde comprendra maintenant, l'immense avantage de la présence de l'acide carbonique dans la bière, non-seulement pour bonifier sa saveur et la maintenir limpide, mais encore
pour éviter l'aigreur. Ce gaz maintenu en dissolution empêche
l'absorption de l'air; tant que la bière en demeure saturée, il est
impossible à l'air de s'y introduire et toute fermentation ne trouvant pas l'oxygène atmosphérique nécessaire à son commencement
d'action se trouve paralysée. La bière ainsi protégée contre elle-
même, demeure pure, intacte, et ne peut subir aucune altération.
De tout temps on a reconnu cet effet sans en expliquer la cause, et
c'est pour cela qu'on laisse dans les bières tous les éléments d'une

fermentation insensible qui dégage le plus lentement possible le gaz nécessaire à sa conservation. Mais si le moment de sa vente ou de sa consommation tardent trop; si une cause quelconque, une élévation de température, un orage, une altération de l'air atmosphérique vient activer la marche de cette fermentation, l'acide carbonique qui se perd par une évaporation lente, mais constante, à travers les pores du bois, n'étant plus remplacé, la bière, malgré tous les efforts, *s'évente*, s'aigrit et se tue.

427. — Si la bonde laisse pénétrer de l'air dans le vide qui existe toujours plus ou moins grand entre le liquide et une partie des parois du tonneau, et que l'évaporation augmente sans cesse; si le ballottage occasionné par le transport ou toute autre cause dissout cet air dans la bière insuffisamment saturée d'acide carbonique, le ferment se développe aussitôt, la fermentation s'étend de proche en proche, et elle aigrit et gâte plus ou moins rapidement la masse entière, l'air n'étant plus nécessaire à la formation des acides lactique et butyrique, une fois qu'elle a pris naissance et atteint un certain développement. Les choses marchent plus vivement encore si le tonneau est mis en vidange. L'air y pénètre alors avec une certaine force au fur et à mesure que la sortie du liquide augmente le vide en renouvelant par les courants, plus ou moins sensibles, qui s'établissent, les surfaces en contact direct avec l'oxygène; rarement si la vidange s'opère lentement ou arrive au milieu du tonneau sans que la bière n'ait perdu de sa saveur; les dernières potées du liquide sont troubles et aigres. C'est évidemment cette raison qui a nécessité l'emploi des *quarts* pour le transport et le débit des bières, pièces d'une exiguïté comparativement très-grande et très-dispendieuse.

POMPE A AIR COMPRIMÉ.

428. — Quant à la pompe à air dont on se sert pour le débit des bières en choppe et en canette, nulle invention plus funeste à cette boisson si délicate, et d'une conservation si difficile, ne pourrait être trouvée. On comprime l'air atmosphérique à l'aide d'une pompe, dans le tonneau, à une tension suffisante pour amener le liquide jusqu'au robinet de débit, placé plus ou moins loin et haut. Cette compression fait dissoudre, c'est-à-dire met en contact le plus intime avec le liquide, une quantité d'autant plus grande d'air que la tension est plus haute et sa durée plus longue; l'oxydation marche alors avec une rapidité désastreuse, et il n'y a que la grande consommation, qui puisse, en épuisant rapidement les quarts, sauver la bière de l'aigreur et de l'infection qui la menacent. Et notez que cet air ainsi comprimé n'est pas pur, qu'il est puisé par la pompe dans des caves dont l'atmosphère est toujours saturée de germes de ferments, d'œufs d'infusoires, de débris organiques, de miasmes qui ne demandent qu'une occasion d'éclore, de vivre et de pulluler, et que toutes ces myriades d'êtres microscopiques, trouvant dans la bière le milieu et la nourriture qui leur convient, y accomplissent en quelques heures toutes les périodes de leur développement, de leurs métamorphoses, de leur effrayante multiplication, travaillent avec une énergie et une activité incroyables à leur œuvre de décomposition et d'infection qu'ils continuent d'une manière plus ou moins lente et pernicieuse dans l'estomac et le sang de celui qui les boit.

429. — Si l'on nous taxe d'exagération, si l'on n'en croit pas l'odeur si pénétrante, si caractéristique qui règne dans ces caves, si l'on compte pour rien la vue de ces millions de corpuscules qui y jouent dans un rayon de soleil s'il y pénètre par un soupirail, qu'on consulte les travaux scientifiques des Boussingault, des Déprès, des Pasteur; ou, ce qui vaut mieux, qu'on s'en rapporte à sa propre expérience et qu'on abandonne, ce qui est facile, un tonneau de bière ainsi saturé par la pompe d'air puisé dans l'atmosphère de la cuve; qu'on laisse pendant le même temps un autre exposé à l'action simple de l'air sec et pur s'infiltrant insensiblement par les bondes et les pores; qu'on en sature enfin un troisième, pour que l'expérience soit complète, d'acide carbonique; on verra ce que deviendra dans un temps donné la bière contenue dans chacun de ces trois tonneaux.

Si aujourd'hui, débitants et consommateurs se plaignent si vivement de la qualité de la bière, si les cafés, précisément les mieux tenus en apparence, — ou, si vous voulez, ceux qui vendent le plus cher et ne reçoivent qu'une certaine clientèle de gens choisis et consommant comparativement peu de boisson houblonnée, — servent les plus mauvaises, nous ne croyons pas nous tromper en donnant pour une des principales raisons l'emploi de la pompe à air. Les brasseries populaires, certains établissements spéciaux où en quelques minutes un quart est débité et remplacé par un autre, donnent naturellement la meilleure. Elle y est toujours fraîchement arrivée de la brasserie, la fermentation alcoolique lente se continue et le contact de l'air ne dure pas assez longtemps pour la convertir en fermentation acétique.

430.—Ces altérations, quoique déplorables, ne sont pourtant que des accidents de la dernière heure, lorsqu'elles s'opèrent sous l'action de la pompe dans la cave du débitant. Celui-ci trouve toujours bien l'écoulement de sa marchandise bonne ou mauvaise, sans trop de perte; le consommateur étant en général bonhomme et avalant, en maugréant plus ou moins, tout ce qu'on lui offre, s'il appartient au vulgaire se choisissant une autre boisson, si ses sens trop délicats se révoltent en dégustant celle qu'on lui sert. Elles

ont une autre portée et d'autres conséquences lorsqu'elles s'o-
pèrent dans les caves ou les céliers d'un brasseur ; ici elles occasionnent la perte de quantités considérables de bière, entraînent
le discrédit, la ruine et nuisent à l'industrie entière en la forçant
de livrer au public des produits de qualité inférieure et souvent
malsains.

PRINCIPALE CAUSE D'INFÉRIORITÉ DES BIÈRES FRANÇAISES.

431. — Les bières françaises sont généralement inférieures aux
bières anglaises, allemandes, hollandaises ou belges. C'est un aveu
triste et pénible à faire, mais une vérité incontestable ; il faut d'ailleurs savoir sonder la plaie du doigt pour en reconnaître les ravages
et appliquer le remède. Cette infériorité va croissant au fur et à mesure que des frontières on avance vers le centre. Strasbourg, Lille,
tiennent un rang à part. Lyon se sauve en partie par sa fabrication
spéciale ; quelques brasseurs de province donnent des produits
remarquables. D'où naissent dans tous le reste de la France ces
infériorités déplorables pour la consommation, ruineuses pour
l'industrie ? Ce n'est certes pas l'habileté, le savoir même, l'outillage perfectionné, ou, du moins, les enseignements qui manquent à nos fabricants; la plupart d'entre eux rivalisent pour se
procurer des matières de premier choix, et cependant la prétendue
orge *Victoria*, venue d'Angleterre et le plus fin houblon tiré de
Bohême, maltés et brassés en France avec le plus grand soin,
donneront à doses égales des produits, qui ne vaudront pas ceux
des autres pays et se conserveront moins.

Cette infériorité de nos bières provient de ce que, dans nos climats, le temps — ce seul et grand bonificateur des boissons alcoo-

liques — ne leur est pas accordé pour se faire. La température de nos caves est trop élevée, la fermentation y marche ici trop vite, épuisant les sources de l'alcool et du gaz carbonique ; la transformation acétique y est toujours imminente, et le brasseur, pour éviter la ruine dont elle le menace, écoule ses produits au plus vite, et ne fabrique qu'au fur et à mesure des besoins de la vente. Ses bières ne sont pas faites quand il les livre, elles se troublent et s'aigrissent dans la cave du débitant, et, fabriquées bonnes, elles arrivent mauvaises dans la chope du consommateur.

432. — Dans les pays septentrionaux, la chaleur est moins grande, l'atmosphère moins chargée de germes, la fermentation s'établit bien plus lentement et plus difficilement qu'en France.

En Allemagne, les bières sont conservées dans des caves d'une température moyenne de 4 à 5 degrés, là elles se font sans que la fermentation marche trop vite. Un élément nécessaire au développement du ferment, le calorique, y manque, et à la bière s'y conserve saine, gardant à cette basse température, une quantité suffisante de gaz carbonique dans ses tonneaux bien emplis et bien bondés ; elle se fait et se bonifie en vieillissant. Si, pour une cause quelconque, la température des caves s'élève, on emploie aussitôt des réfrigérants artificiels ; la glace par exemple qu'on y recueille et qu'on y conserve en abondance et à bon marché est employée dans toutes les brasseries.

En vieillissant dans les caves bavaroises, les bières se font et acquièrent, avec la qualité, une plus-value qui fait la fortune de leurs fabricants. On les fait venir aujourd'hui à grands frais en France, nos débitants croient ne pas payer trop cher 50 francs l'hectolitre, qui vaut dans les brasseries françaises de 15 à 30 fr. Donnez à nos brasseurs parisiens, les caves et les celliers de la Champagne, qu'ils puissent les maintenir, comme les Allemands, à une température constante de 4 à 5 degrés, ils brasseront à l'époque favorable leur malt germé en mars, et ayant autant de facilité que de réussite dans leurs opérations, ils ne livreront à la consommation que d'excellents produits.

433.— En Angleterre, la température peut être aussi maintenue plus basse, les bières qu'on conserve, contiennent une plus forte dose de matière sucrée — le moult marque pour certaines 12 degrés Baumé — d'alcool et d'arômes qui entretiennent très-longtemps la fermentation insensible fournissant le gaz nécessaire. Le *porter* et l'*ale* d'Ecosse sont exportées en bouteilles ; ce sont même pour l'Angleterre des produits exceptionnels ; il ne faut pas chercher en eux des termes de comparaison avec les bières françaises ou allemandes.

NÉCESSITÉ DE A SATURATION ARTIFICIELLE.

434.— Cette condition étant irréalisable à moins de frais immenses, impossibles à supporter. La saturation artificielle par l'acide carbonique reste le seul remède possible, mais ce remède est de l'application la plus facile et la moins coûteuse, est assez efficace pour préserver la bière de toute altération et pour faire disparaître, en les améliorant, l'infériorité qui ruine nos brasseurs en les empêchant de lutter avec la concurrence allemande. Avec la liberté de commerce, dont le principe entre si heureusement, grâce à la France, dans la législation internationale de tous les peuples, il n'est qu'un moyen pour notre industrie de lutter avec l'industrie étrangère, c'est de faire aussi bien, sinon mieux, et de bénéficier sur le marché national de la différence des prix de transport. La brasserie française peut, si elle le veut, se placer dans les conditions les plus favorables, elle n'a qu'à suivre l'exemple que M. Stier et d'autres brasseurs fort intelligents, qui se contentent d'employer les mêmes procédés, sans livrer leurs secrets. Le remède est non-seulement simple, facile, sans dépenses, il est encore rationnel, scientifique, indiqué par la nature même des choses. Par la gazéification artificielle, on ne fait que remplacer l'élément constitutif qui manquait à la bière; l'acide carbonique qu'on lui rend est complétement semblable à celui qui naît de la fermentation naturellement accomplie dans la cuve et le tonneau (§ 24) et qu'elle a perdu. Quelle que soit la puissance du préjugé, la routine doit céder devant l'évidence ; nul, sans folie, ne peut se refuser à un essai d'où dépend sa fortune.

PROCÉDÉS DE SATURATION ARTIFICIELLE.

435. — L'introduction artificielle de l'acide carbonique dans la bière, peut avoir pour but :

1° D'aider à la clarification des bières et d'éviter l'emploi de la colle ;

2° De fabriquer des bières mousseuses en bouteilles ;

3° D'améliorer et de conserver les bières en tonneaux ;

4° De remplacer la pompe à air pour le débit des bières en choppe ou en canette.

Les appareils et le procédé de saturation pour les bières en bouteilles sont les mêmes que ceux que nous avons décrits pour la fabrication des eaux gazeuses et des vins mousseux ; pour la saturation des tonneaux les procédés sont différents ; il faut joindre aux appareils de production et de composition du gaz une bonde à soupape hermétique et un robinet à tige s'adaptant sur la bonde. La bonde à soupape, et par conséquent le robinet, peuvent se placer sur tous les tonneaux.

SATURATEUR A DEUX ATMOSPHÈRES ET A DEUX CORPS
DE POMPE (planche LVIII).

436. — La production, l'épuration et l'emmagasinage du gaz se
font comme nous l'avons indiqué ch. IX. Les saturateurs à une
sphère peuvent parfaitement opérer toutes les applications que
nous allons indiquer ; mais l'appareil n° 7 à deux sphères et à deux
corps de pompe (§ 165) est celui qui convient le mieux en raison de sa puissance — 10,000 bouteilles par jour — et de la facilité
qu'on a d'opérer avec une seule sphère ou avec les deux à la fois,
sous une même pression différente dans chaque sphère, en en gar-
nissant une de liquide et de gaz, tandis que l'autre comprime simplement l'acide carbonique au degré. Il se prête ainsi à toutes les
opérations qui peuvent avoir lieu dans un établissement considérable, et permet d'y réunir sans plus de frais généraux, la fabrication des eaux gazeuses à celle des bières et de travailler simultanément à la saturation des deux liquides à la fois sans dérangement
et sans interruption.

437. — Lorsqu'on veut fabriquer les bières mousseuses, après
avoir chargé et mis en marche l'appareil comme nous l'avons indiqué ch. IX, en ayant soin d'opérer la purge avec de l'eau qu'on
chasse ensuite entièrement sous la pression du gaz acide carbonique, on place le tonneau contenant la bière sur un sommier un
peu élevé auprès du saturateur comme pour les vins mousseux
(§ 384), et un siphon amène la bière sans qu'elle soit en contact
avec l'air, dans le bassin d'alimentation hermétiquement fermé ;
puis si l'on veut se servir simultanément des deux sphères
HH, préalablement remplies de gaz, on met les aiguilles des
deux robinets régulateurs G et G' (§ 140) sur le mot EAU, et

PLANCHE LVIII.

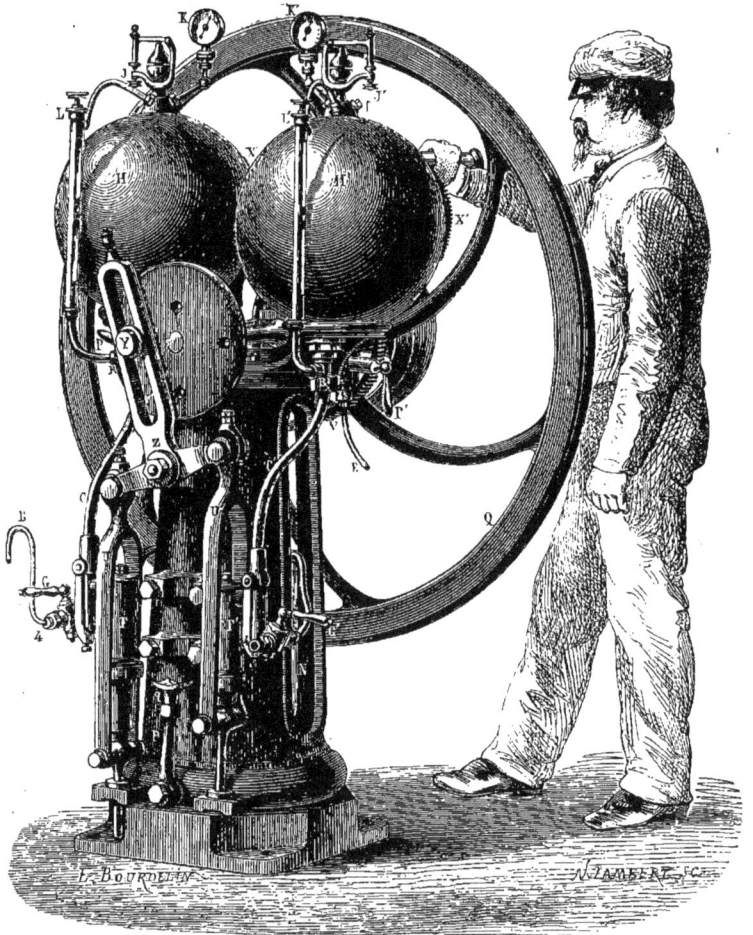

Saturateur à double sphère et à deux corps de pompe pour brasseries.

on laisse les deux corps de pompe FF' agir jusqu'à ce que
la bière apparaisse aux deux tiers de la hauteur du niveau d'eau LL'.
On ramène alors l'aiguille des robinets régulateurs sur le mot GAZ
et il n'arrivera plus que l'acide carbonique, jusqu'à ce que les manomètres K K' marquent une pression de 4 à 5 atmosphères suivant
le degré de mousse qu'on veut obtenir. On place alors l'aiguille des
robinets régulateurs entre les nᵒˢ 3 et 5, puis ouvrant les robinets P et P' on commence les tirages. La bière et le gaz n'arrivent
plus dans les saturateurs qu'en quantité voulue ou proportionnelle. On règle d'ailleurs leur arrivée en se guidant sur les indications données par le manomètre et le niveau d'eau (§ 216).

Si l'on veut avoir des pressions différentes dans chaque sphère,
on laisse arriver une plus grande quantité de gaz dans celle qui
doit fonctionner sous la pression la plus forte H' par exemple,
et on attend pour commencer le tirage du liquide saturé qu'elle
contient; que le manomètre K ait atteint le nombre d'atmosphères voulu.

Si les deux sphères sont en travail lorsque l'on veut augmenter
la tension du gaz dans l'une, on suspend momentanément son
tirage en prenant le robinet de sortie L ou P', et on ne le reprend
que sur l'indication du manomètre. Le travail de saturation et de
tirage de l'autre n'a pas discontinué pendant ce temps d'arrêt,
dans le tirage de sa voisine.

438. — On peut avoir besoin de saturer à la fois, de l'eau pour
boissons gazeuses ou du cidre et de la bière; ou même d'avoir
dans une sphère du gaz à une tension voulue pour saturer rapidement des tonneaux ou des quarts d'expédition sans pouvoir, ou
vouloir, pour cela, discontinuer la fabrication en train de s'accomplir. Dans le premier de ces cas, après avoir épuisé le liquide saturé
contenu dans la sphère dont on veut disposer, on met tout bonne-
ment à côté du corps de pompe qui la dessert un bassin dans
lequel on fait plonger son tuyau d'alimentation; on amène dans ce

bassin l'eau et le liquide nouveau qu'on veut saturer, de manière qu'il soit toujours à la hauteur normale, et lorsque le liquide ayant atteint l'œil du niveau d'eau, on a, en accumulant le gaz seul dans la sphère, fait monter le manomètre au degré voulu pour la fabrication qu'on veut opérer, on commence le tirage, et on guide le travail des deux sphères de la manière ordinaire en maintenant à la hauteur déterminée la tension respective de chacune d'elle.

439. — Si, au lieu de saturer un liquide, on veut tout simplement accumuler dans les deux, ou dans une seule sphère, du gaz à une tension déterminée, après avoir opéré la purge, si l'appareil n'était pas préalablement muni d'acide carbonique, on met l'aiguille des robinets régulateur GG' sur le mot GAZ, et on laisse jouer les pompes FF jusqu'à ce que les manomètres KK marquent le nombre d'atmosphères dont on a besoin. On arrête alors le jeu des pompes, ou on le continue de manière à amener du gaz en quantité proportionnelle à la dépense qu'on en fait. Lorsqu'une seule sphère saturateur peut suffire à l'opération que l'on fait, l'autre doit se reposer, attendant son tour de travail. Dans ce cas, il suffit de placer le buttoir Q au-dessous de l'arbre joignant la bielle au piston de la pompe de la sphère qui ne doit pas fonctionner. Tout travail sera arrêté de ce côté du saturateur, l'autre pompe et l'autre sphère marcheront seules. L'appareil fonctionnera alors comme un appareil saturateur à une seule sphère et à un seul corps de pompe qui accomplirait d'ailleurs avec la même perfection, mais séparément, toutes les opérations que nous venons d'indiquer ou que nous allons expliquer.

440. — L'embouteillage des bières mousseuses et leur bouchage se font comme ceux des eaux gazeuses (§§ 203 à 209), il est utile de tremper les ficelles dans l'huile de lin et de goudronner les bouteille lorsque la bière doit subir de longs transports ; la mise du

fil de fer à la manière champenoise (§ 361), peut même, en certains cas, être utile.

SATURATION DES BIÈRES EN TONNEAUX (planche LIX).

441. — La saturation des bières en tonneaux, soit qu'on ait

PLANCHE LIX.

Tonneau garni de bondes-soupapes et des robinets-leviers, saturateur et de débit.

pour but leur amélioration, leur conservation ou leur débit, exige que chacune des pièces ou fûts dans lesquelles on l'opère **F** soit garnies de deux bondes à soupapes EE sur lesquelles s'adaptent, comme nous l'expliquerons, deux robinets à tige-levier TH et RH destinés : le premier à la saturation du liquide B, en permettant l'arrivée du gaz par le tuyau A, l'autre à la sortie ou au débit des bières saturées par le bec ou le tuyau S. Cet appareil, d'une construction aussi ingénieuse que sa manœuvre est facile, est appelé à trouver dans l'industrie un grand nombre d'applications dans l'indication desquelles nous ne pouvons entrer ici.

BONDE A SOUPAPE (planche LX).

442. — Une bonde en bronze étamé (planche LX, fig. 3), contient, dans son intérieur, une soupape hermétique automatiquement fermée par un ressort à boudin en laiton fortement étamé qui vient buter contre le fond P formé par un chapeau à vis V, afin qu'on puisse visiter le mécanisme. Le corps de la bonde M est percé immédiatement au-dessous de la soupape d'une rangée de petits trous T qui permettent au liquide d'y pénétrer. Sa partie supérieure N est filetée de manière à se visser hermétiquement dans la paroi du tonneau, comme on le voit (planche LIX). On se sert pour la serrer dans la paroi d'une clef qui s'adapte dans les échancrures OO de son rebord extérieur.

443. — Lorsque la bonde ne doit pas fonctionner, on visse dans son ouverture un bouchon (fig. 4) au moyen d'une clef qui s'adapte dans l'ouverture Y dont il est pourvu ; ce qui empêche, lorsque les robinets ne sont pas en place, l'introduction d'aucun corpuscule étranger dans l'intérieur de la bonde ; et rendant impossible le tirage du liquide contenu dans le tonneau, peut à l'occasion servir de fermeture de sûreté contre certaines tentatives.

444. — A la place de ce bouchon serrure viennent s'adapter les robinets (fig. 1 et 2), ou plutôt la partie filetée L et L d'une bague

PLANCHE LX.

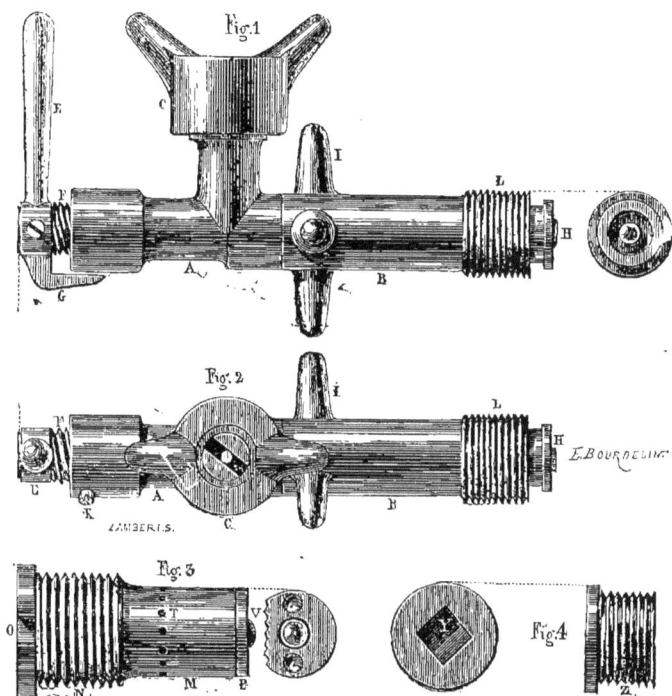

Bonde à soupape et robinets saturateurs et de débit pour les bières en tonneaux.

folle B B pourvue de cornes ou poignées de serrage II et servant à visser le corps du robinet AA sur la bonde à soupape. Dans l'inté-rieur de ces robinets AA et des bagues folles BB se trouve une tige filetée FH, gouvernée par un levier EE dont l'extrémité, recourbée en aiguille G (fig. 1), va buter contre un petit bouton K (fig. 2) lors-que le levier a accompli son évolution complète. Les becs des

23

robinets sont disposés de manière à recevoir des bague-écrous CC, qui servent de raccords au tuyau d'arrivée du gaz ou de sortie du liquide (planche LIX). Le bec du robinet saturateur C (fig. 2) contient à l'intérieur une soupape-clapet qui fonctionne sous l'action de la pression du gaz. Lorsque l'acide carbonique arrive du saturateur sous une tension supérieure à celle de l'intérieur du tonneau, cette soupape, s'ouvrant sous sa poussée, le laisse arriver dans le liquide. Aussitôt que le gaz cesse d'arriver du saturateur, elle cède au contraire à la tension intérieure et ferme hermétiquement le robinet. Il ne peut donc y avoir ni perte de liquide ni perte de gaz par le robinet saturateur.

L'extrémité H (fig. 1 et 2), opposée à la partie filetée de la tige FH, vient se placer exactement sur la soupape lorsque le robinet est vissé dans la bonde M. Tant que le levier reste dans sa position normale, de manière que l'aiguille soit placée à côté du petit buttoir K, sur le mot FERMÉ, la tige n'exerce aucune action sur la soupape, la bonde reste hermétiquement fermée. Si, faisant accomplir une révolution au levier, on ramène l'aiguille de l'autre côté du buttoir, l'extrémité H de la tige FH repousse la soupape jusqu'au delà des petits trous T (fig. 3), percés sur les parois de la bonde, et la communication entre l'intérieur du tonneau et le bec du robinet, est établie. Aussitôt qu'on fait opérer au levier l'évolution contraire, le ressort intérieur, réagissant contre la soupape, la ramène au fur et à mesure dans sa position première au delà des petits trous, rétablissant ainsi la fermeture hermétique.

MANIÈRE D'OPÉRER LA SATURATION DES TONNEAUX
(planche LXI.)

445. — Pour opérer la saturation artificielle de la bière, il faut

se servir de tonneaux ou de quarts, bien revêtus à l'extérieur
d'une couche de couleur ou d'enduit qui, pénétrant dans les pores
à une certaine épaisseur du bois, empêche la déperdition du

PLANCHE LXI.

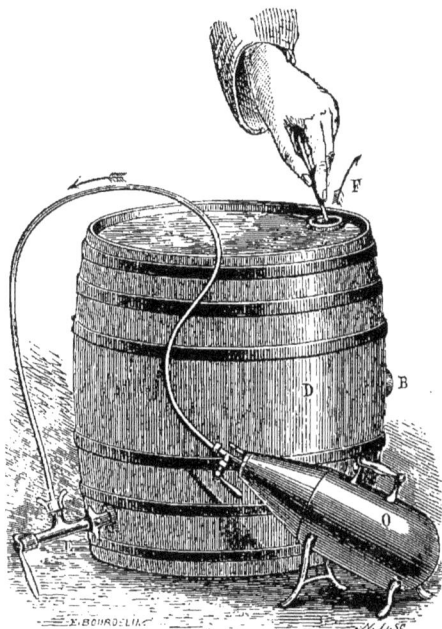

Saturation en tonneaux.

gaz ou l'évaporation alcoolique. On y adapte à demeure deux
bondes à soupape hermétique EF; la première sur le flanc du tonneau, dans la douve opposée à celle où se trouve la bonde et
très-près des parois latérales, l'autre sur le côté latéral opposé
tout près de la douve où se trouve la bonde B en les vissant
dans les parois du bois et les serrant fortement à l'aide d'une
clef, qu'on place dans les crans qui sont de chaque côté des re-

bords de la bonde (§ 454). On remplit alors le tonneau de la
manière ordinaire, puis, fermant le plus hermétiquement possible
la bonde B, on pose droit le tonneau sur le côté auprès duquel a
été placée, sur le flanc, la première bonde à soupape E, dans laquelle on visse le robinet saturateur, et sur le bec de ce robinet
on raccorde le tuyau qui amène le gaz du saturateur ou du
récipient portatif dans lesquels il a été préalablement comprimé à cinq ou six atmosphères. On ouvre la soupape de
la bonde en faisant accomplir son évolution au levier et le gaz
pénètre aussitôt dans le tonneau, en empêchant par la pression
qu'il exerce la moindre parcelle de liquide de s'épancher dans la
bonde.

446. Le premier effet du gaz acide carbonique est de chasser
devant lui tout l'air que la bière peut contenir en dissolution ou
qui se trouverait dans le tonneau. On donne issue à cet air en
repoussant avec une petite tige en fer, un foret, par exemple, et
par secousses saccadées, la soupape de la seconde bonde F placée
alors au-dessus du tonneau. Trois ou quatre secousses fort légères donnent une issue suffisante à l'air. Lorsqu'à un petit bruit
caractéristique, à une résistance dont la pratique donne bientôt le
sentiment et à la vue de la petite quantité de mousse qui arrive par
la bonde, on sent que la saturation est complète, on ferme la soupape d'arrivée du gaz, en ramenant à sa position première le
levier H, et l'on dévisse le robinet de sur la bonde, laquelle ne
devant plus servir jusqu'à une autre saturation reçoit son bouchon
de sûreté (§ 455).

On place alors le tonneau sur ses sommiers CC la bonde en bas V
tel que le représente la planche LIX, page 351, afin qu'il n'y ait pas
perte de gaz possible, et l'on visse le robinet R sur la bonde E
placée sur le devant et au bas de la pièce pour servir au tirage, qui
s'opère par le bec S comme à un robinet ordinaire, lorsque le
levier H ouvrant la soupape intérieure donnera issue à la bière que

la pression intérieure poussera à travers les petits trous dont est percée la bonde.

BIÈRE DE GARDE.

447. — Lorsque les tonneaux doivent être gardés, il faut veiller à ce que le gaz acide carbonique soit à l'intérieur en quantité suffisante pour empêcher l'entrée de l'air, tout contact de l'oxygène atmosphérique avec le liquide, et assurer ainsi la conservation indéfinie de la bière. Dans ce cas, il doit exister à l'intérieur une certaine tension, qu'on pourrait mesurer d'une manière exacte en adaptant un manomètre au bec d'un robinet qu'on visserait sur la bonde placée à demeure dans le flanc et sur le haut du tonneau; ce moyen très-facile, et qui pourrait en maintes circonstances donner des indications utiles, ne fût-ce que sur la marche de la fermentation insensible, peut cependant paraître exagéré. On s'en passera facilement avec un peu d'habitude, quelques légères secousses imprimées avec le doigt à la soupape de la bonde, comme lorsqu'on opère la saturation suffiront pour faire juger de cette tension par la mousse qui devra se produire; et si l'on voit qu'elle n'est pas suffisante, on pourra, sans bouger le tonneau, introduire par la bonde de tirage la quantité de gaz voulu, en établissant dans le saturateur une précision suffisante. La bière ainsi traitée se conserve pendant un temps indéfini et s'améliore sans cesse. Comme on peut faire parcourir au gaz des tuyaux flexibles, on peut le conduire aux tonneaux dans n'importe quelle partie de la cave ou de l'établissement qu'ils se trouvent, en laissant les appareils de production et de compression de gaz acide carbonique à leur place ordinaire.

448. — Les quarts doivent être saturés de 12 à 24 heures avant leur livraison. On met leur bouchon aux bondes et la bière claire, limpide, savoureuse, riche en mousse chez le débitant qui n'a qu'à remplacer le petit bouchon par le robinet de tirage. Un seul robinet suffit ainsi au débitant pour tous les tonneaux qui lui arrivent, il n'y a pas pour lui le moindre dérangement ni d'autres dépenses en plus que celle du robinet une fois faite.

449. — Souvent il est difficile d'obtenir la clarification des bières, de celles surtout dans la préparation desquelles il est entré des mélasses, des sirops de glucose, qui contiennent presque toujours des saccharates de chaux et d'autres composés que l'acide carbonique en excès peut seul précipiter ou dissoudre. Il faut faire traverser ces bières par un courant d'acide carbonique en laissant la bonde ordinaire au-dessus, et ouverte, de manière que le courant puisse entraîner et rejeter au dehors une grande partie des matières en suspension qu'il ne pourra dissoudre ; puis on ferme la bonde et on sature à la manière ordinaire. Les bières acquerront ainsi une saveur, une force et une limpidité qu'aucun autre moyen n'eût pu leur donner.

TRAITEMENT DES BIÈRES ÉVENTÉES.

450. — Les bières qui ne sont qu'éventées et dans lesquelles la fermentation acide n'a pas pris de trop grands développements, peuvent être guéries et rendues à leur qualité première. On les sature une première fois, en faisant traverser pendant quelques minutes le tonneau par un courant constant. On laisse en repos pendant 24 heures et l'on recommence la même opération. Au bout de deux jours elles ont ordinairement retrouvé leur qualité ; si un peu d'aigreur ou de mauvais goût leur reste encore, il suffit d'établir une troisième fois le courant, pour l'emporter.

DÉBIT DE BIÈRE PAR LA PRESSION DE L'ACIDE CARBONIQUE.

451. — Le jour où le débitant aura remplacé la pression de l'air atmosphérique qui amène sa bière au robinet par la pression du gaz acide carbonique, il aura doublé la qualité de la boisson gazeuse par une dépense d'environ dix centimes par fût qu'il débite. L'installation d'un producteur et d'un épurateur, est bien facile et peu dispendieuse, le premier coin venu suffit pour le placer, le dernier garçon peut, en faisant son service ordinaire, le conduire suivant les besoins, et un limonadier intelligent qui a ainsi à sa disposition, une source d'un gaz aussi utile, en trouve à chaque instant pour son industrie des applications utiles. Si cependant il trouve encore un producteur trop embarrassant pour ses habitudes, qu'il fasse remplir chez le fabricant de boissons gazeuses qui lui

fournit son eau de Seltz, ou chez son brasseur, un récipient portatif semblable à ceux que représente la planche XXVIII (page 153).
On y comprimera facilement et sans danger aucun, sept à huit
hectolitres de gaz, placé dans sa cave, et mis en communication au
moyen d'un tuyau avec les fûts à mettre en vidange ou avec la
pompe à air si celle-ci est déjà installée dans sa cave. Ce petit réservoir suffira pour en vider sept ou huit, quelle que soit la disposition du local et la distance, et la bière arrivera toujours belle
et bonne au consommateur, s'améliorant jusqu'au dernier verre,
au lieu de se gâter en se saturant d'air atmosphérique chargé de
toute espèce de principes nuisibles, dans les longs tuyaux qu'elle
parcourt.

452. — L'installation et la manœuvre de l'appareil est bien facile on visse dans la bonde à soupape placée au flanc, et au-
dessus du fût, son robinet ordinaire, et sur la bague-écrou duquel
on raccorde un tuyau qui établit la communication avec le producteur ou le réservoir du gaz, et on laisse arriver une quantité d'acide
carbonique suffisante pour faire jaillir le liquide au robinet de débit,
on laisse encore une minute venir le gaz, puis on ferme le robinet ;
lorsque le vide se faisant dans la pièce avec l'écoulement du liquide
la tension diminue, on introduit une nouvelle quantité d'acide carbonique, et il suffira d'opérer deux fois au plus cette addition pour
vider complétement le fût. On aura ainsi dépensé en moyenne 100
litres de gaz qui, pris chez le fabricant d'eaux gazeuses, coûteraient
bien 15 centimes, et seraient d'un prix nul avec le générateur.

453. — Si l'on possède déjà une pompe à air, l'opération ne
marche que mieux, et l'on n'a pas le moindre dérangement à faire à
son installation première. On pose simplement à côté de la pompe,
soit un producteur, soit un réservoir portatif O (planche LXII),
qu'on foit communiquer à l'aide d'un tuyau à raccords muni d'un
robinet L avec le tuyau NK qui met la pompe B en communica-
avec le réservoir d'air comprimé A. Ce réservoir communique avec

PLANCHE LXII. — Débit de la bière par le gaz acide carbonique fourni par un récipient portatif.

les tonneaux en vidange D par le tuyau H dont les branches vont se raccorder sur les robinets saturateurs E. Le récipient O étant chargé de gaz, on ferme le robinet M qui établit la communication du réservoir d'air comprimé A avec la pompe; on ouvre le robinet L et la tension du gaz le poussant dans le réservoir A, on ne ferme ce robinet que lorsque le manomètre C marque de deux à trois atmosphères. On ouvre alors les robinets saturateurs E, et la pression s'établit aussitôt dans les tonneaux D, s'exerçant à la surface du liquide assez fortement, pour faire arriver la bière aux robinets de débit placés dans la salle de consommation aussitôt qu'on ouvre les robinets de tirage F.

Si par hasard le réservoir portatif se vide sans qu'on en ait un second de plein pour le remplacer, on ferme tout simplement le robinet L, et on ouvre au contraire le robinet N et momentanément on opère le débit avec l'air comprimé sans dérangement aucun.

CHAPITRE XV

CIDRE

IMPORTANCE DE LA FABRICATION DU CIDRE.

454. — La fabrication des cidres ou vins de fruits, en comprenant dans cette dénomination toutes les liqueurs plus ou moins alcooliques obtenues des fruits par la fermentation, n'a pas sans doute pour notre industrie l'importance de la fabrication de la bière ou des vins mousseux ; cette importance est cependant assez grande pour que nous parlions ici des services que peut lui rendre la saturation artificielle par l'acide carbonique. En France, quarante départements cultivent le pommier et brassent le cidre. Dans les villes, l'usage du cidre proprement dit et des vins de

fruits se répand, et ce sont les brasseurs qui se sont presque partout emparés de cette fabrication. La production totale peut être évaluée à neuf millions d'hectolitres. Les cinq départements de l'ancienne Normandie fournissent seuls près de la moitié de cette quantité; le poiré y est compris à peu près pour un cinquième.

ORIGINE HISTORIQUE.

455. — La connaissance du cidre et du poiré remonte à une assez haute antiquité. Les Diépois, hardis navigateurs des premiers temps, apportèrent, dit-on, de la Biscaye et de la Navarre, où les Maures les avaient importées d'Orient, les meilleures espèces de pommiers et de poiriers qui existent en Normandie. Nous réduisons la tradition aux meilleures espèces, car il est à peu près avéré aujourd'hui que ces deux arbres sont indigènes de toute l'Europe méridionale, et que, du temps de Pline, le cidre et le poiré étaient connus à Rome et en Gaule sous le nom de *siseru*, d'où l'on a fait le mot générique, *cidre* pour désigner ces espèces de liqueurs, qu'elles proviennent de la pomme, de la poire, des cormes ou de tout autre fruit. Il n'est pas bon de faire peser sur la conscience d'un peuple plus de méfaits qu'il n'en a commis : les Maures n'ont pas inventé le cidre dont le prophète interdit l'usage à tout vrai croyant comme étant une de ces liqueurs fermentées dont on doit laisser les neuf dixièmes au diable et jeter le reste. L'hégire date de 622 de notre ère, la fameuse bataille de Xérès, qui livra l'Espagne aux Maures, de 712, et, dès le sixième siècle, le poiré était une liqueur assez connue et assez hautement estimée pour que sainte Radegonde, reine de France, en fit journellement ses délices.

Sans être peut-être aussi ancien et aussi répandu que celui de la bière, l'usage du cidre était connu de la vieille Gaule. Il en est de la tradition dieppoise comme de celle qui attribue aux Romains la plantation de la vigne dans les Gaules ; le vin de Bourgogne et du Bordelais rougissait la trogne de nos aïeux bien avant que le pied de César ne foulât leurs terres. Dioclétien, tyran maudit, ne pouvant dompter leur indépendance, fit, pour les punir, arracher toutes leurs vignes. Probus, mieux inspiré, permit aux vignerons bourguignons d'en reprendre la culture ; son nom est resté dans la légende ; mais, pour le glorifier d'un acte de justice et de haut discernement, il ne faut pas sacrifier la gloire de notre sol national sur lequel mûrit le raisin dès les premiers temps que la vigne parut sur terre. Ce n'est cependant qu'à partir du quatorzième siècle que l'usage du cidre devint général dans la Normandie et y remplaça la bière. De là son usage passa dans les autres provinces, et plus tard, en Angleterre, en Allemagne, en Russie, en Amérique ; mais aucun de ces pays ne prépare, assurent les Normands, du cidre comparable à celui des grands crûs de leur province.

FRUITS A CIDRE.

456. — L'espèce de pommes ou de poires influe beaucoup sur la qualité du cidre qu'elles donnent. Les variétés de pommes très-nombreuses peuvent, comme appréciation générale, être reduites à trois : 1° les pommes douces ; 2° les pommes acides ; 3° les pommes acerbes. Ce sont ces dernières qui sont le plus estimées ; le cidre qu'elles donnent est plus fort, plus facile à conserver, se clarifie mieux Les pommes douces donnent un cidre agréable lorsqu'il est récemment préparé ; les brasseurs des villes les em-

ploient de préférence; les pommes acides, un cidre léger, très-clair, sans force, toujours prêt à se tuer, mais abondant.

457. — Les poires à cidre offrent aussi différentes qualités, mais toutes sont caractérisées par la saveur âpre du fruit, par son poids spécifique plus fort, par la densité et la richesse saccharine du jus. Leur contexture et leur composition organique est d'ailleurs un peu différente de celle des pommes. Le jus des pommes ou moût marque à l'aréomètre Beaumé de 4 à 8 degrés et celui de poires de 6 à 10 degrés. Aussi le poiré est-il généralement plus fort ou plus alcoolique que le cidre de pommes.

RÉCOLTE DES FRUITS.

458. — La récolte des pommes et des poires qui s'opère en secouant l'arbre ou les branches, pour en détacher les fruits mûrs, et en gaulant ceux qui résistent aux secousses, donne un grand nombre de poires ou de pommes blessées ou meurtries qui éprouvent rapidement des altérations suceptibles de se propager dans le tas. Beaucoup se pourrissent et les fruits ainsi gâtés sont, malgré le préjugé normand qui prétend tout le contraire, très-nuisibles aux cidres. « Si les habitants des pays à cidre, dit M. J. Girardin, ne reconnaissent pas le mauvais goût de leur boisson (provenant des fruits pourris), il faut l'attribuer à l'habitude qu'ils en ont. » On attend un mois et demi après la récolte pour fabriquer le cidre. Les recherches de la science ont sur ce point donné complétement raison aux habitudes dictées par l'expérience; il se produit après la récolte une sorte de travail de maturation qui augmente singulièrement la quantité de sucre; mais après avoir atteint ce maximum la composition des fruits change, ils se blettissent, se pou-

rissent; les qualités qui les rendent propres à la fabrication du cidre vont toujours diminuant.

COMPOSITION DES JUS OU MOUT.

459. — Au moment de leur maturité, les pommes, les poires contiennent environ 84 parties d'eau, de 6 à 12 parties de sucre de raisin ou glucose (§ 318), de la gomme ou matière mucilagineuse, d'un acide qui leur est propre, et qu'on nomme acide malique ($C^4H^2O^4$), de la matière colorante, de l'albumine et autres matières azotées contenant le ferment, de la chaux et autres substances minérales, une huile essentielle placée principalement dans les pépins. Les opérations qui constituent la fabrication du cidre n'ont pour but, comme celles qui constituent la fabrication du vin, que de mettre le ferment en état de réagir sur la glucose et de convertir ce composé en alcool et en acide carbonique (§ 323 , puis cette fermentation accomplie de conserver la liqueur qui en résulte.

FABRICATION DU CIDRE.

460. — La fabrication du cidre quoique très-simple, exige cependant des soins nombreux. Les fruits sont d'abord broyés entre des cylindres en bois ou en fonte cannelés ou sous des meules verticales en pierre. Autrefois on les pilait au pilon dans l'auge; la méthode était plus longue, très-primitive, mais donnait de meilleures résultats, le contact du fer comme celui de tous les métaux étant très-contraire au cidre comme au vin. Si l'on veut

obtenir du poiré semblable au vin blanc, on m t aussitôt après le
broyage la pulpe au pressoir. Si l'on veut un cidre un peu coloré,
on laisse la pulpe de pomme macérer pendant quelques heures,
elle prend une coloration d'un brun rougeâtre qui se transmet au
liquide. Cette macération spontanée facilite d'ailleurs la sortie du
jus et la formation du ferment. A la première pression on obtient
une quantité de jus égale à peu près à la moitié du poids de la
pulpe. Ce moût sert à la préparation du *gros cidre*, on rebroie le
marc en y ajoutant la moitié de son poids d'eau et l'on obtient par
une seconde pressée une nouvelle quantité de jus qui sert à faire le
moyen cidre, enfin un troisième broyage accompagné d'une nouvelle addition d'eau donne sous le pressoir une troisième quantité
de moût qui composera le *petit cidre*.

Ce sont, on le voit, les trois cuvées du vin et les trois trempes
de la bière.

461. — Au pressoir, et en coulant, le moût s'est imprégné d'air
atmosphérique, le ferment a pris vie, il va commencer son action
de décomposition sur le sucre et former, jusqu'à ce qu'il ait usé son
énergie et sa nourriture, de l'alcool, et de l'acide carbonique (§ 323).
Le jus est mis dans des cuves ou dans des tonnes debout, et la fermentation tumultueuse s'établit. Ce *grillage*, mot consacré, clarifie le liquide par suite de l'ascension des substances légères, qui,
entraînées par le gaz acide carbonique, composent le chapeau en
formant une écume à la surface, et du dépôt spontané des substances lourdes.

Aussitôt que cette clarification spontanée marque la fin de la
première phase de la fermentation, — et saisir ce moment est très-
important, les moyens de clarification artificielle manquant dans
une boisson qui ne contient pas de tannin, — on soutire le cidre
dans des fûts de 600 à 800 litres, et l'on place ces tonneaux
dans les caves. La fermentation lente s'établit, alors on laisse
la bonde légèrement ouverte, pour donner le passage à l'acide car-

bonique. L'emploi des bondes hydrauliques serait infiniment préférable.

462. — Dans les villes, on consomme généralement le cidre aussitôt qu'il est clarifié, et tout le temps qu'il conserve assez de glucose pour offrir une saveur douce plus ou moins sucrée, aiguisée par le montant que lui donne la présence de l'acide carbonique. Dans les campagnes, au contraire, on attend que le cidre soit *paré*, c'est-à-dire que la fermentation insensible ait dévoré tout la glucose et fait succéder une saveur rendue un peu amère par la présence des huiles essentielles et acides par un commencement de fermentation acétique qui succède à la formation alcoolique. Il laisse à la bouche un arrière-goût, variable suivant le terrain. Les Normands disent alors que le cidre est plus fort.

FABRICATION ET COMPOSITION DU POIRÉ.

463. — La préparation du poiré est la même que celle du cidre, moins la macération; il se clarifie facilement, est plus alcoolique, plus sucré, et se conserve mieux que le cidre, tout le ferment étant entraîné par les matières visqueuses dans le dépôt qui se forme pendant la fermentation. Il est doux, agréable à boire; il ressemble beaucoup aux petits vins blancs de l'Anjou et de la Sologne, et, mis en bouteille avant que la fermentation soit complète, il devient mousseux et prend, dit M. Girardin, le masque des vins légers de la Champagne. On fait usage, à Paris surtout, du poiré pour couper les vins blancs de qualité médiocre qu'il rend plus forts et du meilleur goût; parfois même on le vend pour du vin blanc. Mêlé au cidre de pommes il en assure la conservation. Malheureusement la fabrication des poirés qui donne d'excellents produits en Angle-

terre, est fort négligée en Normandie, une sorte de préjugé en
condamnant l'usage, en raison même de ses qualités alcooliques,
quoique, lorsqu'il est fait, il soit au point de vue de la santé bien
préférable au cidre de pommes paré.

ALTÉRATIONS QUE SUBIT LE CIDRE.

464.—Lorsqu'on met du *gros cidre* en bouteille ou plutôt en cru-
chon, le grès étant moins coûteux et offrant plus de résistance,
comme on le fait en Angleterre avant que sa fermentation ne soit
complète, il devient mousseux, peut se conserver plusieurs années
et subir même de longs transports. Ce mode de conservation serait
trop dispendieux et impossible pour une boisson populaire de consommation courante. La casse des bouteilles effrayerait à juste
titre tout bon *Normand*; il tire son cidre au tonneau. Or, la vidange
est longue, le cidre paré ne possède plus de sucre qui, par sa con-
version en gaz et en alcool, l'alimente de l'acide carbonique nécessaire pour en empêcher l'oxygénation de l'alcool qu'il contient,
d'ailleurs en assez faible quantité, et son changement en acide acétique. Au fur et à mesure que le vide se fait, l'air le remplit et la
fermentation acétique marche aigrissant la liqueur qui prend une
coloration plus brune. Un moment arrive où il n'est plus bon
qu'à faire du vinaigre, puis la fermentation lactique et butyrique
s'établissent à leur tour, le cidre devient repoussant d'aspect et de
goût, il est *tué* ; la putréfaction s'empare de toutes les matières
azotées et mucigalineuses qu'il contient en abondance.

CONSERVATION DU CIDRE PAR L'ACIDE CARBONIQUE.

465. — Pour la conservation du cidre en tonneaux, la saturation artificielle rendrait les services les plus notables, elle remplacerait, comme pour les bières, la source tarie d'acide carbonique (§ 424), et on l'opérerait comme dans les brasseries (§ 449). Au lieu de tirer pot par pot la liqueur à des foudres qui ne sont épuisés qu'au bout d'un temps relativement considérable, on soutirerait, suivant les besoins, ces grands réservoirs dans des fûts de dimensions raisonnables qui, pourvus de bondes à soupape hermétique (§ 446) comme ceux des brasseries (§ 449), tiendraient complétement le cidre dans l'acide carbonique qui le protégerait contre toute atteinte de l'air, et le conserverait sain et bienfaisant jusqu'à la dernière goutte, le préservant de ces changements qui affectent peu, dit M. Payen, dans son traité des substances alimentaires, les personnes qui en font un continuel usage, mais doivent exercer une influence défavorable sur leur santé. Le cidre pourrait, dans ces tonneaux ainsi saturés, supporter des voyages qui le tuent aujourd'hui, ce qui serait un bénéfice très-grand pour tous les pays producteurs.

POIRÉ CHAMPAGNISÉ.

466. — Quant au poiré, ce que nous avons dit de sa composition, de ses qualités, de ce masque du champagne qu'il prend si facilement, suivant l'expression du savant professeur de la faculté

de Rouen, indique assez combien il se prêterait à la gazéification
artificielle, et quels excellents produits il donnera, lorsqu'une
courte expérience aura fait découvrir au fabricant la composition
de la liqueur qui lui sera le plus favorable. Du reste, ici encore,
ce ne sont pas de simples déductions que nous émettons en rapprochant la composition du poiré de celle des vins d'Anjou et de
Champagne, mais bien le résultat de l'expérience. A Londres, nos
appareils fonctionnent, changeant les poirés en vins mousseux fort
bien réussis, même pour le palais d'un Français ; d'autres préten-
dent même que le même fait se passe en plein Paris, sans que l'administration, qui le sait fort bien, y trouve à redire, ces vins étant
aussi bons pour la santé que ceux de Champagne, et le prix auquel
on les livre excluant toute idée de fraude, ou de tromperie sur la
nature de la marchandise vendue. Nous n'entrerons pas dans les
détails de cette fabrication, la méthode est la même que pour la
gazéification des vins blancs ordinaires ; nous renvoyons donc au
chapitre XIII, qui fournira tous les renseignements désirables.

CIDRES DOUX ET VINS DE FRUITS.

467. — Dans les villes, avons-nous dit, on trouve, avec raison,
le cidre plus agréable lorsque, au goût sucré, il joint la saveur aigrelette et le montant de l'acide carbonique. On emploie de préférence à sa préparation les pommes douces. Mais le cidre fourni
par ces pommes est d'une clarification et d'une conservation difficiles. Dans les grands centres, d'ailleurs, on ne peut se procurer,
sans grands frais, des quantités assez considérables de pommes
fraîches ; les fabricants se servent, de préférence, d'un mélange de
pommes et de poires sèches auxquelles on mêle, soit une certaine

quantité de malt, soit, plus souvent, des glucoses, des mélasses, et parfois les dernières trempes qui proviennent du brassage et qui servent d'ordinaire à la fabrication des petites bières. Les cidres qu'on prépare ainsi sont presque toujours plats, peu attrayants, se troublent et noircissent vite, ne possèdent pas toujours les propriétés d'une boisson salubre. On est obligé de les livrer à la consommation aussitôt après la première fermentation, avant que l'écume et le dépôt n'aient purgé la liqueur de tous les principes putréfiables qu'elle contient. Pour ces cidres, la livraison en fûts artificiellement saturés, après que la fermentation lente aurait suffisamment accompli son œuvre de vinification, devrait être impérieusement prescrite au nom de la santé publique. Le fabricant y trouverait vite son bénéfice par le développement rapide que prendrait la consommation de ces boissons agréables, salubres, alors et presque aussi peu coûteuses que l'eau de Selz. Rien de plus facile, du reste, que d'appliquer à ces cidres le traitement que nous indiquons; on n'a qu'à opérer textuellement comme pour la saturation artificielle des bières en tonneaux (§ 445 à 459), et en fûts de livraison (§ 452).

EFFET DU CIDRE DANS L'ALIMENTATION.

468. — « Les cidres limpides, dit M. Payen, plus ou moins su-
» crés, alcooliques et gazeux, constituent une boisson légèrement
» aromatique et acidulée, agréable et salubre, capable de fournir,
» outre l'eau indispensable à la nutrition, une partie des aliments
» respiratoires, sucre et alcools. Le cidre de pomme est souvent
» préféré en raison de son arome particulier. On lui *reproche par-*
» *fois des propriétés laxatives ou débilantes qui ne paraissent se*

» *manifester réellement que lorsqu'il est trouble, lorsqu'il contient*
» *des ferments en suspension et encore lorsqu'il présente une acidité*
» *trop forte.* »

Quant au poiré, on lui attribue une action dévorable, enivrante, qui paraît, en réalité, dépendre de ce que la force alcoolique de ce cidre agréable est plus grande, car souvent elle égale celle du bon vin blanc, et surtout de ce que les consommateurs, qui ne se sont pas prémunis contre cette particularité de sa composition, en usent trop largement.

Nous avons tenu, en terminant, à citer en entier ces paroles de l'éminent professeur, parce qu'elles feront comprendre, de la manière la plus claire et la plus nette, quels immenses services peut rendre à la fabrication du cidre et à la santé publique la saturation artificielle par l'acide carbonique, qui remédie d'une manière si facile et si peu coûteuse à tous les défauts reprochés justement à cette boisson populaire.

MATIÈRES PREMIÈRES

Eau.—Propriétés physiques et chimiques.—Composition.—Différentes natures.—
Caractères de l'eau potable. — Carbonates. — Marbre. — Craie. — Bicar-
bonate de soude. — Acides sulfurique, chlorhydrique, tartrique, citrique.—
Sucres. — Aromes

MATIÈRES PREMIÈRES.

469. — Sous la dénomination de matières premières, nous com-
prenons toutes les matières que le fabricant met en œuvre pour
préparer les boissons gazeuses. Le vin, la bière, le cidre ayant chacun leur chapitre à part, nous ne nous occuperons ici que de l'eau,
des carbonates, des différents acides, du sucre et des aromes.

EAU.

470. — Le premier soin du fabricant des boissons gazeuses doit

être de se procurer de l'eau parfaitement pure, fraîche et abondante : c'est le point capital de sa fabrication. Sa composition et sa
température influenceront tous ses produits quels qu'ils soient, depuis la bière jusqu'à l'eau de Selz. Avec un peu d'expérience et
quelque attention on reconnaît facilement l'eau de Selz à Paris
avec l'eau de puits, l'eau du canal, l'eau de Seine, prise en aval ou
en amont, ou l'eau du puits de Grenelle. Leur mauvais goût trahit
toujours celles qui sont préparées avec de l'eau de Seine non filtrée,
ni épurée. Que l'eau provienne d'une source, d'un puits, d'une
rivière, d'une mare ou d'une citerne, peu importe ; il doit s'assurer
de sa composition, corriger ses défauts et lui donner les qualités
qui lui manquent, ce qui est presque toujours possible sinon facile.

ROLE DE L'EAU DANS LA NATURE.

471. — Comme agent de dissolution, comme véhicule, et comme
aliment, l'eau joue un des rôles les plus importants dans la nature. « Si, par un hasard malheureux, ce liquide disparaissait tout
» à coup, dit M. de Girardin, la vie s'éteindrait à la surface du
» globe et tout rentrerait dans ce chaos inexplicable qui a marqué
» l'enfance du monde. » Pour étudier l'eau d'une manière complète, il faudrait la suivre dans ses passages continuels de l'état
solide à l'état liquide, et de l'état liquide à celui de vapeur, et après
avoir décrit tous les phénomènes physiques qu'elle présente, faire
connaître toutes les combinaisons chimiques dans lesquelles elle
entre, pour former des composés organiques ou inorganiques ayant
vie ou restant inertes. Nous nous bornerons à traiter de ces propriétés qui intéressent le plus la fabrication des boissons gazeuses,
et encore serons-nous obligés de résumer en quelques alinéas

cette grande question des eaux potables, qui préoccupe, depuis quelques années, les corps savants, les conseils administratifs, les gouvernements eux-mêmes, et sur laquelle les hommes les plus compétents ont écrit tant de volumes.

COMPOSITION CHIMIQUE DE L'EAU.

472. — Les anciens faisaient de l'eau un des quatre éléments ; Cavendish et Monge voyant que l'hydrogène en brûlant dans l'air produisait de l'eau, en conclurent que l'eau était un composé d'oxygène et d'hydrogène. Lavoisier en France, Watt en Angleterre, déterminèrent la composition numérique de l'eau. La découverte de la pile voltaïque permit de composer et de reconstituer l'eau à volonté ; Gay-Lussac put alors déterminer sa composition d'une manière exacte et mettre hors de doute que deux volumes d'hydrogène se joignent à un volume d'oxygène durant la combustion dans laquelle l'eau s'engendre, ou qu'un équivalent d'hydrogène, en poids 12,48, se joint à un équivalent d'oxygène, en poids 100, pour former de l'eau HO. Ce composé naît dans une foule de circonstances chimiques qui doivent constamment se présenter dans la nature et surtout sous l'action de l'électricité. Aussi le trouve-t-on répandu partout avec l'extrême abondance que la nature met à produire les substances nécessaires aux manifestations de la vie sur le globe. On la rencontre à l'état de vapeur dans l'atmosphère en proportion plus ou moins grande, suivant que la température est plus ou moins élevée ; aucun être ne pourrait vivre dans un milieu qui en serait totalement privé ; tous les corps vivants en renferment eux-mêmes, à l'état liquide ou de vapeur, une quantité qui forme plus des trois quarts de l'organisme souple des animaux, et qui va de 45 à 95 pour 100 dans la composition

des plantes. La présence de cette eau y est indispensable à la flexibilité et au fonctionnement des organes, comme à l'assimilation des aliments.

PROPRIÉTÉS PHYSIQUE.

473. — Vaporisée par la chaleur terrestre et solaire, l'eau s'élève dans l'atmosphère et va se condenser dans les régions élevées et froides, pour se répandre en pluie, grêle ou neige, sur toute la surface du globe, entraînant avec elle les composés gazeux et les corps légers en suspension dans l'air, qu'elle épure et qui servent à fertiliser le sol qu'elle vient humecter. Tantôt retenue par la porosité du sol, elle dissout les matériaux nécessaires à la nutrition des plantes et les fait circuler en séve abondante dans leurs pores ; tantôt, s'infiltrant plus ou moins profondément dans les terres, elle dissout différentes substances minérales et organiques, y forme des nappes, des courants, reparaît en sources, chargée de principes dont elle s'est emparée et, coulant de nouveau à la surface, elle court vers la mer, le grand réservoir commun, pour recommencer, sous l'action de la chaleur, la série de phénomènes que nous venons de résumer. De quelque source qu'elle provienne, l'eau a donc toujours la pluie pour origine.

474. — A l'état de pureté, l'eau est incolore sous petites masses ; sous une épaisseur considérable elle devient verdâtre. Elle est dépourvue d'odeur. Sa capacité calorifique est très-grande, elle enlève très-rapidement, lorsqu'elle est froide, la chaleur des corps avec lesquels elle est en contact, de même qu'elle fournit tout aussi vite lorsqu'elle est chaude une grande quantité de chaleur. Elle peut ainsi faire éprouver à nos organes, suivant sa température relative,

une grande sensation de chaud et de froid. A 0° elle se solidifie, devient neige ou glace; à 100° elle entre en ébullition; la tension de sa vapeur est alors d'une atmosphère, sa densité la plus grande est, par une harmonique anomalie, à 4° au-dessus de zéro. Un litre d'eau pèse alors un kilogramme, un centilitre un gramme, notre unité de poids. La glace est donc plus légère que l'eau, elle lui surnage, ce qui empêche les fleuves d'être arrêtés dans leur cours et permet aux poissons de vivre malgré la rigueur du froid dans leur milieu ordinaire. L'eau se dilatant en se gelant, ou plutôt les particules cristallines, en s'agrégeant, augmentant de volume, la résultante de ces petites forces peut produire d'énormes effets. Elle fait éclater les arbres par les grands froids, déforme les réservoirs qui la contiennent, fait crever les tuyaux et brise les corps de forme sphérique qui la renferment, leur épaisseur égalât-elle celle d'un canon. La négligence d'un ouvrier ayant laissé, dans nos ateliers, une sphère saturateur se remplir d'eau pendant une forte gelée, le lendemain matin elle fut trouvée complétement fendue. Cette même sphère avait résisté, quelques jours auparavant, à une tension de 30 atmosphères.

475. — A toutes les températures, l'eau est constamment en travail d'évaporation plus ou moins active, ce qui contribue puissamment à entretenir la chaleur des êtres organisés à la moyenne voulue, l'eau qu'ils contiennent arrivant par une excrétion quelconque à la surface des corps, en quantité d'autant plus forte que la chaleur intérieure ou extérieure est plus grande, et s'emparant, pour passer à l'état de vapeur, d'une grande partie du calorique. Pour se maintenir à l'état de santé, tous les êtres doivent, malgré les vapeurs aqueuses qu'ils exhalent continuellement dans l'atmosphère, conserver des quantités d'eau considérable, de là ces soifs si violentes en été et que des boissons aqueuses peuvent seules satisfaire en rendant à l'intérieur du corps le liquide dépensé à l'extérieur.

476. — Aussi l'eau peut-elle être considérée comme l'unique boisson, les autres éléments qui s'y mêlent pour former les liqueurs alcooliques, aromatiques, sucrées, n'y étant pour ainsi dire introduits que comme condiment et n'ajoutant rien à ses propriétés contre la soif proprement dite. Cependant, à l'état de pureté parfaite, l'eau distillée, par exemple, est indigeste, impropre à la nutrition; il faut, pour qu'elle soit potable, qu'elle contienne, en dissolution de l'acide carbonique qui la rend légère et sapide, une certaine quantité d'air et une petite quantité de sels de différentes natures. Mais la puissance de ces derniers doit être, pour ainsi dire, en quantité homéopathique, en proportion infinitésimale.

Quels sont ces sels, quelles sont ces proportions? Questions ardues vivement débattues et sur lesquelles on n'est pas encore parvenu à se mettre d'accord.

Lorsque ces sels sont en proportion trop considérable, ils constituent les eaux minérales, convenables seulement dans de certaines affections, et les eaux de mer.

Tous les hygiénistes sont unanimes sur un point : c'est sur le danger qu'offre la présence des matières organiques dans l'eau, quelque petite que soit leur proportion, leur décomposition donnant naissance à des éléments putrides indéterminés dont l'effet sur l'organisme est des plus funestes.

APPLICATION DU POUVOIR DISSOLVANT DE L'EAU A LA
FABRICATION DES BOISSONS VINEUSES ET GAZEUSES.

477. — La propriété que possède l'eau de dissoudre un très-
grand nombre de substances solides, liquides ou gazeuses qui lui
communiquent des qualités spéciales, est une des plus précieuses
pour le rôle qu'elle joue dans la nature, et celle, peut-être, que
l'homme a su le mieux utiliser au profit de sa santé et de son bien-
être. C'est sur elle que repose toute la préparation des boissons
gazeuses; l'acide carbonique se dissolvant dans l'eau, naturellement,
à un volume égal au sien, puis, en qualité proportionnée à la pression qu'ils éprouvent (§ 6). Toutes les substances n'ont pas le même
degré de solubilité dans l'eau, et ne s'y dissolvent pas en égale
quantité à toutes les températures. Une fois saturée d'une substance quelconque elle ne peut plus en dissoudre, mais elle peut
dans cet état dissoudre tantôt plus, tantôt moins d'autres corps ce
qui permet d'opérer des mélanges de substances, dont on veux
marier les propriétés, le goût ou les vertus et auxquelles elle sert
de véhicule commun. C'est surtout pour la préparation de ces
boissons et de ces liqueurs composées qu'il est utile de connaître
le pouvoir dissolvant de l'eau qu'on emploie.

EAU DE PLUIE.

478. — L'eau de pluie est la meilleure, à condition d'être re-
cueillie en rase campagne dans des vases très-propres, après qu'une
première ondée a lavé l'atmosphère, ou de n'être parvenue dans la

citerne où on la conserve qu'après avoir été filtrée et épurée. En traversant l'atmosphère elle s'est en effet emparée d'une partie du gaz acide carbonique qui s'y trouve toujours répandue (§ 19), et elle a contribué ainsi à l'assainir en s'appropriant l'élément principal dont elle avait besoin pour devenir potable ; elle s'est de plus aérée et chargée de quelques autres principes utiles. Mais en coulant sur les toits, sur les murs, dans les tuyaux de conduite elle les a lavés se chargeant ainsi de tous les débris organiques ou inorganiques qui se sont trouvés sur son passage et a dissous une partie des carbonates ou des sulfates calcaires qui formaient les ciments et les enduits. Un filtrage au gravier et au charbon facile à opérer, doit la débarrasser de ces substances étrangères, introduite ensuite dans une citerne en pierre couverte et bien fraîche, elle se conserve pure, il faut cependant veiller à ce que ce réservoir se maintienne très-propre, l'eau formant souvent après un seul filtrage un dépôt sédimentaire.

EAU DE PUITS.

479. — Les eaux de puits sont de composition variable en raison des terrains et des milieux dans lesquels elles circulent et séjournent. Dans les villes elles se chargent facilement des toutes les infiltrations putrides, organiques, fécales, qui se font facilement dans le sol, et elles sont alors très-malsaines. Elles deviennent fades et insalubres à cause de leur long séjour dans un lieu privé d'air, surtout si on les laisse en repos. Il faut avant de s'en servir les agiter, les exposer à l'air, à l'exemple des jardiniers qui ont parfaitement observé que ces eaux en raison de leur *crudité* étaient moins propres à la végétation que les eaux douces et aérées. On

doit aussi prohiber les tuyaux de plomb, de zinc ou de cuivre dans les pompes qui les puisent; il s'y forme des sels nuisibles.

EAU DE RIVIÈRE OU DE FLEUVE.

480. — Les eaux de rivières et de fleuves sont toujours moins fraîches, moins limpides et habituellement moins pures que les eaux de source et de puits. Leur cours est le dépotoir naturel des égouts des grandes villes, des eaux vannes des usines et de tous les ruisseaux qui y aboutissent après avoir lavé le sol. On est effrayé lorsqu'on songe qu'une partie de Paris est obligée de boire de l'eau prise à Asnières, en aval de tous les égouts de Paris et qu'on tente l'analyse d'une certaine quantité de cet affreux breuvage. C'est alors qu'on comprend tous les efforts, tous les sacrifices que fait une municipalité intelligente pour amener des eaux pures dans les réservoirs de la ville.

EAUX DE SOURCES OU DE FONTAINES.

481. — Les eaux de sources ou de fontaines sont claires, fraîches, limpides presque toujours bien aérées; ce sont les plus séduisantes. Cependant elles ne sont pas toutes également bonnes, leur composition dépend de la nature des terrains qu'elles ont traversés, beaucoup sont chargées d'une trop grande quantité de sels de chaux ou magnésiens pour être potables.

EAU DE MARE OU D'ÉTANG.

482. — On ne doit se servir des eaux de mares, d'étangs, de marais et même de la plupart des lacs que lorsqu'on ne peut pas s'en procurer d'autres. Ces eaux plus ou moins croupissantes sur des bas-fonds, composés de détritus de matières organiques en décomposition, sont toujours chargées des principes les plus nuisibles à leur salubrité. Les puits artésiens, qui fournissent toujours une eau très-pure et très-bonne quand elle est aérée, feront, on doit l'espérer, bientôt disparaître jusqu'à la dernière mare qui, dans les villages, fournissent à tous les besoins des ménages et où s'abreuvent, pataugent et se baignent bêtes, enfants et lavandières.

EAU DE MER.

483. — L'eau de mer est impropre à tous les besoins de la vie ; les eaux des sources ou des rivières auxquelles elle se mêle ne sont plus potables. En la distillant on la prive de tous les sels qu'elle contient, et elle devient ensuite potable en la laissant pendant huit ou dix jours exposée à l'air. On obtiendrait plus vite et mieux le résultat que l'on cherche si on la faisait simplement traverser par un courant d'acide carbonique, qui la rendrait légère, salubre et agréable au marin.

DES DIFFÉRENTES SUBSTANCES EN DISSOLUTION DANS L'EAU.

484. — Parmi les substances gazeuses qui se trouvent dans les eaux potables, l'acide carbonique est celle qui nous intéresse spécialement. Toutes en contiennent en dissolution de 2 à 3 centièmes de leur volume ; elles peuvent en contenir naturellement deux et trois fois leur volume, comme celles de Selters, par exemple ; mais, alors, on considère ces eaux comme minérales. Les autres gaz qui s'y trouvent en plus grande proportion sont l'air atmosphérique et l'oxygène. Par une anomalie que peut expliquer la nature des terrains qu'elle traverse, l'eau des puits artésiens de Grenelle et de Passy ne renferme pas d'oxygène, mais de l'azote pur. Les sels les plus habituellement répandus dans les eaux de source et de rivière sont les silicates, les carbonates, les sulfates et les azotates de chaux, de magnésie, de soude, de potasse mêlés à l'alumine, à l'oxyde de fer, au chlorure de sodium, au manganèse. Ces quantités sont, du reste, fort minimes : l'analyse de sept rivières a donné à MM. Boutron et Henry de 0,13 à 0,51 par litre d'eau. L'eau de Seine prise au pont d'Ivry donne 0,24 par litre, au pont Notre-Dame 0,33, au Gros-Caillou 0,43, à Chaillot 0,51, à la prise d'eau d'Asnières 0,65. On obtient de plus, dit M. Peligot, un résidu considérable, produit noir, fétide et innommé de matières organiques. Nous avons tenu à citer ces derniers chiffres pour montrer de quelle importance était le choix de la prise d'eau sur une rivière. Parmi les substances minérales, le carbonate de chaux paraît jouer le rôle le plus utile ; c'est lui qui domine dans les meilleures eaux des sources ; il est tenu en dissolution avec le carbonate de magnésie par la présence de l'acide carbonique. Le sulfate de chaux est le plus défavorable ; il se trouve en quantité notable dans les eaux *crues*, et sur-

tout dans celles de puits qui peuvent en contenir jusqu'à deux grammes ; il empêche la solution du savon et la cuisson des légumes. Les eaux magnésiennes sont pour beaucoup dans le goître ; il faut les considérer comme insalubres.

LTÉRATION DES EAUX.

485. — Outre ces matières qu'elles contiennent en dissolution, les eaux en contiennent d'autres en suspension ; ce sont des argiles ou des terres sableuses excessivement ténues qui, entraînées plus abondamment par les eaux pluviales, troublent, lors des crues, les rivières et les ruisseaux ; parfois l'eau des puits et des sources est elle-même ainsi troublée par quelque commotion souterraine produite par des causes inconnues. Ces matières limoneuses sont déposées lorsque l'eau a été laissée en repos pendant vingt-quatre ou trente-six heures. Elle conserve presque toujours un aspect louche et opalin qui la rend moins agréable alors même qu'elle n'est plus insalubre. Lorsqu'elles sont conservées dans des fontaines ou des réservoirs quelconques, les eaux de source ou de rivière ne sont pas pour cela à l'abri de toute altération ; si elles contiennent des matières organiques, la fermentation putride s'y établit ; parfois des végétations ou des moisissures s'y développent. La décomposition du sulfate de chaux peut aussi donner naissance à de l'acide sulfhydrique ; elles prennent alors mauvaise odeur, mauvais goût, deviennent malsaines.

FILTRATION.

486. — La filtration seule remédie à la plupart de ces altérations en enlevant les causes qui les produisent. On connaît un grand nombre de systèmes de filtres ; le plus simple et le meilleur est celui que nous avons décrit § 166 au sable et au charbon. Le gros sable reçoit les premiers dépôts de l'eau ; le gros charbon reçoit ensuite, avec ces dépôts, les gaz miasmiques et les principes organiques qu'elle peut contenir en dissolution, et l'eau poursuit ainsi sa route de couche en couche, continuant jusqu'à la fin son épuration mécanique, arrivant limpide et pure au robinet. Ces filtrages accomplis à époques assez rapprochées suffisent pour préserver l'eau des réservoirs de toute altération, et, dans la plupart des cas, à remédier, mieux que les moyens chimiques qui ont tous le tort d'y introduire des substances étrangères, à sa crudité. Il faut seulement avoir soin de nettoyer fréquemment les filtres, surtout dans la saison des chaleurs.

SELS NUISIBLES, EAUX CRUES OU SÉLÉNITEUSES, COMPOSÉS VÉNÉNEUX.

487. — La présence de l'oxyde de fer dans l'eau peut avoir des inconvénients pour la fabrication des eaux gazeuses ; il formera sur les carafes un dépôt ocreux qui leur donnera une teinte irisée d'abord fort belle et très-adhérente, mais qui deviendra bientôt assez épaisse pour ôter au verre toute sa transparence. Aussi, on emploie pour les eaux gazeuses qui contiennent l'oxyde de fer, des

verres d'une teinte particulière. Le dépôt d'oxyde de fer hydraté
mêlé de silice et de forme gélatineuse que laissent ces eaux dans
le réservoir qui les contient, les fait bientôt reconnaître.

488. — Les eaux *crues* ou séléniteuses qui doivent leur insalubrité à la présence des sulfates calcaires ou magnésiens, sont faciles
à reconnaître ; elles décomposent le savon et ôtent au liquide qui
le contient la faculté de mousser. C'est cette propriété qui rend
impropre au blanchissage les eaux de Belleville et de la plupart
des puits de Paris. Il faut rejeter de la fabrication des boissons gazeuses toutes les eaux qui, mêlées à une dissolution de savon dans
l'alcool, ne produiraient pas par l'agitation une mousse abondante
et un peu persistante.

489. — Il peut se faire que, par suite de circonstances fortuites
ou imprévues, les eaux contiennent des oxydes ou des sels métalliques qui, lorsqu'ils proviennent du cuivre, du zinc et surtout
du plomb, sont très-dangereux. Les eaux pluviales comme les eaux
distillées aérées et les eaux de sources, ont sur le plomb une action
très-énergique, capable d'oxyder le métal superficiellement en
moins d'une minute, de répandre l'oxyde de plomb dans toute la
masse du liquide, et de continuer cette action corrosive sous l'influence de l'air ambiant et de celui qu'elles contiennent en produisant des dépôts de plus en plus considérables. Elles exercent parfois d'énergiques influences sur le cuivre et le zinc ; aussi le contact
de ces trois métaux avec l'eau doit-il être évité avec le plus grand
soin dans la fabrication des boissons gazeuses. Il est prudent, lorsqu'on soupçonne l'eau d'en contenir, de verser dans un petit échan-
tillon de cette eau, un verre par exemple, quelques gouttes d'acide
sulfurique, la coloration brune ou le précipité noir qui se formera
aussitôt, dénoncera la présence du cuivre ou du plomb.

CARACTÈRE D'UNE EAU POTABLE DE BONNE QUALITÉ.

490. — Une eau potable de bonne qualité, doit être limpide, fraîche, sans odeur, incolore, exempte de saveur fade, salée ou styptique. Elle est aérée, contient de l'acide carbonique, dissout le savon sans former de précipité opaque, et cuit bien les légumes secs. La température est très-importante pour la gazéification mais c'est là une condition que peut toujours réaliser le fabricant.

CARBONATES

491. — Dans la fabrication des eaux gazeuses, la production de l'acide carbonique s'obtient par la réaction d'un acide sur un carbonate ou sur un bicarbonate. L'acide qui·réagit, chasse le gaz acide carbonique et se combine avec la base pour former un sel nouveau. Tous les carbonates pourraient être soumis à cette réaction ; l'industrie des boissons gazeuses n'en emploie que de deux sortes, les carbonates de chaux et le bicarbonate de soude. La décomposition des autres pourrait avoir des inconvénients de plus d'une sorte ; il est inutile de s'en occuper. Les carbonates de chaux et le bicarbonate de soude ont chacun leurs avantages particuliers, que nous ferons ressortir et qui déterminent leur emploi spécial dans la fabrication des divers produits, quand ils sont tous les deux exempts de toute espèce de mélange, le gaz qu'ils donnent est également pur.

MARBRE.

492. — Les carbonates de chaux abondent dans la nature, il est bien rare qu'on ne puisse pas s'en procurer de convenables à la fabrication des boissons gazeuses. Différentes par leur état de pureté, de cristallisation, ou par les substances étrangères qui les accompagnent, ces composés donnent lieu à de nombreuses exploitations. Ils se rencontrent en grandes masses dans les terrains sédimentaires blancs, en cristaux fortement agglomérés; ils constituent le marbre blanc connu sous le nom de *marbre statuaire*. C'est le plus homogène de tous les carbonates calcaires, le plus pur, et par conséquent le plus convenable à l'industrie qui nous occupe, surtout lorsqu'on peut se le procurer facilement en très-petits fragments, ou mieux porphyrisé, comme dans les environs des carrières de Carrare et de Sterravezgo ou des scieries où on le travaille.

493. — Les marbres de couleur doivent leurs riches nuances à l'interposition en couches variées de substances minérales diversement colorées par des oxydes métalliques, certaines contiennent du bitume. La présence de ces corps étrangers doit les faire rejeter; l'acide carbonique pourrait, si on les employait, arriver au saturateur mélangé d'autres composés gazeux plus ou moins nuisibles à la qualité du produit. L'albâtre calcaire est dû à une cristallisation à grains plus fins et moins résistants; il peut être employé quand il est très-blanc. Les albâtres de couleurs jaunâtre ou fauve sont colorés par des substances étrangères.

CALCAIRES GROSSIERS.

494. — Dans les terrains de transitions secondaires et tertiaires
se trouvent d'immenses dépôts de carbonates calcaires dans lesquels s'ouvrent les nombreuses carrières qui fournissent la pierre
de taille et le moellon propres aux constructions, les pierres destinées aux lithographes, enfin la craie employée dans un grand
nombre d'industries, principalement dans celle de produits chimiques et dans la nôtre. L'agrégation compacte des pierres calcaires exige qu'elles soient réduites en très-petits fragments, por-
phyrisées même, comme le marbre, pour être employées, ce qui
rendrait leur emploi très-coûteux. Leur composition est d'ailleurs
rarement homogène; elles doivent presque toujours leur coloration
à des oxydes et des substances étrangères. Ce n'est pas une source
assez commode ni assez pure pour y chercher l'acide carbonique
nécessaire à la fabrication des boissons gazeuses.

COQUILLAGES.

495. — Le carbonate de chaux constitue principalement la partie
minérale des coquilles, des mollusques, des conollines, des madré-
pores, des marnes. Toutes ces matières sont impures et mélangées
à des substances étrangères; il faut les laisser à l'agriculture, à
laquelle elles sont infiniment utiles, ou à d'autres industries.
Quelques fabricants ont eu l'idée d'employer des coquilles d'huitres
concassées; le goût des produits obtenus n'a pas permis de continuer cet essai, qu'aucune raison pratique ou théorique ne justifie.

CRAIE.

496. — La craie est loin de se trouver elle-même dans la nature à un état de pureté complète. Elle renferme du sable, quelquefois du silex, un peu de silice, des oxydes de fer, du manganèse et d'autres matières terreuses ou marneuses. Elle se trouve en bancs considérables qui, parfois, forment le sous-sol de contrées entières, comme la Champagne. Son agrégation en masses tendres, sa contexture friable, son insolubilité, permettent de l'extraire facilement et de la purifier au moyen de lavages et de desséchages successifs qui la débarrassent des corps étrangers.

Ainsi préparée et mise en pains cylindriques de 125 à 150 grammes, elle est livrée au commerce sous les noms de blanc de Troyes, blanc de Meudon, blanc d'Espagne; en terme d'atelier, on désigne ce carbonate sous le nom de *blanc*. C'est Meudon qui fournit le meilleur.

497. — Le blanc, tel que le livre le commerce, n'est pas toujours pur. Le manganèse et les oxydes de fer sont les substances qui s'y rencontrent le plus souvent; il suffit pour les reconnaitre de chauffer une certaine quantité de craie, une partie de l'acide carbonique se dégage alors et la teinte de la chaux qui reste comme résidu devient jaunâtre si la craie contenait des oxydes de fer, et d'un brun foncé, si elle contenait du manganèse. D'autrefois elle renferme des substances putrescibles qui donnent au gaz une odeur de *marécage* qu'il communique à l'eau de Seltz.

498. — Des lavages insuffisants ou une décantation trop longue ont laissé ces substance mêlées à la craie. Ce serait une précaution très-utile et peu coûteuse de la part des fabricants de laver euxmêmes le blanc avant de l'employer. On concasse les pains, on les

délaye complétement dans un tonneau rempli d'eau froide, et on
le laisse tremper pendant 48 heures, en ayant soin de remuer de
temps à autre. Agitez vivement le mélange au bout de ce temps et,
après avoir laissé reposer pendant quelques minutes et décantez la
liqueur encore trouble, rejetez le résidu comme inutile. Renouve-
lez cette manipulation jusqu'à ce que toutes les parties fines aient
été séparées, laissez reposer toutes les liqueurs, décantez à travers
une toile sur laquelle vous laisserez le dépôt, qui, sec, formera des
trochiques, mais dont vous pourrez vous servir en consistance
pâteuse, aussitôt qu'il ne contiendra plus la quantité d'eau voulue
pour la charge du laveur. Le blanc ainsi purifié est un carbonate
aussi pur de composition, sinon aussi homogène, que le marbre
et le bicarbonate de soude, le fabricant pourra l'employer à la préparation des vins mousseux sans crainte aucune.

COMPOSITION CHIMIQUE DES CARBONATES DE CHAUX.

499. — Les carbonates de chaux, à l'état pur, sont composés d'un
équivalent de chaux hydraté $C^2O = C^a$ (250) $+ O$ (100), et d'un équivalent d'acide $CO^2 = C$ (75) $+ 2O$ (200), ce qui donne $C^2O + CO^2$
ou $CO^2 C^2O$ en équivalents chimiques $275 + 350 = 625$, soit,
65 parties de chaux pour cent formant la base, et 44 parties d'acide.
Un kilogramme de carbonate de chaux contient donc 440 grammes
d'acide carbonique qui, dégagés par une force quelconque, donneront 222 litres de gaz ; il ne faudrait pas compter sur une telle
production dans la pratique, les carbonates dont on se sert n'étant
jamais parfaitement purs, même après les lavages, et les matières
n'étant jamais complétement épuisées.

BICARBONATE DE SOUDE.

500. — Le bicarbonate de soude est un produit industriel, il existe bien en dissolution dans plusieurs eaux minérales, telles que celles de Vichy et de Saint-Alban, de Vals, mais en assez petite quantité. Le carbonate de soude y est plus abondant, et c'est en recueillant le gaz acide carbonique qui se dégage au-dessus de ces sources et en le faisant agir sur des carbonates de soude recueillis dans les eaux des sources même par l'évaporation, qu'on obtient les poudres dites de Vichy. Les carbonates ou bicarbonates de soude ainsi obtenus, ont un emploi simplement médical. Les bi-carbonates, dont l'emploi pour la fabrication des boissons gazeuses tendra à se généraliser en proportion du bon marché qu'atteindra ce produit, sont artificiellement obtenus par la décomposition du sel marin par l'acide sulfurique, et en traitant ensuite le sulfate de soude qui donne cette première décomposition par un mélange de craie et de charbon, et mieux, aujourd'hui, par le procédé inventé par M. Balart, en traitant les eaux mères des marais salants par l'évaporation et par le froid, et en leur appliquant les machines Carré, ce qui donne des quantités immenses de soude très-pure à un prix de revient presque nul, et fait éviter tous les frais de raffinage que supportait la soude brute.

Le carbonate de soude passe à l'état de bicarbonate en recevant un nouvel équivalent d'acide carbonique. Pour cela, lorsqu'il est cristallisé et concassé en fragments, on l'étend en couches de 6 à 8 centimètres d'épaisseur sur des toiles ou des filets étendus et con-tenus à l'aide de châssis et de traverses dans une chambre herméti-quement close, dans laquelle on a fait arriver un courant de gaz acide carbonique qui, en contact avec les cristaux humectés, se dissout et les attaque, augmentant par degré la proportion d'acide, de manière à former d'abord un sesquicarbonate, 1,5 d'acide pour un équivalent de soude, puis deux équivalents d'acide pour un de base ou de bicarbonate, but de l'opération. La formation de ce sel met en liberté 7 équivalents d'eau sur 10 que contenait le carbonate humecté. L'acide carbonique en excès poursuit sa route à travers une suite plus ou moins longue de chambres garnies comme la première, jusqu'à ce qu'il ait été complétement absorbé. Les cristaux ainsi bicarbonatés sont desséchés dans des chambres semblables aux premières, au moyen d'un courant d'acide carbonique chauffé à 40 degrés environ.

On peut obtenir les mêmes résultats en remplaçant les chambres à l'aide d'un simple vase clos, ou en faisant dissoudre 63 kil. de carbonate de soude dans 50 kilogrammes d'eau, et on fait arriver un courant d'acide carbonique dans le soluté ; 20 kilogrammes de bicarbonate se déposent, on décante et on ajoute du nouveau carbonate à l'eau mère, et ainsi de suite. Ce procédé est très-usité en Angleterre, dans les fabriques d'eaux gazeuses. Ordinairement on opère en même temps la préparation du bicarbonate de soude et celle d'un autre sel, soit du chlorure de calcium, soit du sulfate de magnésie. Dans le premier cas on fait réagir l'acide chlorhydrique sur le marbre, dans le second on attaque la dolomie, — sorte de pierre très-répandue formée par un carbonate double de chaux et de magnésie, — par l'acide sulfurique ; l'acide carbonique se dégage pour se combiner avec la soude, les chlorures de calcium et les sulfates de magnésie qui restent comme résidu couvrent les frais de fabrication du bicarbonate, qui peut ainsi être donné à un prix très-minime.

501. — Le bicarbonate peut cristalliser en prismes rhomboïdaux ; il est incolore, inodore, d'une saveur alcaline et urineuse. Il se compose de deux équivalents d'acide carbonique (250), unis à 1 équivalent de soude (387,5), et à un équivalent d'eau (112,5),

sa formule chimique est donc : $N^2O,2CO^2 + HO = 1050$; 100 parties d'eau en dissolvent 8 à froid.

502. — Lorsqu'on chauffe le bicarbonate de soude à sec, et graduellement jusqu'à 100 degrés, on fait dégager un équivalent d'acide carbonique; en l'attaquant par un acide plus énergique que l'acide carbonique, par l'acide sulfurique en excès par exemple, on dégage complétement les deux équivalents. Le premier procédé n'est guère employé que dans les cabinets de chimie; on peut l'utiliser pour essayer le sel. En mettant 10 grammes de bicarbonate dans un tube en verre, en chauffant et en recueillant le gaz qui se dégage dans une éprouvette, on devra obtenir la moitié de l'acide carbonique contenu dans le bicarbonate, c'est-à-dire $2^g,86$ ou $1^{lit.},700$ de gaz. Si c'était du sesquicarbonate, on obtiendrait à peu près deux fois et demie moins de gaz, le carbonate simple ne donnerait pas d'acide carbonique.

503. — Dans le commerce le bicarbonate est souvent falsifié par un mélange de carbonate, il est facile de reconnaître la fraude; on met 10 grammes de potasse caustique jaune dans un tiers de litre d'eau, on y joint le sel qu'on veut essayer et on chauffe jusqu'à l'ébullition, si le bicarbonate est pur, l'eau restera incolore s'il est mélangé avec du carbonate, l'eau prendra une couleur d'autant plus intense que la proportion de ce dernier sera plus grande.

APPRÉCIATION DES DIFFÉRENTS CARBONATES AU POINT DE VUE DE LEUR EMPLOI.

504. — Parmi les carbonates de chaux, le marbre blanc porphyrisé ou en menus fragments et la craie suffisamment lavée sont les plus purs qu'on puisse employer. Le premier étant de compo-

sition plus homogène, doit être préféré toutes les fois qu'on pourra
se le procurer en poudre. En fragments un peu gros sa décomposition devient difficile par l'acide sulfurique; il exige l'emploi de
l'acide chlorhydrique; mais les avantages qu'il présente ne com-
pensent pas cet inconvénient. La craie très-friable, et pouvant
être mise par conséquent par le mélangeur en contact intime avec
l'acide, fournira un gaz très-pur si elle a été bien purifiée de toutes
les matières étrangères qu'elle contient. Si les lavages ont été insuffisants, elle donne un goût marécageux à l'eau de Seltz; en employant ces deux carbonates attaqués par l'acide sulfurique en
excès, on n'est jamais certain dans la pratique de la quantité de
gaz qu'on obtiendra, surtout avec la craie, sa composition n'étant
pas toujours homogène. Le rendement théorique de 222 litres de
gaz par kilo de carbonate n'est jamais atteint, c'est à peine si l'on
doit compter sur 200 litres. La craie a pour elle son prix presque
nul et la facilité de son emploi, on peut se la procurer partout.

Le bicarbonate de soude sera entièrement décomposé par l'acide
sulfurique; il en exigera trois fois moins que la craie pour donner
la même quantité de gaz; le sulfate de soude ou sel de Glauber qui
se formera dédommagera en partie de la dépense en plus occasionnée par son achat. Un kilog. fournira 343 litres de gaz très-pur.

ACIDE SULFURIQUE.

505. — L'acide sulfurique est le plus employé; le seul presque
dont on se sert dans la fabrication en grand des boissons gazeuses;
aussi le désigne-t-on en terme de métier sous le nom générique
d'acide. On le connaissait autrefois sous le nom d'esprit ou huile
de vitriol; nom qu'on lui donne encore aujourd'hui dans beaucoup

d'industries. C'est un liquide de consistance oléagineuse, incolore, presque inodore ; il attaque la plupart des métaux, corrode violemment et désorganise les tissus des animaux et des végétaux en les colorant en noir ; ON NE DOIT DONC S'EN SERVIR QU'AVEC BEAUCOUP DE PRÉCAUTIONS. C'est un des acides les plus énergiques : aussitôt qu'il se trouve en présence de bases qui lui conviennent, principalement de la chaux, de la soude, de la magnésie, de la potasse ou divers autres alcalis, il s'en empare en déplaçant les acides moins puissants auxquels ces bases pouvaient être unies, et se combine avec elles pour former des sulfates.

Cette propriété, qu'on utilise dans la fabrication des boissons gazeuses pour obtenir l'acide carbonique contenu dans les carbonates, fait qu'on le rencontre très-rarement à l'état libre dans la nature où, aussitôt formé, il cherche et trouve bientôt à entrer en combinaison. Aussi ses composés ou sulfates sont-ils aussi répandus dans les terrains plutoniques, qu'il est rare ; un des plus usuellement utiles est le sulfate de chaux ou plâtre. On le trouve cependant à l'état libre dans les eaux voisines des volcans. Il imprégnerait, selon Thompson, une contrée entière en Perse ; en Amérique, deux rivières, le Rio-Vinagre et le Perame-de-Ruiz, dans les Andes, près du volcan de Purau, en contiennent. M. Boussingault a calculé que la première roulerait tous les ans environ 15 millions de kilogrammes d'acide sulfurique et 12 millions d'acide chlorhydrique, c'est-à-dire la quart des produits de ce genre fabriqués dans le même temps en France ; les eaux de la seconde en contiennent, d'après M. Lewy, une plus forte proportion.

506. — On l'obtient dans l'industrie, dans de grandes chambres de plomb, par la condensation, au moyen de la vapeur d'eau, du gaz provenant de la combustion continue d'un mélange de soufre et de salpêtre sous l'influence d'un courant d'air. Il s'opère ainsi une sorte de réactions fort curieuses, mais longues à expliquer, qui amènent la combinaison d'un équivalent de soufre (200) avec

3 équivalents d'oxygène (300), soit $SO^5 = 500$, formule de l'acide
sulfurique anhydre qui s'unit à un ou à plusieurs équivalents d'eau
$HO = 112,5$. L'acide du commerce se compose, à l'état pur,
d'un équivalent de soufre, de trois d'oxygène et un d'eau, soit
$SO^5\ HO = 500 + 112,5 = 612,5$ et pèse alors 66 à l'aréomètre
ou pèse-acide Baumé, sa densité étant de $2^k,840$, près de
trois fois celle de l'eau. Ainsi hydraté, l'acide sulfurique est liquide, mais on le connaît à l'état concret impur, ou acide fumant
de l'industrie, et à l'état concret pur produit de laboratoire; il est
alors solide, blanc, cristallisé en aiguilles flexibles, qu'on peut
pétrir comme de la cire dans les doigts sans qu'il les attaque. Le
même acide, ayant reçu un équivalent d'eau, désagrégerait chair
et os.

507. — Il serait impossible de conserver de l'acide sulfurique
anhydre, à cause de la propriété hygroscopique qu'il possède; il
s'empare avec une avidité extrême de la vapeur d'eau que contient
l'atmosphère, et peut ainsi absorber dans l'air humide jusqu'à dix
fois son poids d'eau, près de trente fois son volume. On se sert de
cette propriété pour dessécher l'air et divers gaz. En s'unissant à
deux équivalents d'eau, 500 parties d'acide, 125 d'eau, il développe beaucoup de chaleur; la température du mélange peut s'élever à 105 degrés; ce développement de la chaleur diminue lorsqu'on ajoute un nouvel équivalent d'eau, la chaleur n'est plus aussi
forte et va toujours en diminuant. Quatre parties d'acide mêlées à
une de glace pilée portent à 100 degrés la température du mélange;
par les proportions inverses, c'est-à-dire un d'acide et 4 de glace,
on obtient, au contraire, un froid de 20 degrés. A un ou deux degrés au-dessus de zéro, l'acide, étendu de deux équivalents d'eau,
se congèle et reste à l'état solide ou pâteux, jusqu'à ce que la température remonte à 8 degrés au-dessus. A 35 degrés, il cristallise
et se prend en masse, il bout à + 325°. On doit tenir compte d'un
grand nombre de ces propriétés dans la fabrication.

508. — L'acide du commerce même marquant 66° est rarement pur, il peut contenir, par suite de la fraude et du manque de soins, de l'eau en excès, du sulfate de plomb provenant de la chambre dans laquelle il a été préparé, de l'acide azotique ou hypoazotique, de l'arsenic, de l'iode, de l'acide sulfureux. Pour connaître son état de concentration, on le traitera avec du carbonate de soude sec, 122,4 parties d'acide à 66 degrés, ou à un seul équivalent d'eau, exigent, pour être complétement saturées, 133,2 parties de carbonate de soude. Une forte dilution dans l'alcool fera déposer le sulfate de plomb ; en y faisant passer un courant d'acide sulfhydrique gazeux, on colorerait en brun le liquide par la formation d'un précipité de sulfure de plomb. Ce procédé est d'une application plus difficile que la dilution à l'alcool. Les composés d'azote seront reconnus par le bichromate de potasse ; ce sera de l'acide azotique si le composé est coloré en rose par le protosulfate de fer et ne l'est pas en vert par le bichromate. Si l'acide contient de l'hypoazote ou du biazote, il est à la fois coloré en rose par le sulfate et en vert par le chromate.

L'arsenic sera reconnu par l'appareil de Marsch. Pour trouver l'iode on saturera l'acide avec du carbonate de soude ; en traitant ce dernier produit par la fécule, la coloration violette dénoncera l'iode. L'acide sulfurique est souvent coloré en brun par des matières organiques qu'il a charbonnées, dans ce cas il se décolore si on le fait chauffer. La présence de l'acide chlorhydrique y est dénoncée en y versant quelques gouttes d'azotate d'argent qui y produisent un précipité blanc de chlorure d'argent. Si l'on soupçonne la présence de l'acide sulfureux, on verse une petite quantité d'acide dans une capsule en verre ou en porcelaine, contenant quelques fragments de zinc, on place au-dessus un bande de papier mouillée avec du sous-acétate de plomb (extrait de saturne) ; en se dégageant à l'état gazeux, l'acide sulfureux teindra en brun le papier, en formant un sulfure de plomb.

509. — On voit par ces nombreuses et dangereuses altérations,
combien il est important de n'employer que de l'acide sulfurique
pur. On doit en l'achetant s'assurer qu'il marque bien 66 degrés à
l'aréomètre Baumé, et qu'un litre pèse bien 1,845 grammes ; il doit
être incolore, presque inodore, s'évaporer entièrement sans laisser
le moindre résidu, si on le chauffe dans une capsule en porcelaine.
Mêlé à un volume d'eau égal au sien, il ne doit pas précipiter, mais
rester au contraire limpide sans laisser échapper des vapeurs
orange. Un fabricant ne devrait se servir que d'acide rectifié, dont
le prix plus élevé de 4 à 5 francs les 100 kilog. constitue pour lui
une augmentation de dépense insignifiante. Chercher l'économie
en achetant des acides impurs ou à un degré inférieur à cause de
leur bon marché est une double sottise, d'abord à cause des désagréments qui peuvent résulter dans la fabrication des mauvaises
qualités du produit, puis, parce qu'en réalité on paye ces acides
plus cher que les acides purs concentrés au degré voulu. L'acide
sulfurique *seul*, pur et *sans eau*, s'unit à la craie ; l'eau qu'il contient
ne sert qu'à délayer le carbonate et à étendre l'acide pour qu'ils
se mettent mieux en contact, et ce résultat est obtenu par l'eau
qu'on verse dans le producteur. Si l'on met dans la boîte à
acide de l'acide sulfurique, marquant 45 degrés comme on le fait
habituellement *par économie*, on met tout simplement 42 pour
cent d'eau et 58 d'acide : ces 58 dernières parties exerçant seules
une action décomposante, ce sont elles qui représentent toute la
valeur du mélange. On pourra du reste apprécier par la table
suivante, les quantités réelles d'acide et d'eau que contient le
mélange à différents degrés qu'on achète, et calculer d'après cela
l'économie qu'on fait.

Tableau des proportions d'acide à 66° dont le poids spécifique est de 1,845 grammes, et d'eau pour les mélanges correspondants aux degrés de l'alcoomètre Baumé à + 15° température.

Degrés Baumé.	Centièmes d'acide à 66°	Centièmes d'eau.	Degrés Baumé.	Centièmes d'acide à 66°	Centièmes d'eau.
5	6,60	93,30	35	43,21	56,79
10	11,73	88,27	40	50,41	49,59
15	17,29	82,71	45	58,02	41,98
20	24,01	75,99	50	66,45	33,55
25	30,12	69,88	55	74,32	25,68
30	36,52	63,88	60	84,82	15,18

ACIDE CHLORHYDRIQUE.

510. — Quoiqu'on fasse bien peu usage de l'acide chlorhydrique dans l'industrie des boissons gazeuses, cependant comme il a été indiqué et que certains fabricants se laissent encore aller à son bon marché, nous croyons devoir le mentionner, ne fût-ce que pour combattre son emploi.

La découverte de l'acide chlorhydrique est due à un célèbre chimiste, Glauber. Il fut nommé d'abord esprit de sel, acide marin, puis acide muriatique. Gay-Lussac et Thénard, déterminèrent sa composition véritable, qui représente 1 équivalent de chlore et 1 équivalent d'hydrogène HCl; en poids 12,5 + 443,75 = 456,25 équivalent de l'acide chlorhydrique anhydre pur. Il est alors à l'état gazeux, sa densité est de 1,247. Son affinité pour l'eau est telle, que celle-ci se précipite dans un vase qui en est plein, comme si ce vase était vide. Sous la pression ordinaire, à une température de 15

degrés, l'eau peut absorber 475 fois son volume d'acide chlorhydrique gazeux. On ne l'emploie qu'à l'état liquide, la dilution dans
l'eau marquant 22 degrés. On le fabrique en grand par la réaction
entre un équivalent d'acide sulfurique, un de sel marin, et un
d'eau dont on fait un mélange qu'on chauffe en vase clos. On
obtient ainsi l'équivalent de sulfate de soude pour résidu, tandis
que l'équivalent d'acide chlorhydrique va se dissoudre dans
six équivalents d'eau, ce qui donne HCl (456,25) + 6CHO (675)
= 1131,29 d'acide chlorhydrique commercial.

511. — C'est un liquide incolore, quand il n'est pas teinté en jaune
par le chlorure de fer qu'il a formé dans sa fabrication. Son odeur
chloreuse très-piquante prend à la gorge, il répand d'abondantes
vapeurs dans l'air et corrode les tissus organiques en les *colorant
en rouge*. C'est un poison corrosif très-puissant; inerte sur les mé-
talloïdes, il agit au contraire vivement sur plusieurs métaux, et
forme alors des chlorures en laissant dégager l'hydrogène.

APPRÉCIATION DES DEUX ACIDES.

512. Lorsqu'on attaque le carbonate de chaux avec l'acide sulfurique, il se forme du sulfate de chaux, du plâtre composé insoluble
dans l'eau. Si l'on opère sur de la craie ou du marbre en poudre,
comme ces matières se trouvant alors très-divisées et délayées
dans l'eau, le contact des deux substances se fait très-facilement,
et le plâtre qui se forme n'est pas un obstacle inutile, il régularise
la production en empêchant que le dégagement ait lieu d'une
manière tumultueuse. Si, au contraire, on employait du marbre en
fragments un peu forts, ou que l'action incessante du mélangeur
ne délayât pas bien ensemble les matières, une couche de plâtre

solide se formant sur les fragments par la réaction de l'acide sulfurique, couvrirait bientôt leur noyau, les mettant à l'abri des attaques de l'acide, jusqu'à ce qu'un effort quelconque l'ait enlevée.

513.—Lorsqu'on opère avec l'acide chlorhydrique, il se forme du chlorure de calcium qui se dissout dans l'eau à mesure qu'il naît, laissant ainsi le carbonate toujours impressionnable à l'action de l'acide. Si le carbonate est très-compacte, fortement agrégé comme le marbre, et cassé en fragments de moyenne grosseur, le dégagement du gaz est immédiat, il se poursuit d'une manière régulière et constante. Si l'on opère sur du marbre porphyrisé ou sur de la craie délayée ou même en trochiques, l'acide la pénètre, la décomposition a lieu instantanément, le dégagement du gaz se fait par grandes masses, et par conséquent d'une manière irrégulière, tumultueuse et dangereuse.

Ainsi un seul cas qui se présente bien rarement dans la pratique, et qu'on peut éviter toujours, explique sans le justifier, l'emploi de l'acide chlorhydrique, qu'on doit rejeter, suivant nous, de la manière la plus absolue, de la fabrication des boissons gazeuses. Malgré la précaution qu'on a de l'étendre d'eau, il répand toujours des émanations chloroformes malsaines, à l'action desquelles nulle poitrine ni nul métal ne résistent et qui détériorent tout dans un laboratoire quelconque. Elles forment avec le plomb, l'étain, le fer, le cuivre qu'elles rencontrent des composés nuisibles parfois vénéneux. Elles communiquent de plus au gaz acide carbonique une odeur et un goût dont aucun lavage ne peut les débarrasser et qui rendent facilement reconnaissables les eaux de Selz ainsi fabriquées. Malgré ces inconvénients, l'imperfection des producteurs de certains appareils oblige à son emploi. On construit alors le producteur, le réservoir et les tuyaux à acide avec la gutta-percha ou toute autre substance insensible à son action. Son bas prix et le désir d'utiliser le produit qu'il donne, le chlorure de calcium, et de couvrir ainsi les frais de l'opération a aussi entraîné parfois à le préférer à l'acide sulfurique. C'est là un tort grave, le gaz acide carbonique ainsi obtenu ne devrait jamais servir à aciduler des boissons alimentaires. On peut l'utiliser pour la fabrication de produits chimiques, tout au plus pourrait-il servir à celle du bicarbonate de soude.

Entre un acide si dangereux, d'un maniement si difficile et dont l'emploi offre de si grands inconvénients, et celui de l'acide sulfurique, qui agit d'une manière si régulière sans donner jamais la moindre vapeur au composé gazeux quand il est pur, le choix ne saurait être douteux ; l'acide sulfurique purifié doit être employé, l'acide chlorhydrique complétement rejeté.

ACIDE TARTRIQUE

314. — L'acide tartrique est employé dans les appareils de ménage pour agir comme réactif sur le bicarbonate de soude ; dans la fabrication en grand, il n'entre que dans la préparation des boissons gazeuses. Son rôle et celui de l'acide citrique sont cependant assez importants pour que nous entrions ici dans quelques détails sur leur nature, leur fabrication et surtout sur la falsification dont ils sont l'objet.

315. — L'acide tartrique est d'origine purement végétale ; il existe dans le raisin, les ananas, les groseilles et dans une foule d'autres fruits. Il fut isolé pour la première fois en 1770, par Schille. On le prépare avec les tartres, détachées des tonneaux à l'aide de GRATTAUX, et des lies de vin. Le tartre provenant du vin rouge est coloré et moins estimé que celui du vin blanc, ce dernier étant plus facile à raffiner. Le raffinage du tartre se fait en

saturant à chaud l'eau dans laquelle on plonge un panier rempli de
tartre brut, laissant déposer à chaud et soutirant dans les cristal-
lisoires. On prend de la crème de tartre qu'on fait bouillir dans
une chaudière étamée avec une quantité suffisante d'eau ; on sature
à chaud avec de la craie, dont on met une quantité égale à celle du
tartre, on laisse reposer. On décante et on remet sur le feu en ajoutant une quantité de chlorure de calcium égale à celle de la craie,
et on réunit le précipité qui se forme à celui de la première opération. Dans ces deux opérations, l'acide tartrique a quitté les différentes bases avec lesquelles il était combiné pour s'unir à la chaux,
dont il a chassé l'acide carbonique et le chlore ; le précipité qu'on
a recueilli est donc à peu près uniquement composé de tartrate de
chaux. On décompose alors ce tartrate par l'acide sulfurique étendu
de 3 parties d'eau, qu'on laisse réagir pendant 24 heures. On
étend d'eau ; on laisse précipiter et on décante. On fait évaporer à
consistance de sirop ; on laisse déposer et on décante de nouveau ;
enfin, on fait évaporer à pellicule et on laisse cristalliser. Lorsqu'on
emploie des tartrates colorés, on ajoute aux liqueurs un peu de
chlorate de potasse, qui est décomposé par l'acide sulfurique en excès, et l'oxyde de chlorure qui se produit alors détruit la coloration.

516. — L'acide tartrique pur $C^4 H^2 O^5 = 825,44$ prend un équivalent d'eau $(C^4 H^2 O^5 + H O = T = 937,92)$, et se présente alors
sous la forme de cristaux prismatiques blancs (un peu moins que
ceux de l'acide citrique), transparents, inodores, solubles dans
l'eau et l'alcool, inaltérables à l'air ; leur saveur est acide et astrin-
gente, l'eau froide en dissout un peu moins que son poids, l'eau
bouillante le double. En les jetant sur des charbons ardents, il se
produit une odeur très-caractéristique de pain brûlé qui les fait
reconnaître, et le feu les détruit complétement. Si on verse dans
un verre contenant de l'acide tartrique dissous dans l'eau un sel
de potasse, il se forme du bitartrate de potasse qui se déposera
sous forme grenue sur les parois du verre.

517. — Cet acide joue dans le vin un rôle d'une grande importance ; sa propriété la plus remarquable, à notre point de vue, c'est sa grande puissance de dissolution sur un grand nombre de corps difficiles à attaquer sans faire usage des acides les plus énergiques, et c'est sans doute à sa présence qu'on doit de pouvoir dissoudre dans l'estomac une foule de substances dont les autres aliments pourraient le charger, et qui lui nuiraient par leur accumulation et un séjour trop prolongé.

518. — L'acide tartrique peut contenir des sulfates acides, ou de l'acide sulfurique provenant de sa fabrication ; on le reconnaîtra en y versant quelques gouttes de chlorure de baryum, ou muriate qui donnera naissance à un précipité insoluble. S'il contient de la chaux, on le reconnaîtra à l'incinération qui donnera du carbonate de chaux et du carbonate de potasse. Il peut contenir du plomb ou du cuivre ; on reconnaîtra le premier par l'hydrogène sulfuré qui le colorera en brun, et le second par l'ammoniaque.

ACIDE CITRIQUE.

519. — C'est à l'acide citrique que les citrons, les oranges, les cédrats, les bigarrades, tous les fruits en un mot autrefois dérobés aux jardins des Hespérides, les groseilles, les framboises, les cerises doivent leur agréable acidité. Schille le découvrit en 1774. On pourrait l'obtenir de tous ces fruits, mais c'est principalement du citron qu'on le retire, parce qu'il s'y trouve en plus grande abondance. Sa préparation est la même que celle de l'acide tartrique, seulement au lieu d'employer la craie et le chlorure de calcium pour saturer le jus qu'on a exprimé des pulpes à l'aide d'une presse ; on n'emploie que la craie seule en quantité suffisante.

520. — Les cristaux que donne l'acide citrique ($C^{12}H^5O^{11}=$ 20637,84) sont très-blancs, solides, ils se présentent sous la forme de prismes rhomboïdaux à pans relevés entre eux, sous des angles de 60 à 120 degrés, terminés par des faces trapézoïdes qui embrassent les cristaux. Ils sont inaltérables à l'air, solubles dans trois fois leur poids d'eau froide, et dans beaucoup moins d'eau bouillante. Il est soluble dans l'alcool ; il se décompose en chauffant et donne naissance à l'acide pyrocitrique. Sa saveur est très-acide, mais lorsqu'elle est étendue d'eau, elle devient singulièrement agréable. Il est entièrement détruit par le feu, il n'est précipité par aucun sel de potasse, si ce n'est par le tartrate, ce qui suffit pour le distinguer de l'acide tartrique, qui forme un précipité avec les sels de potasse, notamment avec les sulfates.

521. — Il est souvent altéré dans le commerce par la présence de l'acide sulfurique et de la chaux provenant de sa fabrication, et qui n'ont pas été enlevés par des lavages suffisants. On le falsifie avec l'acide oxalique et l'acide tartrique, et pour que la forme des cristaux ne trahisse pas la fraude, on roule ensemble le mélange pour détruire le caractère de chacun d'eux. Si l'on fait dissoudre l'acide suspecté dans trois parties d'eau, et qu'en versant dans la dissolution une forte solution d'acétate ou de chlorure de potassium, il se forme des cristaux, l'acide citrique est falsifié. En brûlant cet acide, l'odeur de pain brûlé trahira la présence des cristaux tartriques. Un autre moyen très-simple de reconnaître la présence de l'acide tartrique, c'est la contusion dans un lieu obscur du mélange des deux acides, si une lueur phosphorescente apparaît au choc elle est due à l'acide tartrique.

SUCRE.

522. — Le sucre est une des bases importantes de la fabrication
des boissons gazeuses ; il est donc nécessaire que le fabricant connaisse parfaitement la nature, le caractère de cette substance, et
surtout les différentes modifications que la dilution ou la cuisson
peuvent lui faire subir.

On a voulu considérer le sucre comme un oxyde végétal ; on en
trouve en effet un grand nombre d'espèces répandues dans toutes les
plantes ; mais le règne végétal ne le produit pas seul : le foie sécrète
toujours une matière sucrée, on a observé une matière analogue
dans le blanc d'œuf, le lait en contient en proportion considérable
et le miel est une sorte de sucre butiné par les abeilles dans le calice
des fleurs et élaboré dans leurs organes. On divise en deux grandes
variétés toutes les espèces de sucre qu'on connaît :

523. — Le sucre *incristallisable*, qui comprend la *glucose*, ou mieux
la glycose, le sucre de raisin, la lactine, sucre de lait, etc. ; et le sucre
cristallisable ou de *canne*, qui se distingue des autres par sa saveur
franchement sucrée, très-agréable, exempte d'arrière-goût, et par
sa propriété de donner des cristaux réguliers, volumineux et
solides.

SUCRE INCRISTALLISABLE, GLUCOSE.

524. — Nous sommes déjà entrés dans quelques détails sur le
sucre des fruits, principalement du raisin (§ 319), et nous avons

donné les principaux motifs qui doivent faire rejeter les sirops de
glucose ou glucosés (§ 282) qu'on trouve dans le commerce, et qui
sont, même les plus purs, presque toujours altérés par des produits
sulfureux ou un excès de chaux, et ne sont jamais exempts de
ce goût si repoussant de l'huile essentielle des pommes de terre.
Rarement, d'ailleurs, on se contente d'employer, dans leur fabrication industrielle, la fécule comme matière première; on
y joint presque toujours les sirops de mélasse décolorés et filtrés
par le noir animal. L'usage de ces produits devient alors désastreux. Quant au sirop connu dans le commerce sous le nom de
sirop de froment, il devrait être obtenu, comme son nom l'indique,
par la réaction de la diastase sur la fécule contenue par le blé (§ 411).
Il n'en est pas ainsi; le sirop de froment n'est qu'un sirop de fécule très-blanc, très-épais, dont la décomposition est incomplète,
qui contient beaucoup de dextrine, et, par conséquent, très-peu de
sucre. En réalité, comme propriété sucrante, c'est le sirop
qu'on doit estimer le moins. Il n'est bon que pour quelques em-
plois spéciaux complétement étrangers à la fabrication des boissons gazeuses. Nous ne le mentionnons ici que pour conseiller encore une fois de le rejeter, lui et ses congénères.

SUCRE CRISTALLISABLE DE CANNE ET DE BETTERAVE.

525.—Le sucre cristallisable ou sucre de canne, identiquement le
même dans tous les végétaux qui le produisent, est celui dans lequel
réside la propriété sucrante la plus intense et la plus agréable à la
fois, et qui se prête le mieux à une épuration complète. Ses cristaux
prismatiques, rhomboïdes, plus ou moins volumineux, sont blancs
diaphanes, à facettes dures et brillantes. Agglomérés sous forme

de pains coniques, ils offrent une dureté et une qualité sonore ca-
ractéristiques. Les pains doivent être exempts de toute odeur. Sa
densité est égale à 1,6; il est très-soluble dans l'eau; 0,33 de son
poids d'eau le dissolvent à froid; 0,15 à 0,16 suffisent pour le dissoudre à chaud. L'alcool n'en dissout que vingt-cinq parties de
son poids, et il faut pour cela qu'il contienne une certaine quantité
d'eau; l'alcool anhydre ne le dissout pas à froid.

La composition du sucre est représentée par $C^{12}H^{11}O^{11} =$
2,1375; la plupart des acides le transforment en sucre de fruits,
et il devient alors entièrement décomposable en alcool et en gaz
acide carbonique sous l'action d'un ferment (§ 323 .

526. — La canne et la betterave fournissent généralement le
sucre. Beaucoup d'autres plantes : l'érable, les citrouilles, le sor-
gho, les carottes, les tiges de maïs en contiennent; mais leur rendement n'est pas assez considérable relativement à celui de la canne
et de la betterave pour qu'on les traite industriellement en vue de
ce produit. Si, comme cela est incontestable, le sucre complète-
ment blanc et épuré est identiquement le même, qu'il provienne
de la betterave ou de la canne, il n'en est pas ainsi tant que le sucre
se trouve à l'état brut, c'est-à-dire mêlé à de petites quantités de
matières végétales qu'on extrait avec lui de la plante. On le comprend sans peine quand on connaît la grande différence qui existe
sous le rapport de la saveur entre le jus de canne à sucre et le jus
de betterave; celui-ci laisse un arrière-goût herbacé, sensiblement
âcre et salé fort désagréable. Le suc de canne est légèrement aromatique et d'une saveur franchement sucrée et agréable. Le traitement manufacturier auquel on soumet ces sucs ne fait qu'ac-
croître cette différence, de telle sorte que, sous l'influence combi-
née de la chaux, de la température et de l'air, les produits bruts,
es cassonades, les sirops et les mélasses de la betterave acquièrent
une odeur désagréable plus prononcée, tandis que les mêmes produits bruts donnés par la canne conservent l'odeur aromatique

primitive un peu modifiée et devenue, dans certaines sortes, plus
agréable. Aussi on peut livrer à la consommation une partie des
produits bruts provenant de la canne, et la raffinerie n'a que très-
peu à faire pour épurer les plus chargés d'une manière complète,
tandis que les produits analogues provenant de la betterave doivent subir un minutieux raffinage qui sépare les portions cristallisables en les épurant le plus possible et en éliminant les matières
étrangères à l'état de mélasse.

527. — Si scientifiquement on a raison de dire que le sucre blanc
de canne et celui de betterave sont identiquement les mêmes, on a
grand tort d'affirmer que, pour l'emploi, il est indifférent de prendre
l'un ou l'autre de ces sucres. La science parle du produit absolu,
c'est-à-dire sans le moindre mélange. Rarement on le trouve tel dans
le commerce, et les cristaux du sucre de betterave semblent s'être
imprégnés, par leur long séjour au milieu des éléments impurs qui
composent les mélasses et les résidus des raffineries, du goût et de
l'odeur désagréable qui reparait toujours à un moment donné et
peut influencer la qualité de composés aussi délicats que les sirops
des vins champagnisés et les limonades. Malheureusement il n'existe
pas de moyen facile et pratique de reconnaître chacun de ces deux
sucres. M. Maumené prétend en connaître un ; il est regrettable, si
cela est, qu'il ne croie pas devoir le divulguer. En exerçant un peu
son goût on y parvient par la dégustation. Les chefs de caves
champenois, nous l'avons dit, ne s'y trompent jamais. Dans les
candis, préparation spéciale du sucre, obtenus en étuve, chauffés
à 40 degrés en faisant cristalliser du sirop de sucre cuit à 37 degrés
Baumé, cette différence est encore plus marquée. On se sert, pour
le sucrage des vins de Champagne, de candis paille provenant de la
canne et dont le goût, légèrement aromatique, contribue à former
le bouquet des vins mousseux ; les candis de nuance semblable
provenant des sucres de betterave communiqueraient, au contraire,

aux mêmes vins un goût désagréable, de nature à détériorer le bouquet.

DISSOLUTION ET CUITE DU SUCRE.

528. — La dissolution du sucre marquant 35 degrés à l'aréomètre constitue les sirops (§ 276); plus concentrée, elle laisse déposer des cristaux qu'on nomme sucre candi; sa dissolution, plus rapprochée encore, au point de se prendre en masse par le refroidissement, donne le sucre de pomme ou d'orge ou les boules de gomme de confiseur que l'on colore à volonté. Quoique le fabricant de boissons gazeuses n'ait besoin que de connaître la cuite nécessaire au sirop, il n'est cependant pas inutile d'indiquer brièvement ce qu'on appelle les différentes cuites du sucre ou de concentration des sirops. Le sucre est à la *pellicule* lorsqu'en soufflant à la surface, on la voit se couvrir d'une sorte de membrane mince et ridée qui disparaît si l'on cesse de souffler; il est au *perlé* quand en le prenant dans une cuillère, l'y balançant, puis le versant sur le côté, les gouttes en tombant affectent la forme d'une perle; il est à la *nappe*, lorsqu'en le prenant avec l'écumoire il forme en tombant une sorte de nappe de peu d'étendue; au *filet*, lorsqu'en prenant un peu de sirop bouillant sur le pouce et rapprochant l'index, le sirop forme, en écartant les doigts, un petit filet qui se rompt au milieu aussitôt qu'on l'étend par trop. Tous ces états de la cuite sont très-rapprochés les uns des autres et correspondent au 30 de l'aréomètre Baumé. Puis viennent le *soufflé*, qui a ce caractère que, lorsqu'on souffle à travers les trous de l'écumoire chargée de sirop bouillant, celui-ci s'en sépare de l'autre côté sous la forme de petites ampoules qui voltigent dans l'air; à la *plume* ou *boule*, quand, trempant le

doigt dans l'eau fraîche, puis dans le sucre et le remettant aussitôt dans l'eau, il reste assez de sucre, après le doigt pour pouvoir former une petite boule ; au *cassé*, enfin, lorsque le sirop projeté dans l'eau se prend en une masse dure et cassante. La cuite au filet répond à 36 degrés Baumé, au petit soufflé à 37. A ce degré de concentration, le sucre ne contient plus d'eau ; il est trop visqueux pour que l'aréomètre puisse être employé. Chauffé au delà, il se change en *caramel*, perd ses propriétés sucrantes et se colore en jaune foncé.

ALTÉRATIONS, SOPHISTICATIONS DU SUCRE.

529. — Des fermentations alcooliques et acides peuvent se développer dans les sucres mal raffinés, de betterave surtout, et en modifient l'odeur et la saveur. Les sucres de betterave en pains retiennent parfois une légère proportion de sirop incristallisable, qui attire l'humidité de l'air et peut faire désagréger les pains qui deviennent alors pulvérulents. Pendant les chaleurs, il peut se développer dans ces mêmes sucres des champignons microscopiques ; la couleur grise-brune ou rosée de beaucoup de pains est due à la présence de ces parasites. On s'est servi aussi des sucres de fécule pour falsifier les sucres de betteraves, mais le plus souvent ils sont altérés par la présence d'éléments impurs mal expulsés par l'épuration, par des sucrates de chaux et parfois par des composés plus nuisibles, produits par les procédés manufacturiers dont on s'est servi.

Il faut une certaine habileté pour reconnaître ces altérations, qui se trahissent cependant d'une manière désastreuse dans les produits que donnent les sucres qui en sont atteints. Le seul moyen de les

éviter le plus possible, c'est de n'acheter que des sucres blancs
en pains de première sorte; de repousser *les lumps, les bâtardes, les
vergeoises*, tous plus ou moins impurs, et d'essayer le sucre qu'on
offre avant de traiter pour de fortes parties.

ESPRITS, AROMES, ESSENCES.

530. — Nous avons traité des esprits et des aromes en donnant
la manière de les préparer. Les éléments qui les constituent sont
les alcools, les fruits, les fleurs, les graines, les racines, certaines
parties des plantes à l'état frais ou sec. L'alcool est le dissolvant
de tous les esprits parfumés; il faut avoir soin de l'employer très-
pur à 85°; les 3/6 du midi doivent avoir la préférence. Il faut aussi
choisir convenablement les substances que l'on veut traiter avec
l'alcool, soit par distillation, soit par simple macération, comme
nous l'avons indiqué. Les esprits parfumés ont moins d'odeur que
les eaux aromatiques distillées obtenues avec les mêmes substances,
les esprits odorants étant en dissolution complète et presque en
état de combinaison intime avec l'alcool. Dans l'eau, au contraire,
ces molécules ne sont qu'en suspension. Mais si l'on verse quelques
gouttes d'esprit parfumé dans l'eau ordinaire, aussitôt les esprits
volatils étant moins concentrés et passant par conséquent plus rapidement à l'état gazeux, l'odeur et l'arome se développent d'une
manière merveilleuse. C'est ce qui explique comment 10 ou 15
grammes d'esprit peuvent suffire à parfumer un litre de sirop qui
servira à aromatiser très-fortement vingt bouteilles de limonade.

531. — Si l'on mettait une trop grande quantité d'arome ou des
esprits trop concentrés, les huiles essentielles formeraient un précipité
semblable à celui de l'absinthe et rendraient l'eau laiteuse. C'est ce qui

arrive lorsqu'on veut employer dans la fabrication des limonades les essences de Grasse destinées à la parfumerie. Un autre motif doit d'ailleurs empêcher d'employer ces dernières essences; leur extraction s'opère par des procédés spéciaux, — assez barbares, soit dit en passant, — l'on emploie d'abord la graisse pour obtenir, soit par *enflorage*, soit par macération à chaud, le parfum des fleurs, puis on enlève ce parfum aux graisses par des lavages à l'alcool; mais l'alcool prend ainsi un arrière-goût de saindoux, qu'on reconnait très-bien dans ce qu'on appelle les odeurs pour mouchoir les plus fines, et se charge de principes gras qui, introduits dans les limonades, exercent sur le sucre l'action d'un ferment. On aperçoit au bout de quelques jours dans les limonades aromatisées avec ces essences comme des filaments glaireux qui n'ont pas d'autre origine; elles prennent alors un goût détestable.

Aucune de ces altérations ne se présentera en employant des esprits spécialement préparés dans son atelier, ou pris dans des maisons d'une réputation méritée. On ne doit pas craindre d'en avoir d'avance un certain approvisionnement, les qualités qu'ils acquerront en vieillissant feront plus que compenser l'intérêt du faible capital qu'ils représenteront.

CHAPITRE XVII

RENSEIGNEMENTS GÉNÉRAUX

Achat des appareils. — Autorisation. — Législation industrielle. — Tenue des ateliers. — Approvisionnement. — Siphons. — Bouteilles. — Bouchons. — Emmagasinage. — Livraison des marchandises. — Prix et conditions de vente. — Dépôts de siphons. — Comptabilité. — Visites. — Machine à vapeur.

ACHAT DES APPAREILS

532. — Lorsqu'on fonde un établissement de boissons gazeuses, on veut avec raison apporter l'économie la plus grande dans son installation et on se préoccupe presque toujours davantage du prix que de la qualité de l'appareil de fabrication qu'on doit acheter ; on regarde comme une dépense inutile les quelques centaines de francs que coûterait en plus un instrument de travail pouvant faire face à toutes les éventualités de l'avenir, alors qu'on a pour moitié prix un appareil pouvant parfaitement produire la quantité d'eau gazeuse qu'on regarde comme proportionnée aux besoins de la vente. Presque toujours ces préoccupations si naturelles amènent à faire faire un mauvais choix et une dépense qui se trouvera perdue, lorsqu'à un moment donné il faudra remplacer ce premier

27

appareil, dont on aura trop tard reconnu les défauts et l'insuffisance, par un meilleur et plus puissant.

Nous n'avons plus à revenir ici sur les qualités et les défauts des différents systèmes qui sont aujourd'hui en présence. On trouvera sur ce point tous les renseignements nécessaires dans les chapitres IV, V et VI de ce livre. Nous avons dit (§§ 109 à 118) quels vices radicaux on reprochait aux anciens appareils. Nous relèverons simplement deux erreurs très-préjudiciables et très-répandues à propos des appareils à fabrication continue et des appareils intermittents.

533. — On a l'habitude d'énoncer la puissance des appareils continus d'après la quantité de siphons ou de bouteilles qu'ils peuvent produire en une journée de travail de dix heures, et celles des appareils intermittents ou à pression chimique d'après la capacité de leur récipient saturateur. Ainsi, nos appareils classés d'après leur puissance, sont divisés en sept numéros, pouvant produire, le premier : 1,200 bouteilles ou siphons ; par jour, le dernier, jusqu'à 10,000 bouteilles ou siphons ; mais il ne s'ensuit pas de cette production maximum qu'on soit obligé de fabriquer une telle quantité d'eau gazeuse toutes les fois qu'on les met en travail ; ils peuvent produire depuis UNE jusqu'à douze cents où dix mille bouteilles par jour, s'arrêter par conséquent à dix, à cent, à cinq cents, suivant les besoins de la vente et la volonté de celui qui les dirige. Et lorsque, quelques heures ou quelques jours plus tard, on reprend la fabrication, on les trouve chargés à la tension marquée au moment de l'arrêt, et la fabrication reprend comme si elle n'avait pas été interrompue.

534. — Dans le système intermittent, en prenant l'appareil à cylindre oscillant le plus perfectionné, — les autres ayant de trop nombreux et de trop graves défauts pour qu'on les mette en ligne, — on trouve que l'appareil se rapprochant le plus de la puissance de notre appareil numéro 1, est mentionné comme pouvant produire

1,000 bouteilles par jour; le cylindre saturateur contient 100 bouteilles; la saturation y est faite sous la pression de 10 atmosphères et il faut, d'après la déclaration écrite des constructeurs, 1 heure 35 minutes à 1 heure 40 minutes pour saturer cent bouteilles et ficeler ces 100 bouteilles, ce qui donne à peu près une production moyenne de 75 à 80 bouteilles à l'heure, l'appareil étant desservi par deux hommes, ce qui, d'après les calculs faits par les personnes les plus favorables à ces appareils, met le prix de revient de l'eau de Seltz à 10 centimes la bouteille. Nous disons la bouteille, le tirage des siphons n'étant possible sous une telle pression qu'au premier moment de tirage, la tension intérieure et, par conséquent, la saturation de l'eau baissant au fur et à mesure du tirage, et l'emplissage des siphons devenant ainsi rapidement impossible, faute de tension suffisante.

535. — Le système continu, une fois l'appareil chargé et mis en train, — ce qui demande 40 minutes toutes les fois que le travail a été interrompu, de cinq à dix minutes lorsque la nuit où les heures de repas interrompent seules la fabrication, — fournira 120 siphons ou bouteilles à l'heure, sans interruption aucune et ne demandera que deux hommes pour être desservi. Si l'on prend l'appareil numéro 2 à deux tirages, on obtiendra 150 bouteilles ou siphons par heure et par colonne de tirage; dans les deux cas, il y aura près du double d'économie de main-d'œuvre, et cette économie ira en augmentant en proportion de la puissance des appareils. Aussi, a-t-on pu calculer avec raison que le prix de revient de l'eau de Seltz, tous frais d'établissements, de matériel de main-d'œuvre déduits, ne s'élevait pas, avec nos appareils perfectionnés, à deux centimes par siphon. Dans beaucoup d'établissements bien outillés de Paris, on remplit aujourd'hui, à 6 et même à 5 centimes, les siphons à des sous-vendeurs qui ont leurs voitures et leur clientèle particulières. C'est la preuve la plus irrécusable de la supériorité industrielle du système continu sur tous les autres.

Avec nos appareils n° 2, n° 3, et desservis par la vapeur, un tireur habile remplit 200 siphons à l'heure.

536.—Quant au prix, notre appareil numéro 1 produisant 1,200 bouteilles ou siphons vaut 1,600 francs, l'appareil intermittent, produisant 1,000 bouteilles, est vendu 1,500 francs. Ce même appareil, pourvu d'une pompe aspirante foulante pour garnir de liquide les récipients et de deux cylindres oscillants, ce qui double sa production et permet de saturer un cylindre tandis qu'on vide l'autre, est vendu 2,500 francs. Pour le même prix on a notre appareil numéro 4, pouvant produire depuis une jusqu'à 3,000 bouteilles ou siphons par jour.

537. — Les prix des différents systèmes continus qui se trouvent en présence, sont pour tous à peu près les mêmes, eu égard à leur puissance. C'est donc à l'acheteur à se décider d'après leurs qualités et leur perfection relative, nous lui avons signalé les défauts qui lui devaient faire rejeter les appareils qu'ils déparaient, nous l'avons mis à même d'étudier les nôtres dans le plus grand détail, c'est à lui de comparer et de choisir. Nous devons à ce propos réparer ici un oubli ; dans notre tableau historique des développements et des progrès de l'industrie, nous avons omis de mentionner le nom de M. Lenôtre ; c'est parce que nous avions alors, tout en rendant un juste hommage au progrès apporté, à faire de nombreuses et sévères critiques, que le nom de ce constructeur modeste et consciencieux n'est pas venu sous notre plume ? Nous sommes heureux de pouvoir encore le signaler ici comme un de nos confrères les plus habiles et faisant le mieux. Nous avons vu des appareils sortant de ses ateliers d'une exécution et d'un fini remarquables.

DEMANDE D'AUTORISATION. — RÈGLEMENTS SANITAIRES
ET DE POLICE.

538. — La fabrication des boissons gazeuses est libre (1).
Chacun peut s'y livrer en se conformant aux lois et règlements
administratifs qui régissent la matière ; il est seulement défendu
aux fabricants qui ne seraient pas munis d'un diplôme de pharmacien de préparer des boissons soit gazeuses, soit alcooliques,
*dans lesquelles il entreroit des substances purement médicamen-
teuses.* Hors de cette limite expresse, la gazéification par l'acide
carbonique de l'eau pure, de limonades ou sorbets, de vins ou
d'alcoolides, dans lesquels il entre des aromes et des sirops de
fantaisie de *quelque sorte qu'ils soient,* est entièrement libre et
permise à tout le monde.

(1) Cette assertion peut, à première vue, paraître en contradiction avec ce que
nous dirons plus loin de la demande en autorisation ; avec un peu de réflexion,
on comprendra qu'il n'en est rien. La législation qui régit les boissons gazeuses
date de 1823. L'eau de Seltz et les limonades n'avaient pas alors, nous l'avons
dit, la simplicité de composition qu'elles ont aujourd'hui ; elles furent
assimilées aux eaux minérales factices, et elles tombèrent sous le coup de
l'ordonnance du 18 juin 1823, concernant les EAUX MINÉRALES, dont l'article
1ʳʳ est ainsi conçu :

« Toute entreprise ayant pour effet de livrer ou administrer au public des
eaux minérales naturelles ou *artificielles* demeure soumise à une autorisation
préalable. » Mais nous avons expliqué comment, par suite des progrès accomplis, la simplification de la formule de l'eau de Seltz avait fait tomber sa fabrication dans le domaine de l'industrie libre, qui seule pouvait répondre aux
besoins de la consommation générale. Une décision du congrès médical a rangé
les pharmaciens eux-mêmes à cette opinion, qu'ils avaient si longtemps combattue. En demandant la révision de l'article que nous venons de citer, le congrès a émis le vœu « que la fabrication des eaux minérales factices, le débit et le
détail des eaux minérales naturelles et artificielles, soient réservés aux pharmaciens seuls, EN EXCEPTANT TOUTEFOIS L'EAU GAZEUSE SIMPLE. » En principe
comme en fait, la question est donc aujourd'hui complétement tranchée.

Nous insistons sur ce point important à cause des entraves que des rivalités jalouses ont cherché parfois à jeter dans la fabrication des eaux de Seltz, des limonades et des boissons gazeuses. De nombreux jugements existent qui ont parfaitement interprété la loi et fixé la jurisprudence (§ 100). Non-seulement la fabrication libre de l'eau de Seltz est permise, mais encore la vente du bicarbonate de soude et de l'acide tartrique, subtances essentiellement pharmaceutiques, qui dans certains appareils servent à produire le gaz, est autorisée et peut être librement pratiquée par les herboristes, les épiciers, tous ceux qui désirent s'y livrer.

539. — En donnant à l'industrie la liberté qui lui est si nécessaire, la loi n'a pas cependant voulu laisser sans surveillance la fabrication de boissons alimentaires dont la consommation peut avoir une si grande influence sur la santé publique. Elle l'a soumise, comme les fabriques de chocolats, de bonbons, de pâtes, de liqueurs, les marchands de denrée alimentaires et autres industries pareilles, à l'inspection des conseils d'hygiène et de salubrité, à celle de chacun de leurs membres délégués à cet effet. Les ateliers de fabrication et les magasins doivent toujours être ouverts à la surveillance des autorités administratives et des commissaires de police qui ont droit de demander et d'obtenir tous renseignements sur la composition et la fabrication des boissons, de faire fabriquer devant eux, de voir fonctionner les appareils. S'ils reconnaissent dans la composition des boissons, ou dans leur fabrication, des substances ou des négligences qui dégénèreraient en cause d'insalubrité ou qui pourraient occasionner des accidents aux ouvriers employés dans l'atelier, ces magistrats peuvent verbaliser contre le fabricant (1).

540.—En conséquence, la loi exige que, pour aviser l'autorité ad-

(1) Une ordonnance du préfet de police a soumis dans le département de la Seine les fabricants d'eaux gazeuses à des obligations qui peuvent être regar-

ministrative qu'elle a une nouvelle surveillance à exercer ou à faire exercer, toute personne qui veut s'établir fabricant de boissons gazeuses, doit, sous forme de *demande en autorisation*, QU'ON NE

dées comme réglementant cette industrie dans toutes les localités; nous en reproduisons ici les dispositions principales.

ORDONNANCE DU PRÉFET DE POLICE
EN DATE DU 28 FÉVRIER 1855.

Régime spécial aux fabriques d'eau gazeuse, bonbons, substances alimentaires, eaux et boissons gazeuses, liqueurs, sirops, etc.

BONBONS, LIQUEURS ET SIROPS.

« Art. 1ᵉʳ. — Il est expressément défendu de se servir d'aucune substance minérale, le bleu de Prusse, l'outremer, la craie (carbonate de chaux) et les ocres exceptés, pour colorier les liqueurs, bonbons, dragées, pastillages et toute espèce de sucreries et pâtisseries.

» Il est également défendu d'employer, pour colorier les liqueurs, bonbons, etc.. des substances végétales nuisibles à la santé, notamment la gomme-gutte et l'aconit napel.

» Les mêmes défenses s'appliquent aux substances employées à la clarification des sirops et des liqueurs.

» Art. 4. — Les bonbons enveloppés porteront le nom et l'adresse du fabricant ou marchand; il en sera de même des sacs, dans lesquels les bonbons ou sucreries seront livrés au public.

» Les flacons contenant des liqueurs coloriées devront porter les mêmes indications...

» Art. 6. — Les sirops qui contiendront de la *glucose* (sirop de fécule, sirop de froment) devront porter, pour éviter toute confusion, les denominations de *sirops de glucose;* en outre de cette indication, les bouteilles porteront l'étiquette suivante : *liqueur de fantaisie à l'orgeat, à la groseille,* etc.

» Art. 7. — Il sera fait annuellement des visites chez les fabricants et détaillants, à l'effet de constater si les dispositions prescrites par la présente ordonnance sont observées...

USTENSILES, VASES DE CUIVRE ET AUTRES MÉTAUX, ÉTAMAGE.

» Art. 13. — Les ustensiles et vases de cuivre ou d'alliage de ce métal dont se servent les marchands de vins, traiteurs, aubergistes, restaurateurs, pâtissiers, confiseurs, bouchers, fruitiers épiciers. etc., devront être étamés à *l'étain fin* et entretenus constamment en bon état d'étamage.

» Sont exceptés de cette disposition les vases et ustensiles dits *d'office* et les balances, lesquels devront être constamment entretenus en bon état de propreté.

» Art. 14. — L'emploi du plomb, du zinc, du fer galvanisé est interdit dans

PEUT JAMAIS REPOUSSER, — si celui qui la fait n'est pas personnellement dans un des cas d'indignité légale qui interdisent tout

la fabrication des vases destinés à préparer ou à contenir les substances alimentaires et les boissons...

» Art. 15. — Il est défendu aux marchands de vins et de liqueurs d'avoir des comptoirs revêtus de lames de plomb ; aux débitants de sel de se servir de balances de cuivre ; aux nourrisseurs de vaches, crémiers et laitiers, de déposer le lait dans des vases de plomb, de zinc, de fer galvanisé, de cuivre et de ses alliages; AUX FABRICANTS D'EAUX GAZEUSES, de *bière* ou de *cidre*, et aux marchands de vins de faire passer par des tuyaux ou appareils de cuivre, de plomb ou d'autres métaux pouvant être nuisibles, les eaux gazeuses, la bière, le cidre ou le vin. Toutefois, les vases et ustensiles de cuivre dont il est question au présent article pourront être employés s'ils sont étamés...

» Art. 12. — Les vases d'étain employés pour contenir, déposer ou mesurer les substances alimentaires ou des liquides, ainsi que les lames de même métal qui recouvrent les comptoirs des marchands de vins ou de liqueurs, ne devront contenir que 10 pour 100 de plomb ou des autres métaux qui se trouvent ordinairement allés à l'étain du commerce.

» Art. 13. — Les lames métalliques recouvrant les comptoirs des marchands de vins ou de liqueurs, les balances, les vases et ustensiles en métaux défendus par la présente ordonnance, qui seraient trouvés chez les marchands et fabricants désignés dans les articles qui précèdent, seront saisis et envoyés à la préfecture de police, avec les procès-verbaux constatant les contraventions.

» Art. 24. — Les étamages prescrits par les articles qui précèdent devront toujours être faits à l'*étain fin*, et être constamment entretenus en bon état.

» Art. 25. — Les ustensiles et vases de cuivre ou d'alliage de ce métal, dont l'usage serait dangereux par le mauvais état de l'étamage, seront étamés aux frais des propriétaires, lors même qu'ils déclareraient ne pas s'en servir.

» En cas de contestations sur l'état de l'étamage, il sera procédé à une expertise, et, provisoirement, ces ustensiles seront mis sous scellés.

DISPOSITIONS GÉNÉRALES.

» Art. 27. — Les fabricants et les marchands, désignés en la présente ordonnance, sont personnellement responsables des accidents qui pourraient être la suite de leur contravention aux dispositions qu'elle renferme.

» Art. 28. — Les ordonnances de police des 20 juillet 1832, 7 novembre 1838 et 22 septembre 1841, sont rapportées.

» Art. 29. — Les contraventions seront poursuivies, conformément à la loi, devant les tribunaux compétents, sans préjudice des mesures administratives auxquelles elles pourraient donner lieu.

» Art. 30. — La présente ordonnance sera imprimée et affichée, etc. »

commerce, — faire la déclaration qu'il va s'établir fabricant d'eau de Seltz et de boissons gazeuses. La demande écrite sur papier timbré et dûment légalisée et enregistrée, doit être adressée au préfet, et, nous le répétons, elle *ne saurait jamais être repoussée que dans le cas d'indignité légale* (1).

541. — On ne doit pas, du reste, s'effrayer de cette surveillance administrative; on a bientôt compris combien elle est salutaire et nécessaire, et qu'elle rend peut-être de plus grands services à ceux qui y sont soumis, en les forçant à des soins qu'ils sont souvent trop portés à oublier, qu'à la sûreté publique elle-même. Les autorités ou les agents administratifs qui l'exercent savent d'ailleurs lui ôter tout ce qu'elle pourrait avoir de désagréable et, loin de les voir arriver avec peine, les fabricants doivent les recevoir comme d'utiles conseillers dont les renseignements seront toujours infiniment profitables. En se conformant aux quelques instructions que nous avons répandues dans ce livre, on n'aura à attendre que des encouragements et des éloges; les contraventions n'existant pas ne pourront jamais être constatées.

542. — La fabrication des boissons gazeuses n'est soumise à aucun droit spécial; la fabrication des vins mousseux et des boissons alcoolisées rentre dans la catégorie des débits de vins ou boissons alcooliques.

(1) Modèle de demande d'autorisation :

Le soussigné (*nom*, *prénoms et profession du demandeur*), demeurant à _____ a l'honneur de demander à M. le Préfet de _____ l'autorisation d'établir une fabrique d'eau gazeuse artificielle, de sirops, limonades et boissons gazeuses alimentaires et rafraîchissantes à (*mettre le nom de la localité, la commune, l'arrondissement*), où il se propose de faire le siège de son exploitation.

Les appareils destinées à cette fabrication répondent à toutes les conditions imposées par les règlements administratifs et de la police sanitaire.

(*Date, signature et légalisation.*)

TENUE DES ATELIERS. — LAVAGE DES SIPHONS ET BOUTEILLES.
RÉSIDUS,

543. — En traitant de l'installation des appareils, nous avons dit quelles étaient les dispositions les plus convenables qu'on devait donner à l'atelier (§§ 174 à 177); il faut qu'il soit frais, bien aéré, éclairé le plus possible.

544. — Avant tout, il faut que le fabricant de boissons gazeuses ait à sa disposition des eaux abondantes, pures et fraîches le plus possible. Sur leur pureté repose en partie la qualité des boissons qu'on fabrique, de leur abondance et de leur fraîcheur dépend la propreté et la température des ateliers, la marche régulière des machines et de la fabrication.

545. — La propreté la plus minutieuse, — nous ne saurions trop le répéter, — est la condition la plus indispensable d'une bonne fabrication ; aucun soin ne doit être négligé pour l'obtenir, c'est la première chose qui frappe les inspecteurs de la salubrité qui visitent les ateliers. D'elle dépend en grande partie la santé des ouvriers employés à la fabrication.

546. — L'aération et la fraîcheur ne peuvent pas toujours se trouver naturellement dans les ateliers ; il faut alors les y produire d'une manière artificielle. Dans les villes, on est parfois obligé d'établir des ateliers dans des caves, où un éclairage artificiel fournit la lumière. Il faut alors que des ventilateurs suffisants chassent le gaz acide carbonique dont le dégagement constant, soit par les soupapes, soit par les dégorgeoirs, vicierait rapidement l'atmosphère restreinte et le remplacent par l'air pur pris à l'extérieur. Quand à la fraîcheur, il est toujours facile de la produire à l'aide de réfrigérants qu'on dispose autour des appareils, et lorsque, cette précaution prise, les tuyaux arrivent enfouis dans le sol ou dans

le plâtre des murailles aux robinets de tirage, une température plus élevée que celle que nous avons indiquée peut, sans nuire à la bonne fabrication, régner dans l'atelier.

547. — L'emploi des réfrigérants est, du reste, trop important pour que nous ne recommandions pas vivement leur usage, surtout dans les jours si chauds de l'été. On sait, en effet, que de 0 à 100° les gaz se dilatent presque tous uniformément, de $0^m,00367$ par degré, et, quoique cette proportion paraisse fort minime, elle devient grandement appréciable dans la pratique lorsqu'on est obligé de saturer des liquides à une pression de 10 à 14 atmosphères.

548 — Un robinet et des bassins spéciaux doivent être destinés au lavage des bouteilles, qui doit être opéré avec le plus grand soin. Qu'aucun vase ne soit rempli avant d'avoir été minutieusement lavé, quelque apparence de propreté qu'il présente ; l'indifférence naturelle des ouvriers ne saurait, sous ce rapport, être trop soigneusement surveillée et combattue. Nous avons indiqué le mode le plus simple pour le nettoyage des siphons (§ 268). On a inventé des machines, des brosses rotatives pour celui des bouteilles ; essayées en Champagne, on y a presque partout renoncé. Le rinçage à l'eau tiède y donne les meilleurs résultats. Si on l'emploie pour les bouteilles destinées aux boissons gazeuses, il faut avoir soin de les laisser bien refroidir avant de s'en servir, sans cela il en résulterait qu'au moment où l'eau saturée y arriverait, la différence notable de température occasionnerait la dilatation subite du gaz ; un nombre infini de bulles se formerait dans le liquide qui paraîtrait blanc comme l'eau de Seltz contenue dans un siphon dont on fait jaillir le premier verre et, au coup de dégorgeoir, tout l'acide carbonique s'envolerait ; on n'aurait dans le vase que de l'eau presque pure. Il ne faut pas employer le plomb de chasse ou grenaille ; les grains peuvent rester logés

dans le fond des bouteilles; on ne doit employer celles-ci qu'après les avoir examinées, en repoussant celles qui sont étoilées.

549. — Lorsqu'une rigole dépotoir ne peut pas amener à des égouts collecteurs les matières épuisées, qui ne doivent pas être traitées de manière à fournir des sels utiles, on doit se pourvoir d'un tonneau porté sur des roues, à l'aide duquel on va le vider, soit dans les lieux désignés par l'administration, soit dans les dé-charges particulières ou en rase campagne, dans les vagues terrains. On est soumis pour ces sortes de vidanges aux règlements légaux et communaux qui régissent la grande et la petite voirie. Il faut avoir soin de ne pas les vider dans les cours d'eau ou réservoirs utilisés en pêcheries, les sels de chaux étant fort nuisibles aux poissons. Dans les localités où l'agriculture pratique des chaulages, les sulfates de chaux qu'on trouve dans le producteur auront là leur emploi naturel.

550. — Aucune des recommandations que nous avons faites au sujet de l'entretien, de la marche, des réparations des appareils ne doit être oubliée. L'œil du maître doit exercer sur tout une surveillance constante. Il faut souvent visiter les tuyaux, les raccords, les joints pour s'assurer qu'aucune fuite ne s'est ouverte. Lorsque l'air est amené par la pompe en même temps que l'acide carbonique, la saturation est grandement ralentie, le manomètre tarde à monter; quoique la pompe marche régulièrement, les eaux de Seltz semblent troubles, laiteuses; il suffit, la plupart du temps, pour remédier à ces défauts, de serrer les écrous des raccords; mais, en cas d'insuffisance de ce moyen, il faut, à l'aide d'une bougie, d'une allumette enflammée ou de papier de Tournesol, chercher avec soin la fuite et faire aussitôt les réparations nécessaires. Le jeu de la pompe doit être attentivement surveillé : comme elle agit en même temps sur deux substances aussi différentes que l'eau et le gaz, son fonctionnement peut devenir facilement irrégulier sans qu'il existe le moindre dérangement dans son mécanisme.

Beaucoup des recommandations que nous faisons pourront ici paraître oiseuses ou exagérées ; mais les fabricants ne doivent jamais oublier qu'ils sont responsables de tous les accidents dans lesquels la négligence peut entrer pour quelque chose. L'œil du maître doit être partout et veiller sans cesse à ce que toutes les prescriptions contenues dans les règlements d'atelier, qu'on aura soin de tenir toujours affichés et de faire lire aux ouvriers, soient scrupuleusement exécutées.

APPROVISIONNEMENT EN MATIÈRES PREMIÈRES.

551 — La fabrique doit être toujours abondamment pourvue de matières gazéifères emmagasinées de la manière la plus convenable. Les tonneaux de blanc ne doivent pas être abandonnés défoncés à la merci de tous ; des immondices pourraient s'y mêler. Les tourils d'acide doivent surtout être mis à l'abri de tout accident. On ne doit jamais oublier que c'est là une substance d'un maniement très-dangereux ; l'ouvrier expérimenté chargé de diriger la production du gaz doit seul verser l'acide du touril dans la burette en terre ou mieux en plomb, et de la burette dans le réservoir à acide à l'aide de l'entonnoir en plomb. Non-seulement il doit être interdit au reste du personnel d'y toucher, mais encore il est prudent d'enfermer les tourils et les burettes pleines en lieu sûr, surtout lorsque les ateliers fonctionnent dans les maisons d'habitation.

552. — Nos recommandations sur la pureté des carbonates, des blancs et des acides qu'on emploie sont trop importantes pour qu'on les oublie. Il est bon que ces matières premières soient essayées avant d'être employées, que les blancs surtout ne soient mis dans le producteur qu'après qu'on s'est assuré qu'ils ne contiennent ni des oxydes terreux ni des sels étrangers, surtout des

sels de fer qui y sont souvent mêlés. L'acide carbonique dissout ces derniers avec la plus grande facilité et, si les lavages du gaz n'étaient pas suffisants, on fabriquerait, au lieu d'eaux de Seltz pures, des eaux ferro-gazeuses, et l'on empiéterait ainsi, sans le vouloir, sur le domaine de la pharmacie, si jalouse de ses droits. L'acide sulfurique doit être soigneusement rectifié, l'emploi des acides ordinaires donnant souvent à l'eau de Seltz un goût nitreux qu'on trouve très-prononcé dans les eaux de certains fabricants peu soigneux.

SIPHONS — BOUTEILLES — CHOIX.

553. — L'armature des siphons doit être simple, solide, d'un démontage et d'un entretien faciles (§ 156). La forme de la carafe, la composition, la cuite du verre calculées de manière à présenter le plus de solidité et de résistance possible. Tous nos siphons sont essayés, avant d'être expédiés, à 20 atmosphères; les bouteilles expédiées par les verreries doivent être garanties comme essayées à 15 atmosphères.

554. — Aujourd'hui, la science a fait connaître avec tant de précision les éléments de verre et le rôle de chacun d'eux, qu'on peut savoir, en décomposant le verre, quelle sera sa force de résistance, si d'ailleurs il a subi un recuit bien complet. Mais comme cette dernière opération est très-délicate, il y a, en somme, fort peu de verreries qui puissent fournir au commerce, d'une manière courante, des verres propres à l'embouteillement des boissons gazeuses. On devrait rejeter toutes bouteilles qui, dans leur composition, contiendraient de la magnésie ou des sulfures. La magnésie leur fait perdre une grande partie de leur solidité; un accident occasionné par la présence des sulfures est resté célè-

bre en Champagne. Une verrerie livra des bouteilles fabriquées
d'après un procédé nouveau pour l'exploitation duquel elle s'était
fondée; toute une cuvée fut ainsi perdue; l'action des acides du vin
sur les sulfures ayant produit de l'acide sulfurique, le champagne
se trouva changé en eau de barége. Les meilleures bouteilles pè-
sent généralement de 850 à 900 grammes, pour les vins mousseux,
de 750 à 800 pour les eaux et boissons gazeuses. Le verre doit être
d'une épaisseur uniforme dans tous les points situés à la même
hauteur, il doit être rond partout. Elles ne doivent pas être bleues
ni surtout irisées, ce qu'on aperçoit facilement en les regardant
au soleil, l'irisation dénotant un commencement de décomposition. Elles ne doivent présenter aucune pierre, il y a toujours, en
pareil cas, des deux côtés, *des fentes, des étoiles*, presque impercep-
tibles. L'embouchure doit être bien conique, en s'élargissant de
plus en plus à partir du bord supérieur; mais très-faiblement,
pour retenir le bouchon, ce qui facilite la conservation du vin et
rend l'explosion plus violente et permet mieux de la guider.

Du reste, en imposant au verrier la garantie de l'essai à 15 atmosphères, on est certain de n'avoir que d'excellentes bouteilles.

BOUCHONS.

555. — Le choix des bouchons est très-important, surtout pour
les vins mousseux; il doit alors être capable de résister à une pression très-forte et à l'action des acides du raisin dont la puissance
constringente est très-grande. En Champagne, c'est une question
capitale; il y a des capitaux considérables engagés dans ce commerce, et les maisons qui le font ont leurs représentants directs
qui vont, fouillant les pays de production et cherchant partout des

liéges de qualité convenable. Les forêts de l'Algérie avaient fait naitre des espérances qui ne sont pas encore complétement réalisées ; il est à craindre qu'on ne remplace difficilement les liéges d'Espagne aujourd'hui presque épuisés. Il faut que les bouchons soient parfaitement sains, sans cela la pression, poussant le liquide dissolvant jusque dans les profondeurs du liége, aidera son action dissolvante ; il faut ensuite que les fibres possèdent dans tous les sens une élasticité régulière et parfaite, une différence même assez faible ne permettant pas au bouchon de rester cylindrique et de fermer exactement la bouteille. Si un des derniers dépôts faits par la sève n'a pas atteint encore toute sa maturité, le vin le dissout et la bouteille est perdue. Ce dernier défaut est aujourd'hui trés-ordinaire et cause des pertes considérables.

Pour donner au liége toutes les qualités dont il est susceptible, il faut le traiter successivement par des solutions bouillantes de tartre, puis par la vapeur à une certaine pression. Le tartre des vins rouges communique au liége une teinte rosée très-recherchée. On doit éviter de les imprégner d'huiles ou de substances grasses comme on l'a tenté ; au lieu de les rendre plus élastiques, ils deviendraient plus durs que du bois.

556. — Les inconvénients attachés à l'emploi des mauvais bouchons, la difficulté d'en trouver de bons, ont fait faire mille recherches pour y remédier. Toutes ont échoué. Une idée assez simple consistait à trancher le bouchon en deux et à le refaire de deux moitiés différentes, en les collant sans autre attention que de choisir ces deux moitiés bien saines, ce qui alors était facile à reconnaitre. Si le bouchon était entré complétement dans la bouteille, cela eût été possible encore, eût-il fallu employer une autre méthode que la gutta-percha pour les réunir. « La gutta-percha, dit M. Maumené, malgré tous les soins mis à sa préparation, n'est pas d'une innocuité satisfaisante pour le vin ; elle lui communique un goût particulier et désagréable. » On a proposé des bou-

chons en caoutchouc, où en caoutchouc et liége ; on a eu même
l'idée de réunir, à l'aide d'une vis en étain, trois disques en liége
et une rondelle en caoutchouc, ce qui ne composait pas du tout un
bouchage hermétique mais bien un projectile désagréable et même
dangereux lancé par l'explosion à la tête des convives. Sans
compter que l'étain est de tous les métaux celui dont le contact est
le plus funeste au vin.

557. — Les dimensions des bouchons sont pour les vins champagnisés de 30 millimètres de diamètre, 50 à 55 de hauteur ; pour
les eaux de Seltz et limonades, de 23 à 26 millimètres de diamètre,
40 de hauteur. Avant de s'en servir il faut les laisser tremper une
nuit dans l'eau froide ou jeter de l'eau bouillante dessus, si l'on
est pressé ; ils acquerront ainsi toute l'élasticité convenable, mais
en refroidissant ils deviennent plus durs que jamais. On emploie
ce moyen pour faire revenir les vieux bouchons ; mais alors il
faut les mettre dans l'eau froide et chauffer jusqu'à l'ébullition le
vase qui les contient en les maintenant par un lourd couvercle.

EMMAGASINAGE ET LIVRAISON DES BOISSONS GAZEUSES.

558. — Les magasins doivent être vastes, d'un accès facile, commodes, frais le plus possible, et amplement pourvus de casiers
dans lesquels on puisse coucher les bouteilles et disposer les siphons. Il faut lorsqu'on fabrique des vins mousseux ou des limonades gazeuses, les mettre en tas ou en pile, au moyen de lattes,
de manière à rendre moins dangereuse la commotion qui se produit
à la moindre casse et qui peut déterminer, par vibration, l'explo-

sion d'un grand nombre de bouteilles, ce qui est moins à craindre
lorsque les piles sont soigneusement formées (§ 346). L'emploi
de ces treilles numérotées facilite d'ailleurs grandement le contrôle du mouvement des marchandises dans les magasins, et, par
conséquent, la surveillance du maître.

559. — Le plus souvent les siphons sont mis au fur et à mesure
du tirage dans les caisses de transport pouvant en contenir chacune cinquante. Ces caisses ont au moins la hauteur de la bouteille ou des siphons, de manière qu'on puisse sans inconvénient
les superposer les unes sur les autres. Les séparations intérieures
doivent arriver aux deux tiers de la hauteur des siphons. Ces caisses
doivent être très-solides, marquées du nom du fabricant et porter
un numéro d'ordre. Celles destinées aux limonades doivent avoir
une marque particulière.

560. — Les boissons doivent être transportées dans des voitures
convenablement suspendues, à quatre roues le plus possible, et à
plusieurs compartiments, dans lesquels se placent les paniers et les
caisses à casiers qui contiennent les bouteilles ou les vases
siphoïdes. Lorsque l'exploitation est assez considérable pour le
permettre, il faut que chaque voiture soit conduite par un cocher
ou charretier, et accompagnée d'un commis d'expédition. De cette
manière, les livraisons se font mieux, plus exactement, plus rapidement. Le cheval et la voiture ne peuvent jamais être abandonnés
seuls sur la voie publique (ce qui entraîne des contraventions), les
comptes se règlent mieux, et les clients sont plus convenablement
et plus souvent visités. Les voitures et le matériel de siphons, de
bouteilles, de caisses et de paniers doivent être assez considérables
pour que, dans les jours où les consommations pressent, les com-
mandes ne soient jamais en souffrance. La propreté élégante des
voitures, le bon entretien du cheval, la politesse des commis sont
des points sur lesquels on ne saurait trop veiller ; la maison est
souvent jugée sur ses apparences.

561.—Malheureusement, la fabrication des boissons gazeuses et surtout de l'eau de Seltz, ne se répartit pas également dans toutes les saisons de l'année ; dans la saison froide, le chômage arrive souvent presque complet ; aux jours chauds, la plus grande activité ne peut suffire à la consommation journalière. Les limonades préparées comme nous l'avons indiqué, se conservent facilement sans altération aucune. Leur débit se faisant presque toujours en bouteilles n'exige pas des dépenses aussi considérables en vases que l'eau de Seltz, livrée surtout en siphons : il est du grand intérêt du fabricant d'en avoir constamment des quantités suffisantes en magasin, pour qu'il puisse au besoin employer tout son personnel à la fabrication de l'eau de Seltz, sans que celle des limonades lui en occupe un certain nombre. C'est là une prévoyance économique dont la pratique fera surtout apprécier les résultats.

PRIX ET CONDITIONS DE VENTE.

562. — La vente des boissons gazeuses ne se fait pas toujours et partout au même prix, aux mêmes conditions. Parfois le fabricant livre au comptant, parfois il vend à terme, le plus ordinairement il est réglé toutes les semaines, tous les mois et même toutes les saisons.

Les habitudes locales, les nécessités imposées par la concurrence déterminent ces conditions, qu'on doit toujours prévoir lorsqu'on s'établit, afin d'avoir un capital et un matériel capable de faire face à toutes les éventualités probables.

563. — Le prix normal de l'eau de Seltz est à Paris de 15 centimes le siphon, 12 centimes le demi-siphon, 12 centimes la bouteille et 9 centimes la demi-bouteille. Le prix des limonades est de 30 à 40 centimes. En province ces prix varient. On ne peut pas établir même une moyenne, surtout pour les limonades, dont le prix de vente doit être fixé d'après le prix de revient, et celui-ci est toujours dominé par le dosage, qui varie d'une manière extrême. On fera bien de se rapprocher le plus possible dans ses tarifs des prix normaux donnés pour Paris.

564.—Les conditions au comptant sont des plus favorables pour le fabricant et le débitant qui achète. Elles simplifient leurs rapports, évitent des écritures et amènent des prix meilleurs pour l'un et pour l'autre ; le fabricant faisant toujours bénéficier dans ce cas le débitant, sous forme d'escompte ou toute autre, de la prime qu'il est obligé de percevoir dans le prix pour couvrir ses chances de perte, et pour l'intérêt des capitaux engagés. Les ventes à terme entravent toujours plus ou moins la marche du fabricant, surtout à ses débuts ; il doit les réduire le plus possible, et ne les multiplier jamais assez pour que des rentrées certaines ne viennent pas couvrir ses échéances, ses loyers et surtout la solde de ses ouvriers, à laquelle toute autre exigence doit être sacrifiée. Mieux vaut donc faire régler immédiatement que de semaine en semaine, ou de mois en mois.

Nous n'aimons pas les règlements faits de fourniture à fourniture ; cette manière d'opérer équivaut au dépôt de la marchandise et ne comporte jamais avec elle d'échéance fixe, ce qui ne convient pas du tout à la rigide régularité qui doit présider aux affaires commerciales.

Quant aux règlements à long terme, de saison à saison, par exemple, ils peuvent convenir à certains riches fabricants qui, monopolisant la vente des boissons gazeuses et connaissant de longue main leur clientèle, trouvent, sans courir trop de chances de perte, dans cette manière d'opérer la certitude de rendre presque impossible toute concurrence ; mais, hors ces conditions exceptionnelles, il serait ruineux pour un fabricant d'accorder de si longs crédits.

DÉPOTS DES SIPHONS.

565. — Un point fort difficile, c'est celui du dépôt des siphons. Lorsque les boissons sont livrées en bouteilles, le prix du verre est compris dans la facture, et le fabricant les reprend vides en créditant le débitant du prix auquel il les avait livrées ; l'opération est ainsi simple, facile et régulière et, dans le principe, on agissait ainsi pour les siphons. Mais une concurrence imprévoyante ayant modifié cette manière d'opérer, si simple et si sage, a fait peser sur le fabricant la charge la plus lourde qu'il ait à supporter et a créé entre lui et ses clients une cause constante d'embarras, de mécomptes et de divisions.

Les vases siphoïdes ont une valeur considérable, le fabricant qui doit fournir à une consommation journalière de mille siphons est obligé d'en avoir au moins trois ou quatre mille dans son matériel, ce qui représente un capital énorme. Autrefois, en les recevant, le débitant versait la valeur de la quantité qu'on lui livrait, et ce capital se trouvait ainsi réparti de la manière la moins onéreuse possible sur les personnes qui par la casse ou une perte quelconque pouvaient surtout l'anéantir. Lorsqu'une nouvelle livraison se faisait, les siphons repris vides représentaient la valeur des siphons livrés pleins, les réparations et l'entretien incombaient au fabricant outillé à cet effet : tout cela était juste et logique.

Pour se créer rapidement une nombreuse clientèle et écraser ses concurrents sous ses capitaux, un fabricant ne trouva rien de mieux que de ne pas exiger du débitant le dépôt préalable du prix des siphons. Il réussit au delà de ses espérances, nul débitant ne veut désormais payer la valeur des siphons qu'il reçoit, et les fabricants sont obligés de se courber sous cette exigence.

Lorsqu'enfin, on doit arriver à régulariser les positions, établir les inventaires et que le total des siphons livrés doit être représenté par le client, soit en nature, soit par acquit, il reste à faire régler ceux qui sont cassés ou perdus, ce qui amène presque toujours des discussions fâcheuses et fait subir au fabricant, qui ne veut pas être trop rigide dans la crainte de perdre son client, des pertes sensibles. Certainement, si ceux qui ont trouvé ce malencontreux moyen de succès étaient à l'employer, ils reculeraient devant les inconvénients qu'il a entraînés à sa suite. Nous devons ajouter que malgré ces inconvénients, cette industrie est si lucrative que des maisons de cette ville réalisent dans la saison d'été, en six semaines ou deux mois, de 40 à 50 mille francs de bénéfices nets.

566. — Les fabricants des départements qui pourront s'empêcher de mettre cet usage en pratique, feront bien de l'éviter par tous les moyens. Certains renoncent à fabriquer de l'eau gazeuse en siphons, et n'en livrent dans ces vases qu'aux débitants qui achètent euxmêmes le nombre qui leur est nécessaire. Cette méthode ne peut guère être appliquée que dans les localités où la concurrence n'existe pas, encore restreindra-t-elle toujours fatalement le chiffre de la vente. Le plus simple et le plus facile est de revenir au dépôt préalable d'une somme d'argent équivalente à la valeur du nombre des siphons livrés. Si l'on ne peut l'employer, il faut être pourvu d'un registre à souche dont on détachera des bons en double ; l'un débite le dépositaire de la valeur des siphons laissés, l'autre oblige le fabricant de les reprendre en payement de la somme stipulée ; on évitera par leur représentation toute contestation possible dans les règlements des comptes ; la souche sert de contrôle.

COMPTABILITÉ.

567.—La comptabilité doit être tenue avec beaucoup de soin, elle sera facile si nulle négligence ne se glisse dans la tenue journalière des livres et dans la gérance de la maison. Le mouvement des marchandises, soit comme fabrication, soit comme sortie, doit être contrôlé avec la plus grande exactitude, surtout les sorties et les rentrées des siphons. Les commis employés aux livraisons, ou les voituriers, doivent être responsables de la marchandise qui leur est confiée. Au départ, on doit leur faire vérifier par eux-mêmes l'exactitude du carnet qui les débite, et à la rentrée ne leur donner décharge que contre l'argent, les reçus de livraisons ou la marchandise qu'ils rapportent.

DÉCLARATIONS A LA RÉGIE.

568.—La vente des eaux de Seltz et des limonades n'étant soumise à aucun droit spécial, leur circulation, leur transport, leur expédition peuvent avoir lieu sans déclaration préalable. Il n'en est pas ainsi pour les boissons alcooliques, vins mousseux, grogs, punchs gazeux, etc., ceux-ci doivent satisfaire aux exigences des contributions indirectes, et, nous le répétons, chaque fabricant doit se soumettre, sous ce rapport, aux règlements qui régissent cette fabrication et ce commerce dans les localités qu'il exploite. Ce ne sont pas là, du reste, de grandes entraves, et elles ne doivent jamais empêcher un industriel de multiplier le plus possible les branches de son exploitation.

VISITE DU PATRON A LA CLIENTÈLE.

569.—Souvent il est difficile, lorsque surtout la clientèle est nombreuse, que le fabricant la visite même à des intervalles peu rapprochés, il lui sera cependant fort avantageux de faire naître toutes
les occasions possibles de se mettre en rapport personnel avec ses
clients. En agissant ainsi, non-seulement il rendra plus facile le
contrôle de la conduite de ses employés, mais encore il lui sera
possible de juger par lui-même des conditions dans lesquelles son
matériel se trouve. Il ne doit, en un mot, ne négliger aucune précaution pour éviter ce que l'on nomme en termes commerciaux le
coulage, ruine irrémédiable de tout fabricant qui ne sait pas en
préserver sa maison.

MACHINE A VAPEUR (planche LXIII).

570. — Il est presque superflu de faire ressortir tous les services
qu'une machine à vapeur peut rendre dans un atelier de boissons
gazeuses ; elle donne le mouvement au volant du saturateur et
par lui à toutes les pièces qui en dépendent et au mélangeur qui
fonctionne dans le producteur ; elle desserve en même temps
les pompes destinées à fournir de l'eau s'il en existe, fournit
de la vapeur à la chaudière à double fond et réchauffe avec la
vapeur d'échappement de l'eau nécessaire à tous les besoins de
l'atelier. Mais outre ces services qu'on peut regarder comme un
travail effectif, la présence de la vapeur en rend encore peut-être un

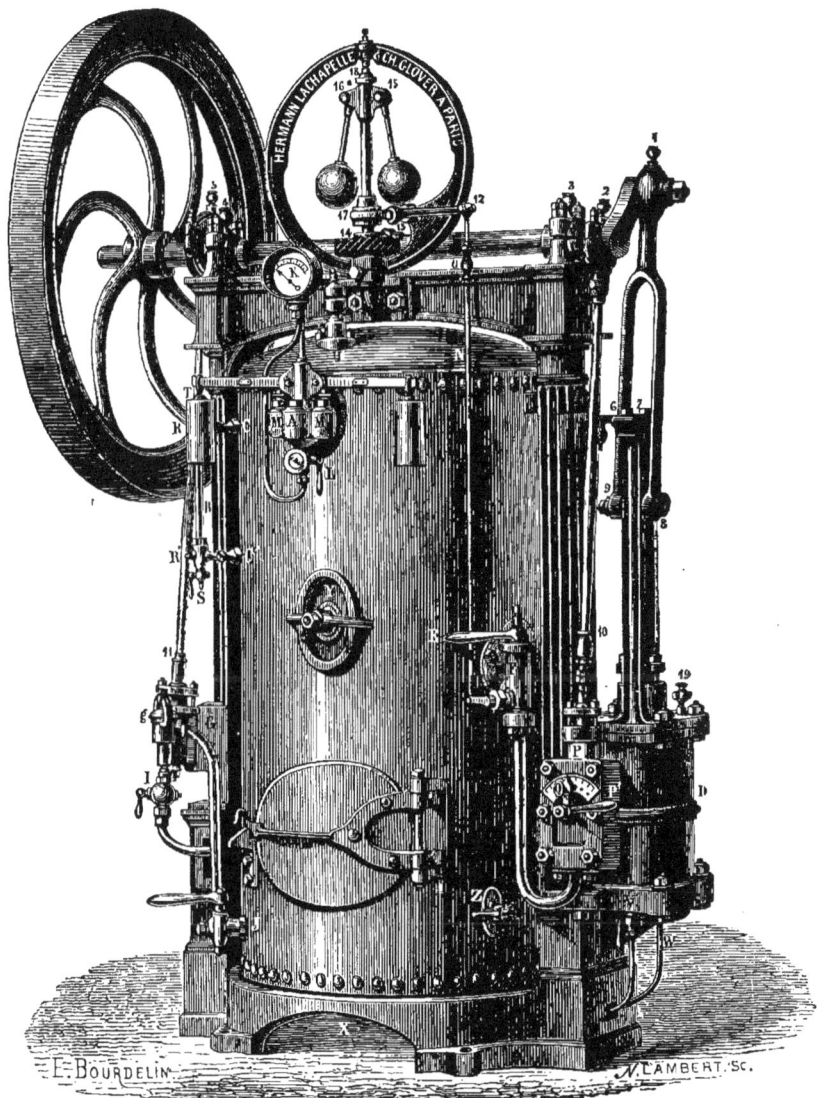

Machine à vapeur.

plus grand en forçant le travail de l'atelier à marcher d'une manière plus égale et plus régulière.

Lorsque l'appareil est mû à bras, le tourneur s'arrête presque instinctivement lorsque le tireur ralentit son travail, la tension qui augmente le forçant à un plus grand effort. Si de leur côté les tireurs s'aperçoivent que l'eau ne jaillit pas sous une pression suffisante, ils donnent naturellement à leur camarade le temps d'aspirer une quantité suffisante d'eau et de gaz. De là perte de temps et irrégularité dans la production et dans la qualité du produit.

571.—La machine à vapeur battant le même nombre de coups de piston par minute, aussi régulièrement qu'un pendule, imprimera la même régularité au mouvement du volant et à la marche de tout l'appareil. Les tireurs sentant toujours le sifflet prêt à faire entendre son avertissement au moindre retard de tirage, régleront instinctivement leur travail sur celui de la machine, qui procurera ainsi au patron un triple bénéfice, et qui ne reculera jamais, elle, devant la tâche à accomplir lorsque les chaleurs amèneront la presse.

572. — Toutes les formalités qu'il y avait à remplir pour obtenir l'autorisation administrative nécessaire pour installer une machine à vapeur, l'espèce de répulsion qu'occasionne toujours cette enquête de *commodo* et *d'incommodo*, empêchaient jusqu'ici maint fabricant de lui demander des services dont ils sentaient cependant bien toute l'importance. Le décret de janvier 1865 a fait disparaître tous ces obstacles. Sans autre formalité qu'une simple déclaration que l'administration est tenue de recevoir purement et simplement telle qu'on la lui fait, chaque fabricant peut désormais placer dans le coin qui lui convient la machine qui desservira ses ateliers, et nul ingénieur rétif, nul voisin jaloux ou non n'a rien à y redire, pas même le propriétaire de la maison si l'industriel n'est que locataire.

573. — Nous songeâmes, dès les premiers temps à donner à nos

appareils un moteur qui répondit parfaitement à tous les besoins d'un établissement de boissons gazeuses et nous combinâmes nos machines à vapeur verticales et à chaudière non tubulaire montées sur un socle bâti-isolateur. Le succès qui a accueilli ce système dépassa nos espérances, dans toutes les expositions et dans tous les concours où elles ont paru, l'emportant sur toutes les machines rivales, dans tous les essais comparatifs faits par les jurys, adoptées par LL. EE. les ministres des travaux publics et de la marine. Nous avons dû compléter la série jusqu'à dix chevaux de force pour les locomobiles et jusqu'à vingt pour les machines fixes.

574. — Quelques minutes suffisent pour leur mise en marche, elles dépensent fort peu et brûlent toute espèce de combustible ; leur installation est des plus promptes et des plus faciles, elles ne demandent aucun travail de fondation, on les pose sur le sol nu ou sur deux pierres d'une épaisseur égale à celles qui servent à supporter le saturateur. Dans les petites forces de un à deux chevaux qui conviennent aux établissements de boissons gazeuses, elles n'occupent pas plus de place qu'un poêle ni plus d'embarras ; elles marchent sans bruits, sans ébranlements, sans chocs, et ne donnent pas plus de fumée qu'un feu de cheminée ordinaire.

Des valets de ferme, des ménagères servent de chauffeurs à plusieurs d'entre elles ; le premier apprenti venu, après quelques jours d'expérience, devient aussi habile à les conduire que le conducteur le plus savant et le plus expérimenté. Tout y est sous l'œil et sous la main de celui qui la dirige ; sa manœuvre est encore plus simple que nos appareils saturateurs.

On trouvera dans le GUIDE que nous avons spécialement rédigé pour ces machines, sur leur construction, leur conduite et leur entretien tous les renseignements désirables. A partir du n° 4 une machine est indispensable pour desservir nos apppareils, sauf l'appareil destiné à la fabrication du vin de Champagne, qui, quoique portant le n° 8, ne prend que très-peu de force.

575. — L'installation d'une machine à vapeur dans l'atelier ne cause pas le moindre surcroît d'embarras ; nous avons donné à ce sujet quelques détails § 176. La planche XXXII (page 165) représente l'installation d'un atelier avec machine à vapeur. Des transmissions mettent alors en mouvement à la fois la pompe, l'agitateur et le mélangeur. Il n'y a plus alors qu'à exercer une surveillance attentive sur les tireurs et à diriger la marche de la fabrication.

FIN.

TABLEAU

DES

PRIX COURANTS DES APPAREILS

HERMANN-LACHAPELLE & CH. GLOVER.

APPAREILS COMPLETS DE FABRICATION

COMPRENANT

LE PRODUCTEUR, L'ÉPURATEUR, LE GAZOMÈTRE, LE SATURATEUR ET LES COLONNES DE TIRAGE

Formant, d'après leur puissance de production, une série de sept numéros.

Nos de la série (1).	SATURATEURS (2).	NOMBRE de tirages (3).	PRODUCTION (4).	PRIX (5).	EMBALLAGE	Prix total emballage compris.	Poids emballé environ.
				fr.	fr.	fr.	kil.
1	1 sphère, 1 corps de pompe.	1 tirage.	1,200	1,600	50	1,650	700
2	Id.　　　id.	2 id.	1,600	1,900	60	1,960	800
3	Id.　　　id.	2 id.	2,200	2,200	75	2,275	900
4	Id.　　　id.	2 id.	3,000	2,500	95	2,595	1,000
5	Id. 2 corps de pompe.	3 tirages.	4,500	3,000	110	3,110	1,100
6	Id.　　　id.	3 id.	6,000	3,500	120	3,620	1,200
7	2 sphères,　id.	3 id.	10,000	4,500	140	4,640	1,400

(1) Les quatre premiers numéros peuvent être mus par un seul homme.
(2) Glacés à l'intérieur d'une lame épaisse d'étain fin.
(3) On peut choisir à volonté des tirages à siphons ou à bouteilles.
(4) Évaluée en bouteilles ou en siphons.
(5) Pris en magasin, l'emballage est en sus.

*Prix des différents organes de l'appareil et des accessoires
vendus séparément.*

DÉSIGNATION DES APPAREILS.	PRIX.
Producteur et laveurs réunis sur le même bâti. N° 1	480 »
Id. id. id. N° 2	550 »
Id. id. id. N° 3	700 »
Id. id. id. N° 4	830 »
Producteur seul N° 1	360 »
Id. N° 2	390 »
Id. N° 3	450 »
Id. N° 4	560 »
Laveur seul N° 1	120 »
Id. N° 2	160 »
Id. N° 3	250 »
Id. N° 4	270 »
Gazomètre N° 1	160 »
Id. N° 2	190 »
Id. N° 3	240 »
Id. N° 4	300 »
Saturateur à une sphère et à une pompe N° 1	1040 »
Id. id. id. N° 2	1250 »
Id. id. id. N° 3	1450 »
Id. id. id. N° 4	1600 »
Id. deux sphères et 2 corps de pompe.. N° 7	2920 »
Tirage de limonade, bouteille ou à siphon	120 »
Pompe à sirop pour doser les limonades en bouteille ou en siphon	155 »
Filtre en zinc cylindrique, avec deux robinets, de 2 mètres de hauteur sur 50 centimètres de diamètre	65 »
Filtre en zinc cylindrique, 2 m. de h., 80 c. m. diamètre	85 »
Bassine ordinaire pour sirops, 50 litres	60 »
Id. à double fond chauffée à la vapeur, 40 litres	320 »
Id. id. 50 litres	360 »
Id. id. 80 litres	430 »
Calebotin mécanique	40 »
Calebotin à pied ordinaire en fonte	12 »
Presse pour la visite et réparation des siphons avec accessoires.	60 »

DÉSIGNATION DES APPAREILS.	PRIX.
Robinet à soupape-flotteur régularisant l'écoulement de l'eau.	18 »
Tuyaux en étain fin, chaque mètre........................	6 »
Raccords à vis et à emboîtage...........	10 »
Raccords à trois ouvertures..........	18 »
Récipients portatifs avec buvettes, forme oblongue en cuivre rouge de 15 à 20 litres..........	125 »
Les mêmes de 20 à 25.................................	180 »
Les mêmes de 30 à 35 litres.......	240 »
Les mêmes de 40 à 45 litres.........	300 »
Récipients portatifs en bronze étamé forme sphérique de 20 à 25 litres.............	350 »
Les mêmes de 30 à 35 litres...........................	450 »
Manomètre métallique.....................	28 »
Gant pour les tirages............................	8 »
Masque en toile métallique.............................	2 »

SIPHONS EN VERRE-CRISTAL BLANC, VERT, BLEU, OU JAUNE
(SEULES COULEURS QUI N'OTENT A LA CARAFE RIEN DE SA SOLIDITÉ)
OVOÏDES OU CYLINDRIQUES.

A petit levier et soupape extérieure, grande carafe..........	2 50
Id. id. demi-carafe...........	2 40
A grand levier et soupape intérieure, grande carafe.........	2 75
Id. id. demi-carafe......	2 65
Siphons en bronze pour comptoir.......................	50 »
id. argenté...............	70 »
id. argenté et doré.	80 »
id. doré.................................	90 »

APPAREILS POUR LA FABRICATION DES VINS MOUSSEUX.

APPAREIL COMPLET pour la fabrication spéciale des vins mousseux, avec saturateur à deux sphères glacées d'argent à l'intérieur, ainsi que les pompes, les tirages et accessoires spéciaux pouvant fabriquer jusqu'à mille bouteilles par jour.	5000 »

DÉSIGNATION DES APPAREILS.	PRIX.
Saturateur à deux sphères glacées d'argent, seul............	3300 »
Tirage à double courant avec bouchage provisoire..........	350 »
Tirage à bouchage d'expédition...........................	750 »
Pompe à doser les vins mousseux argentée....	250 »
Calebotin ordinaire.....................................	12 »
Calebotin mécanique..........	40 »

APPAREILS SPÉCIAUX POUR L'APPLICATION DU GAZ ACIDE CAR-
BONIQUE A L'AMÉLIORATION, A LA CONSERVATION ET AU DÉBIT
DES BOISSONS.

Robinet de débit.............	8 50
Robinet saturateur...............................	7 »
Id. avec manomètre.............................	33 »
Bonde à soupape.....................................	4 50
Clef de montage.....................................	3 »
Clef du bouchon des bondes...........................	2 »
Tonneau garni comme type...........................	50 »
Id. avec manomètre..................	75 »
Tuyaux d'étain fin, le mètre, 9 mil. d'ouverture et 4 mil. d'épais.	6 »
Id. 7 mil. id. 3 mil. d'épais.	5 »
Récipients portatifs, pour gaz. (Voir le tarif ci-contre.)	

PRIX DES MACHINES

FORCE — CONSOMMATION — DIMENSIONS — POIDS — EMBALLAGE

NUMÉROS en CHEVAUX VAPEUR	FORCE EN CHEVAUX	PRIX sans roues (francs)	PRIX avec roues et chariots (francs)	CONSOMMATION MOYENNE PAR HEURE CHARBON (kilogram.)	CONSOMMATION MOYENNE PAR HEURE AU (litres)	VITESSE Nombre de tours (par min.)	DIMENSIONS Emplacement de l'assise (m. carré)	DIMENSIONS Hauteur du sol à l'axe (m. cent.)	DIMENSIONS Rayon du volant (m. cent.)	POIDS sans roues (kilog.)	POIDS ve roues et chariots (kilog.)	EMBALLAGE VOLUME (m. cub)	EMBALLAGE POIDS approximatif (kilog.)	EMBALLAGE PRIX (francs)
Avec régulateur..	1	1800	2075	de 3 à 5	de 25 à 30	125	0.90	1.45	0.45	575	665	1.40	95	40
Id.	2	2100	2750	de 6 à 9	de 48 à 65	115	1 10	1.60	0.50	955	1125	2 80	130	50
Avec régulateur et détente variable.	3	2950	3350	de 10 à 13	de 70 à 85	105	1.30	1.70	0.60	1310	1350	3.25	220	60
Id.	4	3500	3950	de 14 à 16	de 90 à 110	95	1.50	1.85	0.70	1725	2025	4.80	250	70
Id.	6	4600	»	de 18 à 24	de 120 à 150	85	1.70	2.15	0.90	2620	»	6.50	280	90
Id.	8	700	»	de 26 à 34	de 160 à 210	75	1.93	2.45	1.00	3600	»	8.40	320	120

TABLE

PAR ORDRE DE MATIÈRES.

——

CHAPITRE PREMIER.

Acide carbonique.

CHAPITRE II.

Résumé historique

CHAPITRE III.

Premiers appareils industriels.

CHAPITRE IV.

Appareils intermittents.

CHAPITRE V.

Appareils continus.

CHAPITRE VI.

Mouvement industriel

CHAPITRE VII.

Description des appareils Hermann-Lachapelle et Ch. Glover.

CHAPITRE VIII.

Installation des appareils.

CHAPITRE IX.

Manœuvre des appareils.

CHAPITRE X.

Entretien des appareils.

CHAPITRE XI.

Eau de Seltz.

CHAPITRE XII.

Boissons gazeuses sucrées.

CHAPITRE XIII.

Fabrication des vins mousseux.

CHAPITRE XIV.

Bière.

CHAPITRE XV.

Cidre.

CHAPITRE XVI.

Matières premières.

CHAPITRE XVII.

Renseignements généraux.

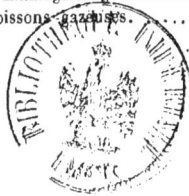

FIN

Paris. — Imp. VALLÉE, 15, rue Breda.

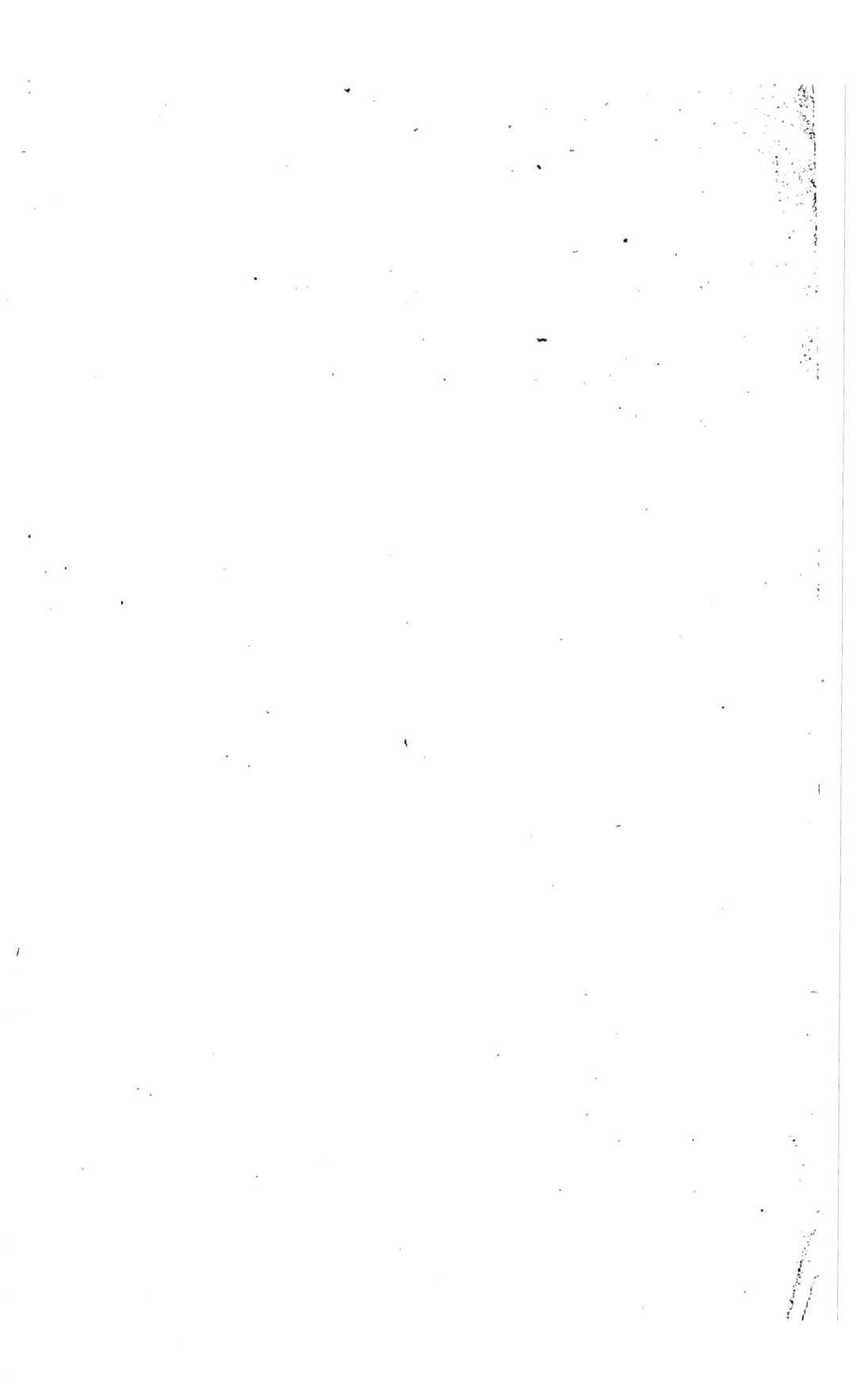

APPAREILS

(BREVETÉS S. G. D. G.)

HERMANN-LACHAPELLE ET GLOVER

CONTINUS ET PERFECTIONNÉS

Pour

LA FABRICATION DE TOUTES ESPÈCES

DE

BOISSONS GAZEUSES

SIPHONS

A GRANDS & PETITS LEVIERS

FORMES OVOÏDE ET CYLINDRIQUE

MACHINES A VAPEUR

LOCOMOBILES VERTICALES

Depuis la force de 1 cheval jusqu'à la force de 10 chevaux,

montées sur socle-bâti isolateur

BUREAUX ET ATELIERS
144, rue du Faubourg-Poissonnière, 144

Paris. — Imp. Vallée, 15, rue Breda.